생산자동화의
기초 2판

이철수 저

북스힐

2판 머리말

최근 IoT(Internet of Things)에 대한 관심과 기술 개발과 활용이 활발합니다. IoT는 인간과 사물, 서비스의 분산된 환경요소가 인간의 명시적인 개입 없이 상호 협력하여 센싱하고 정보처리, 행동하는 것을 말합니다. 전통적인 생산자동화도 넓은 의미에서 보면 IoT의 일부분이라 할 수 있습니다. 생산자동화는 생산현장의 주변 상황을 센서가 감지하고 이를 컴퓨터에 의하여 자료를 처리하여 모터나 공압실린더가 움직여서 일을 처리하도록 하는 것이기 때문입니다. 현재 제조 현장에 있는 많은 기계는 자동화되어 있고 집에서 사용하고 있는 가전제품도 자동화되어 있는 것을 쉽게 발견할 수 있습니다. IoT는 센싱의 범위와 네트워크의 활용, 빅데이터의 활용 등에서 기존의 생산 자동화보다는 확대된 개념으로 생각할 수 있습니다. 더 많은 데이터를 활용하고 사용하고 감지한 데이터를 잘 저장하는 것 등이 발전되는 방향입니다.

생산자동화의 부품을 사람의 몸과 비교하여 설명하면 이해가 쉽습니다. 하나의 기계를 자동으로 움직이게 하기 위해서는 사람의 감각에 해당하는 센서와 머리에 해당하는 컴퓨터(제어장치), 물건을 움직이는 손발에 해당하는 액추에이터와 메커니즘 등이 필요합니다. 이 책은 컴퓨터와 센서, 액추에이터, 메커니즘 등을 생산자동화에 맞게 구분하여 설명하고 있습니다. 또한 로봇과 CNC 기계를 자동화된 기계의 대표적인 예로 들어서 설명하였습니다.

이 책에서는 5가지를 중점적으로 다루었습니다. 첫 번째는 사람의 머리에 해당하는 제어장치로서 자동화에 대표적으로 이용되고 있는 PLC에 대하여 심도 있게 기술하였습니다. PLC는 아주 작은 기계에서부터 화학공장과 같은 대규모 장치 산업까지 이용되는 것으로, 생산자동화를 공부할 때 반드시 알아두어야 할 것 중의 하나입니다. 이 책에서는 PLC에 대한 이해를 돕기 위하여 여러 가지 예를 들어 설명하였습니다. 요즘은 PLC와 함께 PC(개인용 컴퓨터)가 제어장치로 사용되는 경우가 증가하고 있습니다. 따라서 이 책에서는 PC를 이용하여 자동화를 구현하는 방법을 제시하였고, 이때 필요한 부품이 무엇이 있는가를 다루었습니다.

　두 번째는 사람의 감각에 해당하는 센서를 종류별로 상세히 살펴보았습니다. 각각의 센서 내부 원리를 가능한 한 쉽게 설명하려고 노력하였습니다. 또한 생산자동화 시스템을 구축할 때 필요하다고 생각되는 센서를 폭넓게 다루었습니다.

　세 번째는 센서에서 주변 환경의 상태를 입력 받아 PLC 또는 PC에서 판단하여 움직이게 하는 액추에이터로서 공압과 모터를 다루었습니다. 공압은 생산자동화에 가장 많이 사용되는 것입니다. 이 책에서는 공압에 관련된 부품과 작동방법을 설명하고 있습니다. 또한 전기 모터로서 스테핑 모터와 서보모터, 유도전동기 등의 작동원리를 익히고 이것이 이용되는 예를 폭넓게 익힐 수 있도록 하였습니다.

　네 번째는 자동화를 위하여 여러 부품을 지탱하고 움직임을 가이드해 주는 구조물과 기구장치에 대하여 설명하였습니다. 직선으로 정밀하게 움직이기 위해서는 직선 가이드가 필요하고, 모터의 회전을 직선운동으로 바꾸기 위해서는 볼스크루와 같은 구동장치가 필요합니다. 이와 같은 기구 장치에 대한 설명을 다양한 예와 함께 설명하였습니다.

　마지막으로 로봇과 CNC 기계를 설명함으로써 앞에서 설명한 요소기술을 이용하여 시스템을 구축한 예를 살펴보고자 하였습니다. 로봇과 CNC 기계는 앞에서 언급한 컴퓨터와 센서, 액추에이터, 메커니즘 등을 모두 포함한 것으로 생산자동화의 기술이 집약된 것이라고 할 수 있습니다. 또한 CNC 컨트롤러에 대해서 자세히 설명하려고 하였습니다.

　이 책은 생산자동화를 공부하려는 학생에게 도움될 것이라고 확신합니다. 또한 산업현장에서 일하시는 분들이 생산자동화에 관련된 체계적인 사고를 갖게 되는 데 도움을 줄 것이라고 생각합니다.

2016년 1월

이철수

머리말

　기계와 전기, 전자 기술의 발전에 힘입어 생산자동화에 대한 기술도 눈부시게 발전하고 있습니다. 현재 제조 현장에 있는 많은 기계는 자동화되어 있고 집에서 사용하고 있는 가전제품도 자동화되어 있는 것을 쉽게 발견할 수 있습니다.

　생산자동화의 부품을 사람의 몸과 비교하여 설명하면 이해가 쉽습니다. 하나의 기계를 자동으로 움직이게 하기 위해서는 사람의 감각에 해당하는 센서와 머리에 해당하는 컴퓨터 (제어장치), 물건을 움직이는 손발에 해당하는 액추에이터와 메커니즘 등이 필요합니다. 이 책은 컴퓨터와 센서, 액추에이터, 메커니즘 등을 생산자동화에 맞게 구분하여 설명하고 있습니다. 또한 로봇과 CNC 기계를 자동화된 기계의 대표적인 예로 들어서 설명하였습니다.

　이 책에서는 5가지를 중점적으로 다루었습니다. 첫 번째는 사람의 머리에 해당하는 제어장치로서 자동화에 대표적으로 이용되고 있는 PLC에 대하여 심도 있게 기술하였습니다. PLC는 아주 작은 기계에서부터 화학공장과 같은 대규모 장치 산업까지 이용되는 것으로, 생산자동화를 공부할 때 반드시 알아두어야 할 것 중의 하나입니다. 이 책에서는 PLC에 대한 이해를 돕기 위하여 여러 가지 예를 들어 설명하였습니다. 요즘은 PLC와 함께 PC(개인용 컴퓨터)가 제어장치로 사용되는 경우가 증가하고 있습니다. 따라서 이 책에서는 PC를 이용하여 자동화를 구현하는 방법을 제시하였고, 이때 필요한 부품이 무엇이 있는가를 다루었습니다.

　두 번째는 사람의 감각에 해당하는 센서를 종류별로 상세히 살펴보았습니다. 각각의 센서 내부 원리를 가능한 한 쉽게 설명하려고 노력하였습니다. 또한 생산자동화 시스템을 구축할 때 필요하다고 생각되는 센서를 폭넓게 다루었습니다.

　세 번째는 센서에서 주변 환경의 상태를 입력 받아 PLC 또는 PC에서 판단하여 움직이게 하는 액추에이터로서 공압과 모터를 다루었습니다. 공압은 생산자동화에 가장 많이 사용되는 것입니다. 이 책에서는 공압에 관련된 부품과 작동방법을 설명하고 있습니다. 또한 전기 모터로서 스테핑 모터와 서보모터, 유도전동기 등의 작동원리를 익히고 이것이 이용되는 예를 폭넓게 익힐 수 있도록 하였습니다.

네 번째는 자동화를 위하여 여러 부품을 지탱하고 움직임을 가이드해 주는 구조물과 기구장치에 대하여 설명하였습니다. 직선으로 정밀하게 움직이기 위해서는 직선 가이드가 필요하고, 모터의 회전을 직선운동으로 바꾸기 위해서는 볼스크루와 같은 구동장치가 필요합니다. 이와 같은 기구 장치에 대한 설명을 다양한 예와 함께 설명하였습니다.

마지막으로 로봇과 CNC 기계를 설명함으로써 앞에서 설명한 요소기술을 이용하여 시스템을 구축한 예를 살펴보고자 하였습니다. 로봇과 CNC 기계는 앞에서 언급한 컴퓨터와 센서, 액추에이터, 메커니즘 등을 모두 포함한 것으로 생산자동화의 기술이 집약된 것이라고 할 수 있습니다.

이 책은 생산자동화를 공부하려는 학생에게 도움될 것이라고 확신합니다. 또한 산업현장에서 일하시는 분들이 생산자동화에 관련된 체계적인 사고를 갖게 되는 데 도움을 줄 것이라고 생각합니다.

이 책을 만드는 데 있어서 미숙한 점과 잘못된 점이 있을 것으로 생각합니다. 여러분의 많은 지도 편달을 바랍니다. 이 책을 출판하는 데 도움을 주신 북스힐의 사장님과 직원들께 감사의 말씀을 드립니다.

사랑하는 아내와 아들, 딸, 늘 발전을 기도하시는 어머님과 가족에게 감사의 마음을 전합니다.

2007년 8월

이철수

목 차

Chapter

센서

Chapter

5 모터

Chapter
6 구조물과 기구 장치

Chapter

PC와 자동화

Chapter

NC 기계와 산업용 로봇

Chapter

CNC 컨트롤러

1장   생산자동화

1.1 메커트로닉스

메커트로닉스는 생산자동화의 중추적인 역할을 하고 있다. 협의의 생산자동화 또는 메커트로닉스를 정의한다면 다음과 같다.

기계를 전자기술(센서, 컴퓨터)에 의하여 제어하므로 생산의 유연화, 고도화를 꾀하는 기술

현대의 생산자동화는 거의 모든 경우에 전자와 기계 기술이 결합하여 이루어진다. 기계 기술은 크고 무거운 물건을 다루는 것에는 강점이 있지만 작고 세밀한 움직임을 정밀하게 다루는 것에는 약점이 있다. 반면에 전기전자 기술은 작고 세밀하며 정밀한 움직임을 제어하는 능력을 가지고 있다. 그러므로 이 두 기술이 잘 융합된다면 무거운 물체에 대한 세밀하고 복잡한 동작을 가능하게 할 수 있다. 두 기술의 단순한 결합이 아니고 하나로 통합된 시스템인 것이다. 로봇과 공작기계, 자동차, 에어컨, 세탁기 등의 제품을 설계할 때 기계와 전기전자 기술이 통합된 시스템적 접근방식이 사용되고 있다. 이러한 노력에 의하여 값싸고, 신뢰성 있고, 유연성이 뛰어난 제품을 개발할 수 있게 되는 것이다.

생산 자동화에 있어서 기계에 전자 기술을 도입하게 되면 다음과 같이 동작하게 된다.

기계의 움직임을 센싱하여 그 정보를 컴퓨터가 읽어들여 기계가 생각한 대로 움직이도록 조작 신호를 기계 구동계에 전달하게 된다. 전달된 신호에 의하여 기계 구동계가 움직여 기계를 움직이면 다시 그 움직임을...

여기서 '생각한 대로'라는 기능은 컴퓨터와 컴퓨터 소프트웨어에 의하여 이루어지게 되고 사용자는 이 소프트웨어가 이용할 수 있는 지령문을 작성한다. 산업용 로봇이나 NC 기계가 이와 같이 작동되고 있다. 여기서 작성되는 지령문은 간단하게 만들어지므로 이 지령문을 바꾼다면 기계는 여러 목적을 위하여 사용할 수 있게 되고, 기계/설비의 유연성이 증가하게 되는 것이다.

1.2 자동화 시스템의 구성요소

자동화 시스템은 흔히 우리 몸과 비교하여 설명할 수 있다. 자동화 시스템을 구성하는 요소는 다음과 같이 5개로 이루어진다.

- ◆ 메커니즘(mechanism) : 원하는 움직임을 가능하게 하는 동작
- ◆ 액추에이터(actuator) : 기계를 움직이는 구동부
- ◆ 파워 서플라이(power supply) : 액추에이터를 구동하는 에너지
- ◆ 센서(sensor) : 움직임을 계측하는 기기
- ◆ 컴퓨터(computer) : 움직임을 제어하고 판단하는 부분

표 1.1은 5개의 요소에 대하여 인간/세탁기/로봇/NC 기계에 대하여 비교하여 놓은 것이다.

표 1.1 자동화 시스템의 5요소의 예

분 류	인간	세탁기	로봇	NC 기계
메커니즘	골격	세탁조 등	매니플레이터(manipulator)	기계의 뼈대, 슬라이드 등
액추에이터	근육	모터	모터, 유압 실린더, 공압 실린더	서보모터
파워 서플라이	내장	전기	전기, 유압 펌프, 공압 펌프	전기
센서	5개의 감각 기관	무게 센서, 스위치 등	리밋 스위치, 센서	리밋 스위치, 센서
컴퓨터	두뇌	마이크로 프로세서	컴퓨터, PLC	컴퓨터, PLC

▷▶ 메커니즘

메커니즘은 로봇의 팔이나 인간의 팔과 같이 회전하는(rotational) 메커니즘과 NC 기계의 슬라이딩과 같이 직선의 움직임(prismatic)이 있다. 대부분의 움직임의 단위 메커니즘은

이 두 개에 의하여 표현할 수 있고 이들의 조합에 의하여 복잡한 움직임을 표현하게 된다. 자동화 시스템을 구성하기 위한 구조물를 제작하는 방법과 여러 대안 중에 선택하는 방법에 대한 논의는 6장에서 한다.

▷▶ 액추에이터

생산자동화에 손쉽게 많이 사용되는 액추에이터는 공압 실린더가 있는데 이것은 간단하고 값싼 자동화(LCA, Low Cost Automation)의 액추에이터로 많이 사용되고 있다. 강한 힘이 필요한 곳에서는 유압 실린더가 많이 사용된다. 우리 주위에서 흔히 보는 굴삭기는 유압을 이용하여 땅을 파거나 흙을 트럭에 싣는다. 또한 강한 프레스 장치는 유압을 이용한 것이 많다. 전기/전자 기술이 발전하면서 모터를 액추에이터로 이용하는 것이 증가하고 있다.

모터를 정밀하게 제어할 수 있는 서보모터(servo motor) 기술이 발전하면서 고가의 장비에 많이 이용되고 있다. 로봇이나 NC 기계, OA 기기의 액추에이터에 서보모터가 많이 사용되고 있다. 스테핑 모터는 많은 힘을 필요로 하지 않는 프린터나 플로터 등에 많이 사용되고 있다.

공압은 4장에서 자세히 다루고 전기 모터의 원리와 응용 예는 5장에서 다룬다.

▷▶ 파워 서플라이

파워 서플라이는 전기, 공압, 유압 등과 같이 액추에이터가 사용할 동력원을 만드는 것을 말한다. 전기는 발전소에서 만든 것을 사용하니까 이 책에서 다룰 수 있는 내용은 아니다. 공압은 4장에서 다룬다. 유압은 이 책에서 다루지 않는다.

▷▶ 센서

거리나 속도, 힘, 각도, 변위 등을 측정하는 다양한 센서 기술이 발전하고 있다. 이러한 센서의 발전은 컴퓨터의 발전과 더불어, 보다 정밀한 제어와 환경에 적응하는 장치를 만드는 데에 이용되고 있다. 생산자동화에 사용되는 센서에 대한 내용은 3장에서 다룬다.

▷▶ 컴퓨터

컴퓨터는 CPU와 소프트웨어의 발전에 따라 예측하기 어려울 만큼 빠르게 발전하고 있다. 컴퓨터가 주위의 장치들과 주고받는 신호의 종류는 아날로그(analog)와 디지털(digital) 신호가 있다. 기본적으로 컴퓨터는 디지털 신호를 다루게 되는 경우가 많고 모터나 센서 등은 아날로그 신호에 의하여 동작하거나 데이터를 출력하는 경우가 많다. 그러므로 외부 기기에서 컴퓨터로 데이터가 들어오기 위해서는, 예를 들면 센서에서 컴퓨터로 보내는 경우에는 아날로그를 디지털로 바꾸어주는 ADC(Analog-Digital Converter)가 필요하다. 컴퓨터에서 외부로 데이터를 보내는 경우, 예를 들면 컴퓨터가 모터의 속도를 제어하는 경우에는 디지털 신호를 아날로그로 바꾸어주는 DAC(Digital-Analog Converter)가 필요하다. 컴퓨터 처리 부분 중에서 공장의 상황에 적합하도록 만든 장치 중에 하나가 PLC(Programmable Logic Controller)이다. PLC는 공압 실린더와 함께 LCA를 주도하는 장치이다.

PLC에 대한 내용은 2장에서 자세히 배우고, 공장자동화에 PC를 이용하는 방법은 7장에서 다룬다. 마이크로프로세서에 대한 내용은 이 책에서는 다루지 않고 있다.

표 1.2는 요소기술별로 배울 내용과 이 책에서 다루고 있는 것을 구분하여 설명한 것이다.

표 1.2 요소기술과 이 책에서 다루는 내용

메커니즘	기구장치(6장)		
액추에이터	전기모터(5장)	공압실린더(4장)	유압실린더
파워 서플라이	전기	공압(4장)	유압
센서	센서(3장)		
컴퓨터	마이크로프로세서	PLC(2장)	PC(7장)

1.3 제어 시스템

자동화가 가능한 가장 근본적인 원인은 제어 시스템이 자동화될 수 있었기 때문이다. 특히 마이크로프로세서와 컴퓨터 기술의 발달에 의하여 자동화 시스템은 눈부시게 발전하고 있다. 공장자동화 시스템은 메커니즘과 액추에이터, 파워 서플라이, 센서, 컴퓨터 등에 의하여 구성되는데, 이 중에서 컴퓨터가 중추적인 역할을 하는 것이다. 몇 개의 시스템을 예를 들어 제어시스템을 설명한다.

시스템을 모델링할 때 많이 사용하는 방법이 블랙박스이다. 원하는 시스템을 설명할 때, 시스템의 내부에서 무엇무엇을 어떻게 한다고 설명하기보다는 '입력이 무엇이고 출력이 무엇인 시스템이다'라고 하면 그 시스템이 어떤 시스템이라는 것을 쉽게 알 수 있다. 그림 1.1은 시스템을 블랙박스 형식으로 표현한 것이다. 박스에 시스템이라고 써 있는데 박스가 하는 역할을 중시할 때는 'process', 'function'으로 표현하기도 한다. 이 시스템은 서브 시스템(sub-system)으로 나누어져서 세분화할 수 있다. 서브 시스템으로 나누어도, 작은 서브 시스템도 입력과 출력이 있으므로 하나의 시스템으로 간주된다. 즉 서브 시스템도 하나의 시스템이 된다. 이 원리를 이용하면 큰 시스템을 톱다운(top-down) 방식에 의하여 모델링하고 분석할 수 있다.

1.3.1 전자저울 시스템

전자저울의 예를 들어 보자. 전자저울의 입력은 물리량인 무게이고 출력은 무게를 LED로 표시하여 주는 것이다. 전자저울 시스템의 흐름은 그림 1.2와 같이 센서, 증폭기, 계산기, 표시기 등의 과정을 통하여 입력된 무게가 LED 화면에 표시되는 것이다. 전자저울이므로 센서는 로드셀(load cell)을 사용할 것이다. 로드셀에서 받은 신호는 너무 약하므로 뒤쪽의 전자회로에서 잘 처리할 수 있도록 신호를 증폭한다. 증폭된 신호는 ADC(analog-digital converter)를 통하여 디지털 값으로 변환되어서 계산기에 입력된다. 계산기에서는 사람이 알아볼 수 있는 숫자로 변환하여 표시기에 보낸다.

이때 전자저울 시스템의 특징은 물리량이 입력되면 다른 복잡한 과정 없이 바로 표시 장치에 보내어 값을 표시하면 그만이다. 물리량을 계측하는 측정기는 대개 이와 같은 과정을 따라 작동한다. 뒤에서 배울 다른 시스템과 비교하면 내가 출력한 값이 피드백 (feedback)되지 않는다는 것이다. 이와 같이 피드백이 없는 시스템은 그 제어방법이 매우 간단하다.

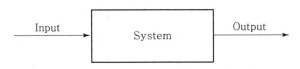

그림 1.1 블랙박스 방식에 의한 시스템의 표현

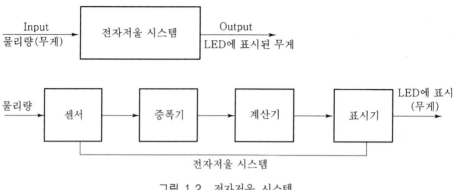

그림 1.2   전자저울 시스템

앞에서 배운 자동화 시스템의 구성요소를 전자저울 시스템에 적용하면 다음과 같다. 액추에이터는 없고, 센서와 컴퓨터가 중요한 역할을 한다.

- ◆ 메커니즘 : 센서와 표시기를 지지하는 구조물
- ◆ 액추에이터 : 없음
- ◆ 파워 서플라이 : 전기
- ◆ 센 서 : 로드셀
- ◆ 컴 퓨 터 : 마이크로프로세서

1.3.2   에어컨 시스템

조금 복잡한 에어컨을 살펴보자. 블랙박스로 표시하면 그림 1.3과 같다. 에어컨의 입력은 설정된 온도(온도 설정)이고 출력은 찬바람이다. 이 시스템이 앞의 전자저울과 다른 것은 입력에 현재 온도라는 것이 있는 것이다. 에어컨이 작동되고 안 되고는 설정 온도와 현재 온도의 차이에 있다. 설정 온도가 현재 온도보다 낮으면 냉각기가 작동되어 찬바람이 나올 것이다. 찬바람이 나오면 실내 온도가 낮아지고 조금 있으면 설정 온도 이하가 된다. 현재 온도가 설정 온도보다 낮아지면 냉각기는 꺼지게 된다. 시스템은 현재 온도를 계속해서 측정하여 설정 온도에 따라 냉각기를 ON할 것인지 OFF할 것인지를 결정한다. 즉 센서가 현 상태를 피드백 받아서 동작하게 되는 것이다. 만일 피드백이 없다면 에어컨은 스위치가 ON되어 있으면 계속 켜져 있을 것이다.

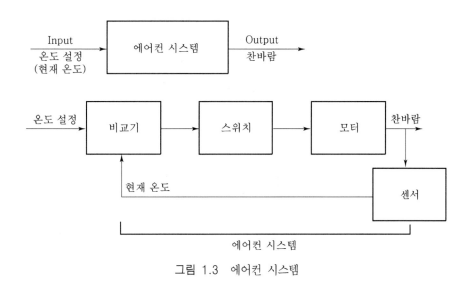

그림 1.3 에어컨 시스템

에어컨은 냉각기와 팬, 순환펌프를 돌려주는 전기모터와 센서, 마이크로프로세서에 의하여 동작하는 시스템이다.

- 메커니즘 : 냉각기와 팬을 지지하는 구조물
- 액추에이터 : 냉각기와 팬, 순환펌프를 돌려주는 모터
- 파워 서플라이 : 전기
- 센서 : 온도센서
- 컴퓨터 : 마이크로프로세서

1.3.3 개루프 제어 시스템

에어컨을 돌리는 데 온도의 변화와 상관없이 스위치를 ON하면 돌고, 스위치를 OFF하면 꺼지는 시스템은 개루프(open loop)에 해당한다고 할 수 있다. 즉 피드백이 없는 시스템이다. 명령을 내리면 그에 따라 상황이 바뀔 것이라고 생각하는 시스템 제어 방식이다. 1분 동안 1800 회전을 하는 모터가 있다고 할 때, 실제로 회전 수를 카운트하지 않고, 1분간 회전시키고 1800 회전을 하였다고 간주하는 시스템 제어 방법이 개루프 제어이다. 만일 모터에 걸리는 부하가 커서 1800 회전을 하지 못하였다고 하여도 이 제어 시스템은 그것을 알지 못한다. 그림 1.4는 스테핑 모터의 개루프 제어를 나타내는 그림이다.

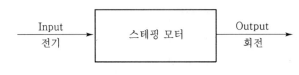

그림 1.4   스테핑 모터의 개루프 제어

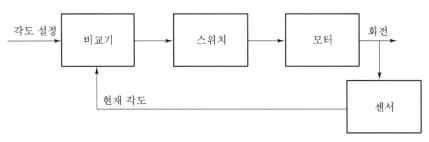

그림 1.5   서보모터의 회전 각도 컨트롤

스테핑 모터는 개루프 제어 시스템의 대표적인 예이다. 스테핑 모터는 부하가 과도하지 않으면 지령된 펄스 수만큼 회전한다. 그러므로 대부분의 경우, 스테핑 모터는 개루프 시스템을 사용한다. 사무용 프린터 등에 사용되는 모터가 바로 이것이다.

1.3.4   폐루프 제어 시스템

에어컨이 설정된 온도와 현재의 온도를 검출하여 냉각기를 작동할 것인가 안 할 것인가를 결정하는 것은 폐루프(closed loop) 제어의 하나의 예이다. 냉각기는 온도를 변화시키는 출력을 내보내는데 제어 시스템은 그 출력에 의하여 변화하는 현재의 온도를 피드백 받아서 냉각기의 동작여부를 결정하는 것이다.

모터의 회전에서 회전 각도가 중요하다면 그 각도를 센서에 의하여 검출하여 모터가 원하는 각도만큼만 움직이도록 제어할 수 있다. 모터를 회전시키고 그 회전량을 피드백 받아서 모터의 회전을 제어하는 폐루프 제어 시스템을 구성하면 된다. 이런 모터의 제어는 서보모터의 제어에서 흔히 볼 수 있는 것이다. 그림 1.5는 서보모터의 폐루프 제어를 나타내는 그림이다.

1.3.5   폐루프 제어 시스템의 요소

폐루프 시스템을 구성하기 위해서는 변화되는 물리량을 측정하는 센서가 있어야 한다.

센서에서 측정한 값을 설정한 값과 비교하여 액추에이터를 얼마를 작동시킬 것인지를 결정한다. 실제로 액추에이터가 작동하여야 물리량이 변화되는 것이다. 따라서 다음과 같은 구성요소가 필요하다.

- ◆ 센서 : 물리량을 측정하는 센서가 필요하다. 센서가 측정하는 물리량은 시스템이 출력하는 물리량이어야 피드백 제어가 이루어진다. 시스템이 회전량을 변화시킨다면 회전량을 검출하는 센서가 필요하다. 시스템이 온도를 변화시킨다면 온도를 검출해야 피드백 제어가 가능하다.
- ◆ 제어기 : 센서가 검출한 물리량과 제어 시스템에 입력된 목표량을 비교하여 제어기가 추구해야 할 방향을 결정하여야 한다. 그 결과로 스위치를 작동시켜서 액추에이터를 작동시킨다.
- ◆ 프로세스 : 실제로 액추에이터를 작동시키는 부분이다. 에어컨이라면 냉각기를 작동시켜서 온도를 조정한다. 시스템의 출력은 이 프로세스에 의하여 이루어진다.

1.3.6 시퀀스 제어/로직 제어

세탁기가 동작하는 것을 보자. 사용자가 세탁물을 넣고, 세탁코스를 택한 다음, 시작 스위치를 누르면 세탁기가 동작한다. 각각의 코스별로 정해진 시간에 따라서 세탁 행굼 탈수가 진행된다. 세탁코스에 따라 세탁시간, 헹굼과 탈수 시간과 횟수가 결정되어 있다. 아주 인텔리전트한 세탁기라면 모르겠지만, 대부분의 세탁기는 세탁 도중에 상황이 바뀌는 경우는 없다. 처음에 결정된 시간과 순서대로 진행된다. 이러한 제어 방법을 시퀀스 제어라고 한다. 4거리의 신호등도 이런 시퀀스 제어를 따르는 것이다.

반면에 에어컨은 살펴보자. 더운 날 에어컨을 켜면 냉각기가 작동하는 시간이 길고, 덥지 않은 날씨에는 잠깐만 작동할 것이다. 이것은 외부의 조건에 따라서 에어컨을 동작시키는 규칙이 있기 때문이다. 이렇게 제어기가 규칙에 의하여 시스템을 컨트롤하는 것을 로직 제어라고 한다. 제어기 내에는 규칙이 정해져 있고 센서가 검출하거나 사용자가 입력한 외부의 상황에 따라 시스템을 동작시키는 것이다. 교통신호등이 교통량에 따라 신호주기가 바뀐다면 로직 제어가 되는 것이다.

이에 대해서는 2장에서 좀더 자세히 살펴보겠다.

1.4   생산자동화의 역사

산업혁명에서 시작되어 현재에 이르고 있는 제조 공정의 자동화는 생산성의 향상과 품질 향상을 목적으로 추진/발전되어 왔다. 기계 및 전자, 컴퓨터 등의 학문의 발전에 힘입어 자동화 기술은 눈부신 발전을 계속하고 있다.

초기의 자동화는 1950년대에 자동차 생산 라인을 중심으로 이루어졌는데 저렴한 가격으로 대량 생산하는 생산라인이 도입되고 오토메이션이라는 말이 사용되기 시작하였다. 종래의 자동화에 대한 개념은 생산의 자동화, 공장의 자동화(Factory Automation)에 치중을 하였지만 최근에 와서는 생산 라인의 자동화뿐만 아니라 유연성이 있는 자동화(Flexible Automation)의 개념으로 확대되고 있다. 이러한 자동화는 NC 공작기계와 로봇, 컴퓨터, 네트워크, 메커트로닉스 등의 발전에 힘입어 놀라운 속도로 발전하고 있다.

앞에서 언급한 것과 같이 초기의 자동화는 대량 생산을 위주로 하는 트랜스퍼 라인(transfer line)이 주종을 이루었다. 트랜스퍼 라인은 그림 1.6과 같이 정해진 기계 장치에서 정해진 작업을 하도록 하고 이들을 컨베이어 등으로 연결함으로 해서 이 라인을 따라서 원자재를 투입하면 라인의 끝에서는 한 사이클 타임마다 하나의 제품이 완성되어 나오는 것을 말한다. 이 장치는 하나의 용도로만 만들어져 새로운 제품을 만들려면 기계들

그림 1.6   트랜스퍼 라인의 예

을 다시 제작하거나 많이 수정하여야 한다. 이러한 의미에서 트랜스퍼 라인을 고정된 자동화(fixed automation)라고 한다.

1952년 미국 MIT에서 NC 밀링 머신을 개발하여 기계 가공을 완전 자동화할 수 있도록 하였다. 1958년에는 자동 공구 교환 장치(ATC, Automactic Tool Changer)가 달린 머시닝 센터(MCT, machining center)가 개발되었다. 이에 의하여 여러 개의 공구를 필요하는 기계 가공이라고 할지라도, 기계가 스스로 공구를 교환하면서 가공할 수 있도록 되어 기계 가공에 새로운 전기를 마련하게 된다. 머시닝 센터는 더욱 발전하여 APC(Automatic Pallet Changer)에 의하여 스스로 작업물도 교환할 수 있도록 되었고 이들 기계를 시스템적으로 통합하여 FMS(Flexible Manufacturing System)라는 유연 생산 시스템까지 개발하게 되었다.

산업용 로봇이 개발되어 선을 보인 것은 1961년이고 생산에 본격적으로 사용되기 시작한 것은 1970년대 말부터이다. NC 기계나 머니닝 센터, 로봇, FMS 등에서 다른 제품을 만들기 위해서는 단순히 공구를 바꾸고 작업자가 입력하는 프로그램만을 바꾸면 순간적으로 다른 일을 할 수 있는 유연성이 있다. 그래서 이것들을 유연화된 자동화(flexible automation)이라고 한다.

그림 1.7은 로봇과 머시닝 센터에 의한 자동 생산시스템이다. 머시닝 센터는 가공을 하고 로봇은 가공물의 핸들링을 담당한다. 그림 1.8은 머시닝 센터를 중심으로 한 FMS이다. FMS는 가공할 부품이 공급되면 공구를 자동으로 바꾸면서 부품을 가공한다. 가공이 끝나

그림 1.7 로봇과 머시닝 센터에 의한 자동 생산 시스템

그림 1.8 머시닝 센터에 의한 FMS

그림 1.9 로봇에 의한 자동 조립 라인

면 다음 공정의 기계로 자동으로 이송된다. 가공이 완료된 것은 자동 창고에 저장된다. 가공할 부품이 바뀌면 NC 기계에 지령되는 프로그램만 수정하면 된다.

그림 1.9은 로봇에 의한 자동 조립 라인의 예인데 로봇이 로봇을 자동 생산하는 모습이다. 부품이 공급되면 두 대의 로봇이 부품을 조립한다.

1.5 생산자동화의 전망과 발전방향

현재까지도 많은 발전을 거듭해 왔지만 생산자동화의 기술은 기계/전자/컴퓨터/소프트웨어 기술에 힘입어 더욱 발전할 것으로 보인다. 요소 기술의 입장에서 앞으로 예상되는 생산자동화의 발전 방향은 다음과 같다.

(1) 센서의 고성능화
(2) 인텔리전트한 처리
(3) 제어의 자율성 증대
(4) 마이크로 머신/나노 머신

센서의 발전은 고정도 센서, 인텔리전트 센서, 퓨전(fusion) 센서 등으로 나누어 설명할 수 있다. 고정도 센서란 정도(精度)가 높고 주변 환경의 변화나 노이즈(noise)에 강한 센서를 말하고 인텔리전트 센서는 센서에 컴퓨터를 내장하여 보다 다양한 계측 정보를 알려줄 수 있는 센서를 말한다. 퓨전 센서란 여러개의 센서를 융합하여 하나의 센서로는 읽을 수 없는 정보를 읽거나 보다 정확한 센싱을 할 수 있도록 하는 것을 말한다. 예를 들면 어떤 센서에 온도 센서를 내장한다면 온도 변화를 보상한 다음에 계측값을 출력할 수 있으므로 적어도 온도의 변화에는 매우 강한 센서가 될 수 있는 것이다.

소프트웨어의 발전은 자동화 기기를 보다 인텔리전트하게 움직일 수 있도록 하였다. 보다 다양한 정보를 데이터베이스에 저장하고 그 정보를 이용하여 자동화 기기가 동작할 수 있다면 인간의 판단과 비슷한 단계까지도 가능하게 될 것이다. 특히 인공지능과 지식베이스(KB, Knowledge Base)의 처리 기술이 발달하면 이 분야도 발전하게 될 것이다.

또한 환경의 변화에 적응하면서 지정된 목표를 자율적으로 찾아가는 제어의 자율성이 증대할 것으로 보인다. 환경의 변화에 적응하고 변화된 환경에서 최적의 해를 찾아나가는 능력을 갖춘 시스템이 만들어질 것으로 보인다.

마이크로 머신(micro machine)/나노 머신(nano machine)이란 초소형의 기계에 의하여 지금까지는 상상하지 못하였던 일을 하도록 하는 것이다. 예를 들어 매우 작은 기계를 만들어 인간의 혈관 안에 넣고 인간의 혈관을 그 기계가 수술하도록 한다면 피부의 절개 없이, 약간의 상처를 내는 것으로 수술을 할 수 있을 것이다. 1mm 길이 또는 그것의 수만분의 1의 크기 모터와 이것을 이용한 로봇에 의하여 이런 일을 할 수 있을 것이다.

요소 기술이 아니라 시스템적으로 보면 생산자동화는 요소 기술이나 기기의 발전뿐만 아니라 유통과 연구 개발, 생산 관리 등을 통합한 개념으로 발전할 것으로 예상된다. 이와 같은 개념은 CIM(컴퓨터에 의한 통합 제조, Computer Integrated Manufacturing)과 IMS(지적 제조 시스템, Intelligent Manufacturing System)라는 개념으로 이미 소개되고 활용되고 있는 것이 사실이다.

1.6 생산자동화의 기대 효과

생산자동화의 기대 효과는 다음과 같다.

❖ 개방화 : 최근의 자동화의 가장 큰 흐름은 개방화이다. PC가 보편화되면서 PC를 자동화의 중심으로 이용하려는 시도가 많아지고 있다. PC를 이용하여 PLC와 공작기계의 제어, 원격제어 등을 실현하고 있다. PC를 이용하기 위하여 소프트웨어의 구조 등을 개방하여 다른 사람들이 개발에 참여할 수 있도록 하고 있다. 산업용 통신 규약 등도 많이 개방되어 있다.

❖ 유연성의 증대 : 1950, 1960년대의 생산자동화의 장점 중 가장 큰 것은 사람의 힘이나 판단이 아니라 사람 없이도 동작한다고 하는 것이고, 이에 의하여 생산성이 증가한다는 것이었다. 따라서 그 당시의 자동화의 개념이 도입된 곳은 대량 생산이 이루어지는 곳이었다. 그러나 소비자의 요구가 다양해져 제품의 라이프 사이클이 짧아지기 때문에, 현재의 생산자동화의 장점이라고 할 수 있는 것은 유연성의 증대라고 할 수 있을 것이다. 컴퓨터와 마이크로프로세서를 이용하여 하나의 기계 설비를 이용하여 다양한 제품을 생산할 수 있도록 하는 유연성이 현대의 자동화의 가장 큰 목적 중의 하나이다.

❖ 무인화 가능 : 자동화가 되면 일단은 작업자가 필요 없어지는 경우가 많다. 사람이 하던 작업을 기계가 하게 되고 작업자는 기계 조작을 하게 된다. 위험한 작업이나

지루한 반복 작업이 자동화되면 작업자는 보다 생산적이고 지적인 작업에 투입되는
것이 일반적이다.

❖ 조작성의 증대, 간편한 신기능의 부가 : 자동화는 전자 장치를 포함하는 것이
일반적이므로 자동화가 이루어지면 정해진 버튼을 누르는 것에 의하여 작업이 시작
되고 끝나게 된다. 또한 새로운 작업으로 전환하는 것도 대개의 경우는 소프트웨어
를 수정하면 되는 경우가 많으므로 장치의 조작이 쉬워진다

❖ 생산성 향상, 신뢰성 향상, 품질 향상, 원가 절감 : 앞에서 설명한 기대 효과
에 의하여 생산이 이루어진다면 생산 리드 타임(lead time)이 단축되는 등의 생산성
향상이 기대되고 신뢰성 향상, 품질 향상, 원가 절감은 저절로 따라오게 된다.

1.7 인더스트리 4.0과 생산자동화

1.7.1 인더스트리 4.0의 등장 배경

독일을 비롯한 선진국은 출산율 저하와 경제활동 인구의 고령화의 영향으로 제조업의
경쟁력을 잃어가고 있는 상황이다. 독일과 일본의 제조업 종사자는 1990년부터 감소세가
지속되는 있다. 반면에 인도는 2040년까지 생산인구의 비중이 계속 증가할 것으로 전망된
다. 중국은 2010년 이후 생산인구 비중이 감소세로 전환하기는 하였지만 그 속도가 느리기
때문에 계속 제조업 경쟁력을 가질 전망이다. 중국과 인도와 같은 신흥 제조 강국은 저렴
한 인건비를 바탕으로 제조 경쟁력을 갖추고 있으며 기술개발 또한 꾸준히 진행하고 있어
서 제조 최강국의 입지를 굳혀가고 있다. 기존에는 단순히 저가의 상품을 만들었다면 현재
는 품질과 기술을 확보한 제품을 생산하고 있는 것이다.

미국과 독일, 일본, 한국 등의 전통 제조 강국은 생산성과 기술력의 측면에서는 여전히
경쟁력을 가지고 있지만 임금과 제조비용은 신흥 제조 강국에 밀리고 있는 추세이다. 산업
화에 따른 인구의 도시 집중과 서비스 업의 발전, 소비문화 확산, 저임금의 제조업 등의
원인에 의하여 제조업에 대한 매력이 갈수록 떨어지고 있다. 이러한 상황에서 선진국은 제
조업의 부활을 위해서 다각도의 노력을 하고 있다. 2008년 글로벌 금융위기 이후 선진국을
중심으로 제조업의 르네상스 정책이 강화되고 있으며, 특히 첨단 제조업을 육성하는 다양
한 시도를 하고 있다. 금융위기를 경험한 선진국 중에서 제조업이 강한 국가의 경기 회복
속도가 빠르고, 제조업이 탄탄한 독일과 중국이 위기에 강하다는 인식이 증가하고 있다.

해외 생산품의 운송비용, 지적재산권 침해, 지지부진한 공정혁신, 상승하는 인건비 등 여러 이유로 자국의 해외 생산기지들을 다시 자국 내로 옮기는 리쇼어링(Reshoring) 분위기가 확산되고 있다. 미국과 일본을 중심으로 세제혜택 및 제조 R&D 강화 및 제조 효율화 등을 시도하여 제조업 육성에 힘쓰고 있다. 서비스업으로 경쟁력을 강화하려 했던 선진국은 물론 산업 기반 확충을 도모하는 신흥국까지 제조업의 육성을 기반으로 한 국가 성장 전략을 구축하는 추세이다.

그림 1.10과 표 1.3은 산업혁명의 역사와 산업혁명의 발전과정의 제조업 혁신을 나타내고 있다. 18세기 증기기관 발명과 기계식 생산방식 도입(1784년 최초의 기계식 방직기)으로 생산성이 크게 향상된 1차 산업혁명이 시작되었다. 19세기 컨베이어벨트(1870년 신시네티 도축장 최초의 컨베이어 벨트)가 포드 자동차 공장에 도입되고 증기기관을 대신하는 전기동력이 공장에 도입되면서 분업과 자동화 생산이 급속히 확산되는 2차 산업혁명이 도래하였다. 1970년대부터 지금까지 컴퓨터와 로봇을 통한 자동화된 대량생산체계가 주류를 이루고 있는데 이를 3차 산업혁명이라고 한다. 인더스트리 4.0, 즉 4차 산업혁명은 ICT 기술을 바탕으로 기계와 사람, 인터넷 서비스가 상호 연결되어 가볍고 유연한 생산체계를 구현하여 다품종 대량생산이 가능한 생산 체계를 추구하는 새로운 패러다임을 말하는 것이다.

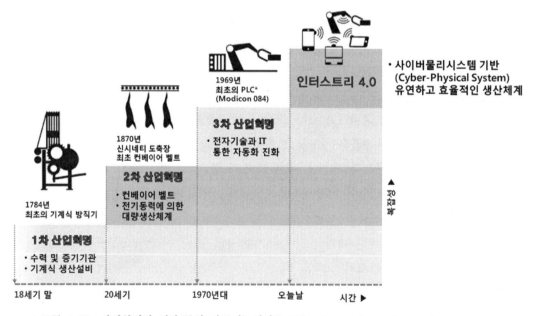

그림 1.10 산업혁명의 역사(독일 인공지능센터(DFKI), 2011. Industrie4.0 Working Group, 'Recommendations for implementing the strategic initiative INDUSTRIE 4.0' (2013) 참조)

ICT와 제조업의 융합에 의하여 제조업의 효율을 높이고 고부가가치를 창출하여 각국의 제조업의 비중을 높이는 것이 인더스트리 4.0의 주요 역할이다. 이것은 새로운 경쟁력이 되고 있고, 생산 방식의 혁명을 일으키며 제조업 부활을 이끄는 견인차가 될 것이다. ICT와 제조업의 융합으로 산업기기와 생산과정이 모두 네트워크로 연결되고, 상호 소통하면서 최적화를 달성할 것이다. 이를 바탕으로 공장이 스스로 생산 통제와 수리, 작업장 안전 등을 관리하는 완벽한 스마트 팩토리(Smart Factory)로 전환하게 되는 계기가 될 것으로 기대한다.

표 1.3 산업혁명 과정과 제조업의 혁신(현대경제연구원 자료)

구 분	1차 산업혁명	2차 산업혁명	3차 산업혁명	4차 산업혁명
시기	18세기 후반	20세기 초반	1970년 이후	2020년 이후
혁신부문	증기의 동력화	전력, 노동 분업	전자기기, ICT 혁명	ICT와 제조업 융합
커뮤니케이션 방식	책, 신문 등	전화기, TV 등	인터넷, SNS 등	사물인터넷, 서비스간 인터넷(IoT & IoS)
생산 방식	생산 기계화	대량생산	부분 자동화	시뮬레이션을 통한 자동 생산
생산 통제	사람	사람	사람	기계 스스로

1.7.2 인더스트리 4.0의 핵심 기술 구조

IC기반의 네트워킹 기술은 사람과 사람 간의 연결뿐만 아니라, 사람과 사물, 사물간의 정보를 교환하고 상황에 따라 스스로 동작을 하는 사물인터넷이 부상하고 있다. 주변 상황을 감지해서 각종 기기가 그에 맞게 동작을 하게 하므로 해서 생활을 편리하게 하고, 제조 현장을 혁신적으로 바꿀 새로운 기술로 여겨지고 있다. 공장내부의 설비 상태, 작업자의 상태, 반제품의 재고를 감지하여, 고객과 유통, 재고 부분과 네트워크가 강화되면 제조 현장의 관리 최적화를 기대할 수 있다. 또한 모바일과 클라우드 컴퓨팅 기술을 이용한 ICT 통합 기술에 연계된 스마트 팩토리를 실시간으로 연결하는 것이 가능하다. 안전사고 발생 시 지자체 안전관리망과 연계해 즉시 조치할 수 있을 것이며 물류 시스템을 지능형 교통시스템과 연동해 물류비용 최소화하는 기술이 가능할 것이다. 이와 같이 된다면 그림 1.11과 같이 기존(인더스트리 3.0)의 중앙집중적이고 소품종 대량생산의 형태가 자율적이고 분산적인, 유연한 생산체계로 다품종 대량생산이 가능한 인더스트리 4.0의 형태로 바뀌게 될 것이다.

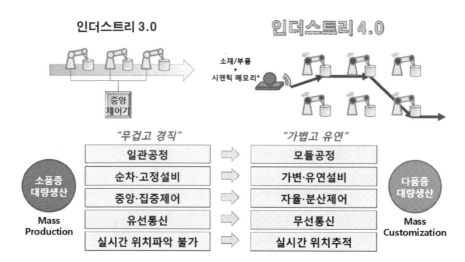

그림 1.11   인더스트리 4.0 환경하에서 자율 분사제어 생산 체계 (포스코경영연구소 자료)

　　기계설비 뿐만 아니라 소재와 반제품에도 센서를 부착하여 생산 공정의 문제점을 스스로 판단해　최적 생산 경로를 결정하는 시스템을 구축하는 것이 가능할 것이다. 센서의 메모리를기계가 읽고 소비자 선호도, 공정상태 등을 분석해 실시간으로 최적 경로를 계산하여 현 시점에서 가장 효율적인 경로를 선택하게 하는 것이다. 고객 맞춤형 생산, 물류 상황의 파악, 재활용 과정 추적조사 등으로 제품의 생성에서 소멸까지 저장하여 실시간 피드백하므로 해서 공정혁신 달성할 수 있을 것이다. 그림 1.12는 센서와 메모리가 장착된 팔레트와 로봇의 예를 보이고 있다. 팔레트에 제품의 정보를 담아서 제품의 이동경로 등을 통제할 수 있고 이력을 관리하게 하는 것이다. 이 정보는 네트웍을 통해서 다른 시스템에서도 활용될 수 있게 된다. 로봇에 장착된 센서와 메모리는 로봇의 작업 내용등을 저장하고 로봇의 상태를 다른 시스템과 공유하여 큰 시스템으로 통합되도록 하는 역할을 한다.

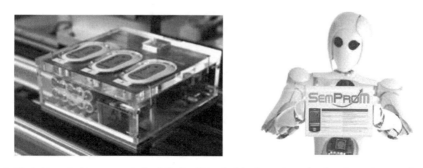

그림 1.12   센서(SemProM)이 장착된 이동 팔레트와 로봇(독일 인공지능 연구소 자료)

인더스트리 4.0가 추구하는 공장의 모습은 스마트 팩토리라고 할 수 있다. 스마트란 수식어를 갖게 되는 대상물은 3가지 특징적 요소를 갖게 되는 것이 일반적이다. 첫째, 사람의 피부와 같이 외부의 변화를 감지할 수 있는 감지(sensor) 기능이고, 둘째, 사람이 갖고 있는 두뇌의 역할로, 감지된 변화를 판단해 어떤 조치가 이루어지도록 판단(control)하는 기능이다. 마지막은 판단에 따라 결정된 실행 방식이 조치되게 하는 기능으로 근육의 역할을 수행(actuator)한다. 같은 맥락으로 스마트 팩토리(smart factory)는 이러한 3가지 기능이 적용되어, 각각의 기능이 일체화된 사람처럼 유기적으로 연계되어 동작하는 공장을 의미한다고 볼 수 있다. 스마트 팩토리에 대한 정의는 이상적으로 상기 기능 요건 3가지가 시스템에 의해 자동으로 수행되고, 생산 목표 수준이 전략과 연계되어 유지되는 공장이라 할 수 있다(Deloitte-Anjin review (2015. 1)자료).

스마트 팩토리는 자동화된 제조 설비와 제품 간 소통 네트웍 체계를 구축해 전체 생산 공정을 최적화하고, 산업 공정의 유연성과 성능을 향상시키는 역할을 한다. 인터넷과 빅데이터, 클라우드컴퓨팅, 로봇 등을 이용하여 로봇과 근로자의 협업(그림 1.13)을 포함하여 산업 공정의 완전한 자동생산 체계와 지능형 시스템 구축을 가능하게 함으로써 스마트한 생산과 함께 제조업의 생산성과 효율성을 제고하자 하는 것이다.

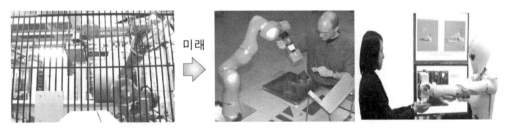

그림 1.13   스마트팩토리에서 로봇과 근로자의 협업(독일 인공지능 연구소 자료)

1.7.3 인더스트리 4.0의 기대 효과

인더스트리 4.0의 기대효과는 다음과 같다.

❖ 소비자 개개인의 요구사항을 만족 : 소비자 개개인의 기준이 디자인, 제조, 운영 단계에 포함되고 생산의 마지막 순간에도 변화를 가능하게 한다. 보쉬는 고객 맞춤형 인젝터를 주문 생산하며, 나이키는 세상에서 단 하나뿐인 운동화를 주문제작해주고 있다.

❖ 비즈니스 유연성 : 비즈니스 프로세스를 새롭게 설정하는 것이 가능하고 이를 통해 원자재와 공급망을 지속적으로 최적 상태로 유지할 수 있게 된다. 또한 엔지니어링 프로세스가 보다 민첩하게 될 수 있고, 제조 프로세스가 변화에도 단기간에 적응 가능하게 된다. 고객사는 제품 입출고 및 재고관리를 자동화할 수 있고, 부품의 공급자는 재고를 자동으로 확인하여 JIT(Just In Time) 생산이 가능하게 할 수 있게 된다.

❖ 최적화된 의사결정 : 글로벌 시장에서 성공하기 위해서는 올바른 의사결정을 내리는 것이 점점 중요해지고 있다. 인더스트리 4.0은 엔지니어링과 디자인 분야에서 조기 의사결정을 가능하게 하여, 생산 영역에서 유연하게 대응할 수 있도록 한다. 각종 센서와 스마트 기기들을 통해 기록되는 빅데이터를 이용하여 보다 최적화된 의사결정을 할 수 있도록 한다.

❖ 노동 유연성 향상 : 숙련된 노동인력의 부족 문제와 작업장 내의 다양성(연령, 성, 문화적 배경 등)의 문제에 직면하여, 인더스트리 4.0은 유연한 경력 관리를 가능하게 한다. 숙련공의 노하우를 디지털화하거나 숙련공과 미숙련공을 원격으로 연결시켜 지식을 공유하고 전수하는 환경을 마련한다. 증강현실 기술의 발달로 구글 글래스나 모바일 기기를 통해 손쉽게 현장 교육이 가능해져 장거리 생산현장에 갈 필요 없는 원격교육 및 원격보수가 가능하게 된다(그림 1.14).

숙련공 원격교육

증강현실 활용 미숙련공 교육

고객사 설비 상시 모니터링

스마트 팩토리를 위한 앱스토어

그림 1.14 인더스트리 4.0에서의 작업자 교육 및 장비 모니터링(독일 인공지능 연구소 자료)

❖ 일과 생활의 균형 : 인더스트리 4.0의 스마트 보조 시스템은 기업의 요구사항과 직원들의 개인적 요구를 충족시키기 위한 유연성을 제공할 수 있도록 작업을 조직화한다. 센서가 내장된 모듈형 설비 확산으로 공장 간 설비 공유와 함께 설비 배치가 자유로워 작업공간의 효율성이 향상되고 제조 근로자의 재택근무도 활성화될 수 있다. 지능화된 첨단 제조시설은 에너지 효율화와 함께 소음과 오염배출을 줄여서 도심형·아파트형 공장과 산업단지 구축을 가능하게 한다.

〈참고 문헌 및 인터넷 사이트〉

Miura Hirohumi, *Mechatronics Handbook(Japanese)*, Ohmsha, 1996.

Yoram Koran, *Robotics for Engineers*, McGraw-Hill, 1987.

Nikei BP(ed.), *CIM(Japanese)*, Nikei BP, 1991.

안재봉 편저, 『CIM을 위한 FA 시스템 입문』, 도서출판 기술, 1991.

이영해 역, 『생산자동화 개론』, 시그마 프레스, 1995.

www.fanuc.co.jp

www.simens.com

www.lsis.biz

독일 인공지능 연구소(http://www.dfki.de)

한국 정보 진흥원, 인더스트리 4.0과 제조업 창조경제 전략, 2014. 5. 30

포스코경영연구소(2014), 인더스트리 4.0, 독일의 미래제조업 청사진-ICT와 제조업 융합 지향

딜로이트(www.deloitteconsulting.co.kr)

사이버물리시스템협회 홈페이지(www.cyberphysicalsystems.org)

연습 문제 •━━━⋯⋯⋯⋯⋯⋯⋯⋯⋯⋯⋯⋯⋯⋯⋯⋯⋯⋯⋯⋯⋯⋯⋯⋯⋯⋯⋯⋯⋯

1. 자동화 시스템의 5개 요소는 무엇인가?

2. 산업용 로봇과 전기 세탁기를 예를 들어 각각의 요소를 구체적으로 기술하라.(모든 빈칸을 채울 것)

5요소	산업용 로봇의 예	세탁기의 예

3. Fixed Automation과 Flexible Automation을 나타내는 표이다. 빈칸을 채워라.

	Fixed Automation	Flexible Automation
장 점		
적합한 생산 형태		
예		

4. 액추에이터의 예를 아는 대로 나열하라

5. 시퀀스 제어와 로직 제어를 비교 설명하라.

6. 자동화 시스템에서 사람의 두뇌와 같이 사용되는 것에는 PLC와 마이크로프로세서 PC 등이 있다. 이들을 비교 설명하라(7장 참조).

7. 개루프와 폐루프 제어 시스템을 설명하고 각각의 예를 들라.

8. 폐루프 제어 시스템의 구성 요소는 무엇이 있는지 설명하고 서로 어떤 관계에 있는지 설명하라.

9. 서보모터의 회전각 제어에서 비교기의 역할은 무엇인가?

10. Flexible Automation은 무엇이 유연하다(flexible)는 것인가?

11. Fixed Automation은 무엇이 고정되어(fixed) 있다는 것인가?

12. FMS가 무엇인지 설명하고 인터넷에서 그에 대한 예를 찾아보라.

13. 자동화에서 유연성이란 무엇이고 유연성이 좋을 때 기대할 수 있는 것은 무엇인가?

14. CIM과 IMS를 조사하라.

15. 산업용 로봇의 사용 사례를 3개 이상 조사하라.

16. 인터스트리 4.0이 등장하게 된 배경은 무엇인가?

17. 사이버 물리 시스템이란 무엇인가? 사이버 물리 시스템의 예를 한 개 들어라.

18. 3차 산업혁명에서 인터스트리 4.0으로 진전되면서 발전된 것은 무엇이 있나?

19. 다품종 대량생산의 예를 들어라.

20. 스마트 팩토리란 무엇인가?

2장 PLC

2.1 로직 제어와 시퀀스 제어

우리 주위를 둘러보면 세탁기나 엘리베이터, 교통 신호등 등과 같이 자동화된 장치들을 많이 볼 수 있다. 이들은 외부에서 입력되는 버튼이나 정해진 순서에 의하여 동작한다. 세탁기는 눌러진 세탁 코스의 버튼에 따라 세탁 시간과 탈수 시간, 세탁 방법 등이 정해지고 그에 의하여 동작하게 된다. 만일 세탁 도중에 세탁기를 열게 되면 세탁은 멈춘다. 엘리베이터도 눌러진 버튼에 따라 상하로 움직이고 원하는 층에서 문을 열어 준다. 교통 신호등은 외부에서 버튼을 누르지는 않지만 정해진 시간에 따라 좌회전, 직진, 멈춤 등의 신호를 보낸다.

시스템들에 사용되는 입출력 신호는 대부분 0이나 1의 값을 갖는다. 이것은 다루고 있는 응용 시스템의 종류에 따라 ON이나 OFF, 참이나 거짓, 높은 전압, 낮은 전압 등을 표현한다. 입력 신호는 ON/OFF를 출력하는 이진 센서(binary sensor)에 의하여 만들어진다. 리밋 스위치, 광센서, 버튼 등이 그 예이다. 출력 신호는 스위치나 모터, 전자석 솔레노이드 등을 켜고 끄도록 한다. 이와 같은 자동화 시스템은 (1) 로직 제어(logic control)와 (2) 시퀀스 제어(sequence control)로 구분된다.

❖ 로직 제어는 외부 신호에 의하여 정해진 일을 하도록 하는 시스템이다. 외부 신호란 버튼이나 리밋 스위치, 센서 등을 말한다. 외부 신호가 발생하는 것을 하나의 사건(event)이라고 보면 사건에 의하여 동작하는 것이므로 'event-driven'이라고 한다.

❖ 시퀀스 제어는 세탁기나 식기 세척기와 같이 시간에 따라 어떤 동작이 시작되고 끝나는 응용 시스템이다. 이것은 시간에 의하여 동작하므로 'time-driven'이라고 한다.

2.2 릴레이 제어반

2.2.1 릴레이와 릴레이 제어반

로직 제어와 시퀀스 제어는 자동화된 기계 설비에 반드시 필요한 것으로 20세기 초부터 릴레이 등에 의하여 제어되어 왔다. 릴레이는 전자석의 원리에 의하여 기계적인 접점 스위치를 열고 닫는 방법을 사용하는 것이다. 지금도 이 릴레이는 간단한 기계나 설비의 제어에 많이 사용된다. 릴레이 제어반에서 가장 중요한 기기는 (1) 릴레이, (2) 타이머, (3) 카운터이다. 이들 기기를 원하는 로직에 따라 실제의 전기 배선을 한다. 제어하는 로직이 바뀌면 배선을 변경하여야 하므로 매우 번거롭다. 릴레이 제어반에서 배선으로 제어 로직을 표현하는 것을 하드 와이어드(hard wired)라고 한다.

그림 2.1은 릴레이 제어반에 사용되는 릴레이와 타이머, 카운터의 예이다. 릴레이는 기계적 접점의 전기 스파크에 의하여 자주 고장을 일으키므로 트랜지스터의 원리를 이용한 무접점 릴레이(SSR, Solid State Relay)로 대체되기도 하였다. 그러나 릴레이 제어반에서 릴레이 대신 무접점 릴레이를 사용하는 경우는 흔하지 않다. 그림 2.2는 시판되는 무접점 릴레이의 예이다.

릴레이

카운터

아날로그 타이머

디지털 타이머

그림 2.1 릴레이 제어반에 사용되는 릴레이와 카운터, 타이머의 예(오토닉스, 한영전자)

그림 2.2 무접점 릴레이(SSR)의 예(유니온전자)

2.2.2 릴레이

릴레이는 그림 2.3과 같은 소켓에 끼워서 사용한다. 핀의 역할을 살펴보자. 7번과 8번 핀 사이에 규정된 전류가 흐르면 솔레노이드가 작동하여 전자식이 작동하게 된다. 전자석 이 작동하면 5/6번에 연결된 접점이 솔레노이드 쪽으로 움직이게 되어 5/6번과 3/4번 사이

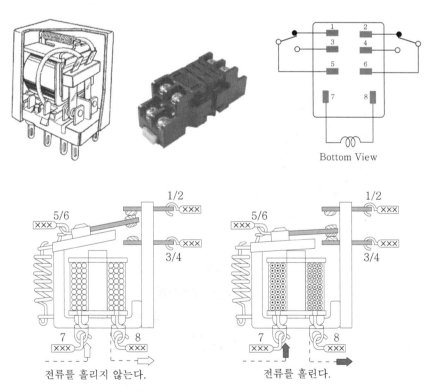

그림 2.3 릴레이와 릴레이의 작동 원리

가 통전된다(a접점). 7번과 8번 핀 사이의 전류가 끊기면 스프링의 힘에 의하여 복귀되어 5/6번과 1/2번 사이가 통전된다(b접점). a접점은 보통 때는 열려 있다가 자극을 받으면 닫히는 접점을 말하고, b접점은 반대이다. 이에 대한 내용은 2.6.1절에서 자세히 다루므로 여기서는 용어만 알아두자.

2.2.3 타이머

타이머는 그림 2.4와 같은 소켓에 끼워 사용한다. 2번과 7번 사이에 규정된 전류를 흐르게 하면 1번과 3번 사이의 접점이 ON된다. 2번과 7번 사이에 전류가 흐르다가 끊기게

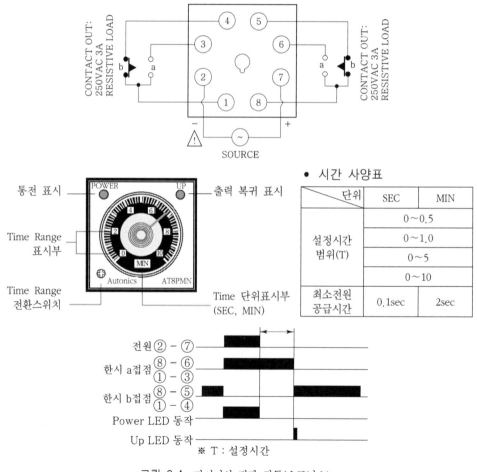

• 시간 사양표

단위		SEC	MIN
설정시간 범위(T)		0~0.5	
		0~1.0	
		0~5	
		0~10	
최소전원 공급시간		0.1sec	2sec

그림 2.4 타이머의 핀과 작동(오토닉스)

되면 1번과 3번 사이의 접점이 ON되어 있다가 앞에 다이얼에서 지정된 시간(T)이 지나면 접점이 OFF된다. 1-4번 사이, 8-5번 사이는 1-3번 사이의 신호와 반대로 작동한다. 8-6번 사이는 1-3번 사이와 같게 동작한다.

2.2.4 카운터

카운터는 전면부에서 지정된 횟수에 도달하였을 때 출력을 내주는 것이다. 그림 2.5에서 2번과 7번 사이에 지정된 전원을 공급하고 1번과 4번 사이 카운터 신호(펄스)를 입력하

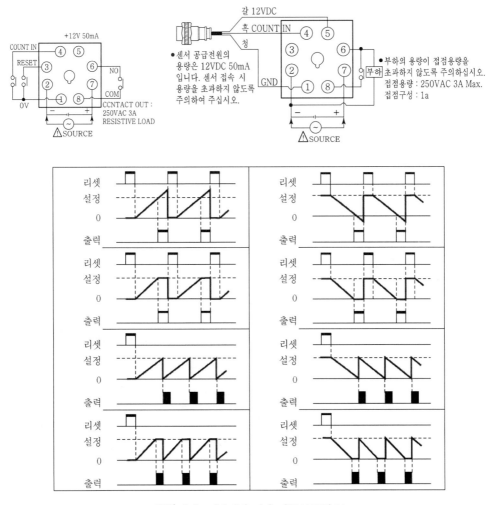

그림 2.5 카운터의 핀과 작동(오토닉스)

면 카운터 내부에서 횟수가 증가/감소하고 설정된 횟수에 도달하면 6번과 8번이 ON된다. 내부 카운터의 증감과 출력 신호를 내보내는 방식은 그림과 같이 옵션에 따라 여러 가지가 가능하다.

2.2.5 입출력기기

릴레이와 카운터, 타이머와 함께 릴레이 제어반에서 사용되는 부속으로 입력기기와 출력기기가 있다. 입력기기로는 그림 2.6과 같이 리밋 스위치 근접 스위치, 푸시버튼, 비상정지 스위치, 온도센서 등이 있다. 리밋 스위치는 기계 구동부에 장착하여 움직임을 감지하는 데 사용된다. 움직인 양은 감지하지 못하고 '어느 위치를 지나갔다'는 것만을 알 수 있다. 근접 스위치는 물체가 감지 범위 내에 들어오면 ON되는 스위치이다. 푸시버튼은 누르면 ON되고 손을 떼면 바로 OFF된다. 비상정지 스위치는 한번 누르면 자동으로 복귀되지 않고 (비상 상황이 해제된 후에) 버튼을 화살표 방향으로 돌려야 복귀되는 스위치이다. 온

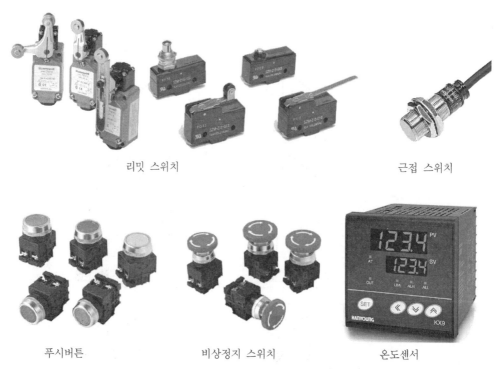

리밋 스위치   근접 스위치

푸시버튼   비상정지 스위치   온도센서

그림 2.6 입력기기(하니웰, 한영전자)

도센서는 아날로그 값을 출력하지만 그림에 있는 것은 설정된 온도 이상/이하가 되면 출력
이 ON되는 센서이다.

출력기기는 릴레이 제어반의 로직 회로의 결과를 내보내는 것이다. 그림 2.7은 출력기
기의 예이다. 간단한 것으로 램프가 있는데 출력 신호가 ON이면 램프가 들어오도록 한다.
솔레노이드는 전자석으로 막대를 움직이는 것으로 밸브 등을 전자적으로 제어할 때 사용한
다. 마그네틱 스위치(전자개폐기)는 릴레이에서 나온 출력을 이용하여 대용량 모터 등을
ON/OFF시키고자 할 경우에 사용하는 것이다. 제어용 릴레이 접점의 용량이 3A(240VAC,
24VDC) 정도이므로 대용량의 기기를 제어하고자 할 경우는 제어용 릴레이보다 용량이 큰
것(수백 A)을 사용하여야 한다. 이 때 사용하는 것이 마그네틱 스위치이다. 공압의 흐름을
제어할 필요가 있을 경우에는 공압 제어용 밸브를 사용한다. 공압용 방향제어밸브는 릴레이
제어반의 출력 신호에 의하여 솔레노이드를 작동하여 공압을 여닫는 장치이다.

램프

솔레노이드

마그네틱 스위치

공압용 방향제어밸브

그림 2.7 출력기기(한영전자, 동아기전, LS산전, SMC)

2.2.6 릴레이 제어 회로

앞에서 살펴본 릴레이와 입출력 기기를 이용하여 릴레이 제어반을 구성한 간단한 예를 살펴보자. 릴레이에 의하여 AND와 OR회로를 구성하는 방법은 그림 2.8과 같다. 그림과

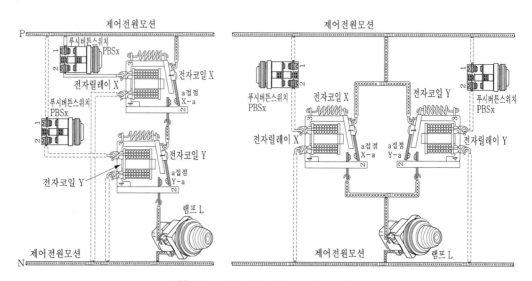

그림 2.8 릴레이에 의한 AND와 OR회로

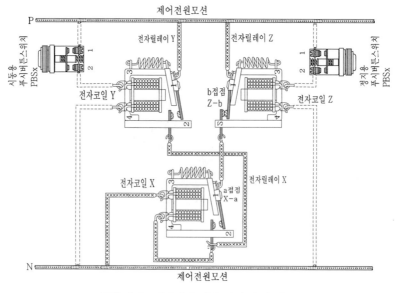

그림 2.9 릴레이에 의한 자기 유지 회로

그림 2.10 릴레이 제어반 배선의 예

같이 배선을 변경함으로써 AND나 OR회로를 구성할 수 있다. 이를 응용하여 자기 유지 회로 구성하면 그림 2.9와 같다. 시동용 푸시버튼을 누르면 릴레이 Y가 작동하고 이에 따라 릴레이 X가 ON됨을 알 수 있다. 일단 릴레이 X가 ON되면 릴레이 Z를 통하여 전기가 공급되어 릴레이 X가 계속 ON된 상태로 있다. 정지용 푸시버튼을 누르면 릴레이 Z를 통하여 공급되던 전기가 끊기므로 릴레이 X로 공급되는 전기가 없어지고 따라서 릴레이 X는 OFF된다. 그림에서 보는 바와 같이 논리를 변경하려면 배선을 변경하여야 하기 때문에 매우 불편하다. 그림 2.10은 릴레이 제어반의 예를 보이고 있다.

2.3 PLC

2.3.1 PLC 개발사

1960년대 공작기계의 제어 일을 하는 미국 Bedford Associates의 리차드 몰리(Richard Morley)의 주된 업무는 기계식 릴레이를 마이크로컴퓨터로 바꾸는 것이었다(그림 2.11). 그는 1968년 1월 PC라는 이름으로 Programmable Controller의 아키텍처를 발명하였다[이 PC라는 용어는 초기에 PLC를 부르던 것이었다. 1980년대 IBM이 개인용 컴퓨터(Personal Computer)를 대표하는 말로 PC를 사용하고부터는 PLC라고 쓴다. 이 책에서는 PLC라고 쓴다]. 이것은 일반 컴퓨터의 약점을 개선하여 실시간 제어, 신뢰성 등을 향상시킨 것이다.

그림 2.11 Modicon Model 084과 리차드 몰리

그 당시 릴레이 제어반에 사용되던 래더로직(ladder logic)을 사용하여 프로그램하게 하였다. 몰리는 1969년에 Modicon(MOdular DIgital CONtroller)이라는 회사를 설립하였으며 이 회사는 최초의 상업용 PLC인 Modicon model 084를 제조/판매하였다(이 회사는 1977년 Gould의 PLC 부서로 팔린다).

몰리가 PLC의 아키텍처를 발명하던 같은 해에 미국의 GM(General Motors)에서는 기존의 릴레이식 제어 장치를 마이크로프로세서를 이용한 시퀀스 제어 장치로 바꾸려고 10개의 조건을 제시하게 된다. GM이 제시한 시퀀스 제어 장치의 10개의 조건을 정리하면 다음과 같다.

① 프로그래밍과 그 변경이 용이할 것
② 수리와 보수가 용이할 것
③ 릴레이식 제어반보다 현장에서 신뢰성이 높을 것
④ 릴레이식 제어반보다 소형일 것
⑤ 중앙 데이터 처리 장치로 데이터를 전송할 수 있을 것
⑥ 릴레이나 무접점 릴레이 제어반보다 경제적일 것
⑦ 입력은 AC 115V를 받을 수 있을 것
⑧ 출력은 AC 115V, 2A 이상의 솔레노이드 밸브나 마그네틱 스위치 등을 동작시킬 수 있을 것
⑨ 접점의 확장이 가능할 것
⑩ 메모리는 최대 4K words까지 확장할 수 있을 것

이에 따라 PLC가 개발되었으며 GM 이외의 다른 회사에서도 스펙을 발표하였기 때문에 여러 종류의 PLC가 만들어지게 되었다. 초기에는 이 조건들을 만족시키는 전자 제어 장치를 만드는 것이 쉬운 일은 아니었지만 여러 회사에서 이에 대한 노력을 기울였다. 이 조건에 맞추어 Modicon사와 Gould사, 알렌브레들리사에서 개발하여 판매/사용하게 된 것이 마이크로프로세서를 이용한 시퀀스/로직 제어 장치의 시작이다.

초기에 PLC는 릴레이 제어반을 대체하는 것이었으므로 성능이 ON/OFF 제어에 국한되었다. 그러나 그 후 5년이 지나지 않아서 사용자 인터페이스, 수식 계산, 데이터 관리, 컴퓨터 통신 등이 포함되도록 성능이 발전하였다. 또다시 5년 동안 대용량 메모리, 아날로그 신호, 위치 결정 제어, 리모트 I/O 등의 기능이 추가되었다. 1980년대 이후에는 최소형 PLC, 저가격 PLC의 개발이 이루어지고 있다. 국내는 LS산전 등에서 PLC를 생산하고 있고 제품의 성능이나 신뢰성을 인정 받고 있다.

2.3.2 PLC와 릴레이 제어반의 비교

표 2.1은 릴레이 제어반과 PLC를 비교한 것이다. 모든 면에서 PLC가 우수한 것을 알 수 있다.

표 2.1 릴레이 제어반과 PLC 제어반의 비교

비교 항목	릴레이 제어반	PLC 제어반
제어 회로 구축	부품 간의 배선에 의하여 로직이 결정됨. hard-wired 로직	소프트웨어 프로그램에 의하여 로직이 결정됨.
제어 기능	릴레이에 의한 AND, OR 등 타이머, 단순한 카운터	로직 연산(AND, OR, NOT 등) 타이머, 업다운 카운터 산술연산, 논리연산, 시프트 레지스터 통신
제어 요소	접점 제어 방식	무접점 제어 방식
제어 속도	저속(릴레이 작동 속도가 늦음)	고속 제어
제어 로직 변경	배선을 철거하고 다시 배선함	프로그램을 변경함
신뢰성	릴레이의 한정된 수명	신뢰성이 높음
보전성	유지 보수 비용이 많이 듦	유지 보수가 간편함
확장성	시스템 확장이 어려움	PLC 간의 통신에 의하여 확장이 가능 컴퓨터와의 네트워크 구성 가능
크기	소형화가 어려움(로직이 복잡하면 릴레이 제어반의 크기가 커짐)	소형화 가능(로직이 복잡하면 프로그램 크기만 커짐)

2.3.3 PLC와 마이크로프로세서

앞에서 언급한 세탁기나 엘리베이터, 교통 신호등은 기본적으로 PLC에 의한 제어가 가능하지만 세탁기와 같이 한번 생산되고 나면 제어하는 시퀀스 로직(sequence logic)을 바꿀 필요가 없는 경우나 대량 생산을 하는 경우에는 일반적인 PLC를 사용하지 않고 전용의 마이크로프로세서를 이용하여 제어하도록 한다. 교통 신호등의 경우는 상황에 따라서 신호 체계가 바뀌는 것을 볼 수가 있는데 이것은 프로그램으로 작성된 로직을 바꿀 수 있기 때문이다. 엘리베이터도 시퀀스 로직을 바꿈으로써 짝수 층만 서게 한다든지 홀수 층만 서게 하는 것이 가능하다. 엘리베이터와 같이 사용하는 접점이 많아지거나 세탁기와 같이 경제성의 문제 때문에 전용화할 필요가 있다면 마이크로프로세서를 이용하여 PLC 역할을 하는 전용의 보드를 만들어 사용한다.

그림 2.12는 PLC를 이용하여 제어 회로를 구성한 전장 박스(E/L 박스)의 예를 보이고 있다. 왼쪽 아래에 있는 것이 PLC이고 왼쪽 위쪽에 있는 것들이 전원 차단기와 대용량의 전원을 개폐하는 마그네틱 스위치들이다.

그림 2.12 PLC 제어반의 예

2.4 PLC의 구성

요즘은 그림 2.13과 같이 분리형과 일체형인 다양한 모양의 PLC가 생산되고 있다. 분리형은 전원부, CPU부, 입력 접점, 출력 접점이 각각 분리되어 있는 데 반해 일체형은 이들이 한곳에 모여 있는 것이다. 접점 수를 늘이는 경우에 분리형은 옆에 접점 모듈을 증설하면 되지만 일체형은 또 다른 일체형 PLC를 추가하고 PLC 간 통신을 하도록 한다. 예를 들어 분리형은 입력 받아야 할 신호가 많은 경우에 입력부를 증설하여 입력 접점의 수를 증가시킬 수 있다. 그러나 모듈을 무한정으로 증가시킬 수는 없다. CPU부의 성능에 따라서 추가되는 모듈의 종류와 개수는 제한된다.

PLC의 각 구성요소 간 연결관계는 그림 2.14와 같다. 입력부에는 리밋 스위치, 근접 스위치, 광전 스위치 등이 연결되고, 사용자의 프로그램은 로더(loader)나 노트북을 통하여 PLC의 메모리로 전송된다. 계산된 결과는 출력부를 통하여 외부 기기에 연결된다. 전자개폐기, 솔레노이드, 램프 등이 출력 기기의 예이다.

분리형 PLC의 구성형태를 살펴보자. 분리형 PLC는 그림 2.15와 같이 전원부 CPU부, 입력 접점, 출력 접점으로 구성된다. 분리형 PLC는 그림 2.16과 같이 백 플레인(back plane)이라는 장치에 원하는 모듈을 장착할 수 있다.

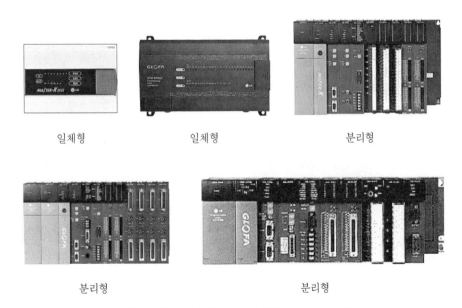

일체형   일체형   분리형

분리형   분리형

그림 2.13 시판되는 다양한 종류의 PLC(LS산전)

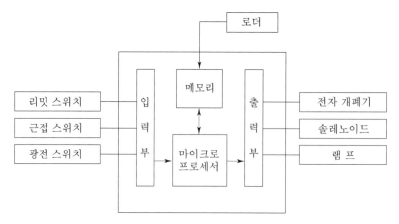

그림 2.14 PLC의 구성요소 연결관계

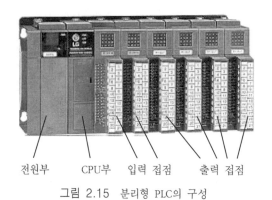

전원부　　CPU부　입력 접점　　출력 접점

그림 2.15 분리형 PLC의 구성

조립된 형상　　　　　　　　백 플레인

그림 2.16 백 플레인에 의한 PLC모듈의 조립 예

1. 전원부(power supply) : 일반적으로 사용되는 교류(AC) 전원(100V, 220V)을 이용하여 PLC CPU부에서 사용하는 직류 전원(3.3V, 5V)을 만들어 내고, 공장자동화용 설비의 직류(DC) 전원으로 많이 사용되는 12V와 24V의 직류 전원을 만들어 내는 장치이다. 대부분의 PLC 전원부는 CPU에서 사용하는 전원과 24V를 생성한다. 그림 2.17은 파워 서플라이의 예인데, 사진의 오른쪽이 PLC 전면부이고 왼쪽이 백 플레인에 장착되는 부분이다. 전면부에 교류 전원(예를 들면 220V)이 공급되면 파워 서플라이가 CPU부 등에서 사용할 전원을 왼쪽 단자를 통해서 내보내고 24V는 전면부로 내보낸다.

2. CPU부 : PLC의 제어를 담당하는 부분으로 하나의 컴퓨터라고 생각하면 틀림 없다. 그림 2.18과 같이 마이크로프로세서와 OS(Operating System)가 담긴 ROM(Read Only Memory), 사용자의 프로그램이 담긴 ROM 또는 RAM(Random Access Memory), 데이터가 담기는 RAM, 사용자의 프로그램을 업로드하기 위한 통신 단자(전면부), I/O 인터페이스, 주변 기기와의 인터페이스 등으로 이루어져 있다. RAM에 담긴 사용자 프로그램을 보존하기 위한 배터리도 있다.

3. 입력부 : PLC가 제어 동작을 수행하기 위하여 스위치나 센서의 상태를 입력 받는 부분이다. 입력은 DC 24V, DC 12V, AC220, AC110V 등을 입력 접점에 통전하므로 입력부를 통하여 CPU부에 전달된다. 아날로그 신호의 입력 등은 특수 유닛에 의하여 입력된다. 일반적으로 접점 신호 입력을 처리하는 장치를 입력부라고 한다. 그림 2.19의 중앙에 있는 2개의 흰색 소자는 외부 입력 신호와 CPU부를 분리하여 보호하기 위한 포토 커플러이다. 입력 단자에 과도한 전류가 흐른 경우에는 이 포토 커플러만 고장나게 되므로 이것만 교체하면 다시 사용할 수 있다.

그림 2.17 파워 서플라이(LS산전)

그림 2.18 CPU부(LS산전)

그림 2.19 입력부(LS산전)   그림 2.20 출력부(LS산전)

4. 출력부 : PLC의 제어 결과를 내보내는 것으로 솔레노이드 밸브나 마그네틱 스위치를 동작시켜 공압 실린더나 모터, 전등 등을 켜거나 끄도록 한다. TTL 출력과 릴레이 출력, 트라이액(triac : 스위치용 반도체의 일종이며, 미국 제너럴 일렉트릭(GE) 사의 상품명이다. p-n-p-n-p의 5층의 반도체를 포개서 만든다. 양단(兩端)의 전극 외에 제3의 제어전극(게이트)을 가지고 있으며, 마치 3극관(트라이오드)처럼 전류를 제어할 수 있다. 교류를 사용하는 선풍기, 세탁기, 조리용 믹서 등의 전동기의 회전수 제어와 냉장고, 전기담요의 온도제어 등에 널리 쓰인다) 출력 등이 있다. 그림 2.20의 중앙부에 있는 8개의 네모난 소자는 소형 릴레이이다. CPU부에서 나온 신호가 릴레이를 작동시켜 외부로 신호를 출력한다.

5. 프로그램 입력 장치 : CPU부에 사용자 PLC 프로그램을 작성하여 입력하기 위해서는 입력 장치가 필요하다. 그림 2.21과 같은 핸디 로더(handy loader)라는 장치를 사용하거나 PLC 전용의 그래픽 로더(graphic loader)라는 장치를 이용하여 프로그램을 입력하여 왔다. 그러나 현재는 PC와 노트북 컴퓨터가 보편화되어 이를 이용하여 프로그램을 작성하고 작성된 프로그램은 PLC에 통신(대개 RS232C의 직렬 통신을 이용)으로 업로드(upload)/다운로드(download)하는 것이 일반적이다.

앞에서 설명한 각각의 모듈은 그림 2.22와 같이 장착된다. 파워 서플라이와 CPU는 정해진 위치에 장착하고 나머지는 원하는 위치에 장착한다. 간단히 밀어 넣으면 훅에 의하여 빠지지 않게 된다. 뺄 때에는 훅을 누른 상태에서 빼낸다.

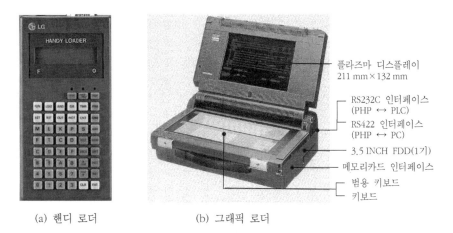

(a) 핸디 로더   (b) 그래픽 로더

그림 2.21 핸디 로더(a)와 그래픽 로더(b)의 예

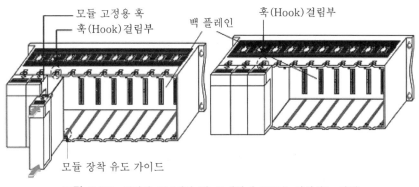

그림 2.22 분리형 PLC에서 백 플레인에 모듈을 장착하는 방법

2.5 PLC 소프트웨어의 작동 원리

PLC의 소프트웨어는 비교적 간단하다. 그림 2.23과 같이 전원이 투입되면 PLC는 먼저 ROM에 들어 있는 OS를 로드하여 소프트웨어가 동작할 수 있도록 한다. 준비가 되면 메모리의 이상유무 및 주변회로의 이상을 체크하고 PLC 시스템의 주변 유닛의 구성 상태를 파악한다. 즉 입출력부와 특수 유닛 등의 부착 여부를 파악하여 PLC의 구성 상태를 체크한다. 시스템에서 이상이 발견되지 않으면 메모리를 초기화시키고 모드(mode)를 체크한다.

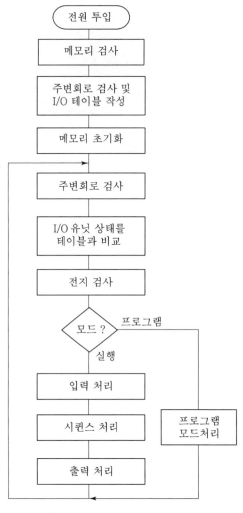

그림 2.23 전체 소프트웨어 흐름도

PLC에는 (1) Run, (2) Program, (3) Pause 등의 모드가 있다. 만일 모드 스위치가 Run
인 경우에는 사용자가 입력한 시퀀스 프로그램을 수행한다. 모드 스위치가 Program으로
설정되어 있으면 PLC는 모든 출력을 OFF시키고, Run 동작을 중지한 다음 프로그램 장치
(핸디 로더나 노트북, 그래픽 로더 등)로부터 지령을 받아 프로그램을 위한 동작을 수행한
다. Pause 모드에서는 프로그램이 잠시 멈추게 되어 입출력 접점이 현재 상태로 유지된다.
  RUN 모드의 경우에 사용자가 작성한 시퀀스 프로그램이 수행되는 과정은 다음과 같다
(그림 2.24 참조).

그림 2.24 PLC의 동작 순서

① CPU에 연결된 모든 입력 유닛에서 입력을 읽어서 메모리에 저장한다.

② 시퀀스 프로그램의 한 줄[이것을 PLC에서는 한 스텝(step)이라고 한다]을 읽어서 그를 수행한다. 수행된 결과는 메모리에 저장된다. 다음 스텝을 읽어서 수행한다. 시퀀스 프로그램의 모든 스텝이 끝날 때까지 이를 반복한다.

③ 메모리에 있는 출력 데이터를 출력 유닛으로 보낸다.

1960년대 말 PLC가 처음 만들어졌을 때부터 사용된 PLC용 프로그램 언어는 래더 다이어그램이었다. 1990년대 초반 국제 전기 표준 회의(International Electrotechnical Commission)는 다양하고 개방적인 프로그램이 가능하도록 IEC 61131-3(자세한 내용은 부록4 참조)을 제정하였다. IEC 61131-3에서는 사용자가 프로그램하는 방법으로 문자적 언어(textual language)인 구조화구문(ST, structured text)과 인스트럭션 리스트(IL, instruction list), 그래픽 언어(graphical language)인 펑션 블록 다이어그램(FBD, function block diagram)과 래더 다이어그램(LD, ladder diagram)을 제시하고 있다. ST, IL, FBD, LD와 함께 SFC(Sequential Function Charts)도 제안하였는데, 이는 작업 순서를 명시적으로 표시하는 하나의 방법이다. 이 중에서 LD와 IL은 PLC 초기에서부터 사용되는 방법으로 이 책에서는 LD를 중심으로 설명한다.

2.6 래더 다이어그램

2.6.1 접점

PLC의 대부분의 입력은 버튼이나 스위치, 센서과 같은 기기에서 오는 ON/OFF 신호이다. 이런 신호가 들어오는 것을 접점(contact)이라고 한다. 접점은 두 가지 종류가 있는데, 상시 열림 접점(normally open contact)과 상시 닫힘 접점(normally closed contact)이다. 국내에서는 상시 열림 접점을 a접점, 상시 닫힘 접점을 b접점이라 한다. 초인종을 상상하여 보자. 초인종의 버튼이 b접점이라면 초인종은 누군가 버튼을 누르기 전까지는 계속 울리고 있을 것이다. 버튼을 누르면 접점이 떨어져서 초인종으로 가는 전기가 끊어지는 것이다. 만일 a접점의 버튼을 사용한다면 버튼을 누르기 전까지는 초인종은 울리지 않을 것이다. 그림 2.25와 2.26은 각각 a접점과 b접점용 푸시버튼의 동작원리이다. a접점은 버튼을 누르면 전기가 통하고 b접점은 그와 반대이다.

센서는 일반적으로는 물리량을 측정하는 것이다. 그러나 많은 센서들은 감지한 값이 일정한 값을 벗어나면 신호가 ON 또는 OFF가 되도록 한다. 즉 센서가 스위치와 같은 역할

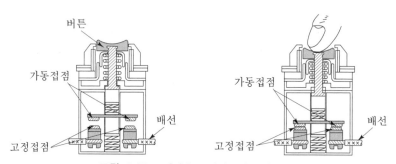

그림 2.25 a접점용 푸시버튼의 동작 원리

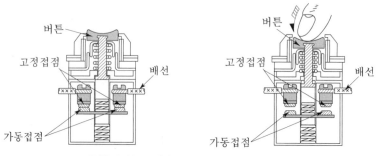

그림 2.26 b접점용 푸시버튼의 동작 원리

을 한다. 아날로그 출력을 하는 센서를 구매하여 PLC에 연결하는 것보다, ON/OFF를 출력 하는 센서를 PLC에 연결하는 것이 PLC 프로그램이 훨씬 쉽다. a접점 또는 b접점인 센서 는 전기 전문 상가에서 쉽게 구매할 수 있다.

PLC의 입력과 내부에서는 a, b 접점이 사용 가능하고 출력은 a접점만 사용할 수 있다. PLC에서 a접점은 그 접점까지 진행된 논리가 참이면 a접점에서 전기가 통하고 거짓이면 전기가 통하지 않는다는 뜻이다. b접점은 반대로 그 접점까지 진행된 논리가 참이면 전기 가 통하지 않고, 거짓이면 전기가 통한다. 푸시버튼과 비교하면 손가락으로 누른다는 동작 은 그곳까지 계산된 논리가 참이라는 뜻인 것이다. 즉 '푸시버튼을 누른다'는 것은 PLC에 서 '논리가 참이다'라는 것과 의미가 같다. 그림 2.27은 릴레이 로직과 PLC 로직에서의 여 러 접점의 종류를 비교 설명하여 놓은 것이다.

출력 접점은 괄호로 표시한다. 출력 접점은 출력 코일(coil)이라고도 한다. 출력은 모터, 전구, 펌프, 전자석(솔레노이드), 밸브, 릴레이, 마그네틱 스위치 등이 있다. 출력 코일은 동그라미 또는 소괄호로 표시한다.

PLC는 릴레이 제어반과는 다르게 산술연산이 가능하다. 사칙연산과 비트연산, 카운터, 타이머 등을 수행할 수 있다. 이것은 대괄호로 묶어서 명령을 기입한다. LS산전의 래더 명 령어는 부록2에 정리되어 있다.

구 분	릴레이 로직	PLC 로직	내 용
a접점	—o o— —o o—	—| |—	평상시 개방(open)되어 있는 접점 N. O. (normally open) PLC : 외부 입력, 내부 출력 ON/OFF 상태를 입력
b접점	—o|o— —o o—	—|/|—	평상시 폐쇄(closed)되어 있는 접점 N. C. (normally closed) PLC : 외부 입력, 내부 출력 ON/OFF 상태의 반 전된 상태를 입력
c접점	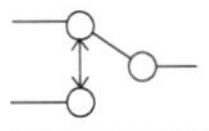	없음	a, b 접점 혼합형으로 PLC에서는 로직의 조합으 로 표현
출력코일	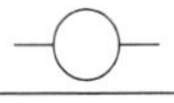 —○—	—( )—	이전까지의 연산 결과 접점 출력
응용명령	없음	—[ ]—	PLC 응용 명령을 수행

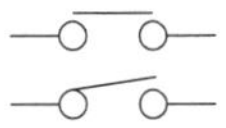

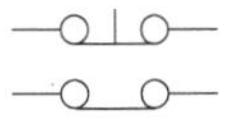

* 이 책에서는 출력을 릴레이 로직과 같이 표시함.

그림 2.27 PLC의 래더 다이어그램을 표현하기 위한 기본 심볼(LS산전)

2.6.2 래더 다이어그램

▷▶ 개요

스위치에 의하여 전구의 불을 켜고 끄는 것을 배선하면 그림 2.28과 같다. 스위치를 누르면 전원과 전구가 완전히 연결되어 불이 켜지게 된다. 스위치가 열리면 전기가 통하지 않으므로 전구에 불이 들어오지 않는다. 이것을 PLC의 래더 다이어그램으로 그리면 그림 2.29와 같다. 그림을 보면 양끝에 세로선이 있고 그 사이를 가로지르는 선이 있다. 약간만 더 복잡한 프로그램이라면 PLC의 프로그램은 이와 같이 가로지르는 선이 여러 개가 놓이게 된다. 이렇게 그려 놓으면 흡사 사다리 모양이 되는데 그래서 이와 같은 PLC의 프로그램을 래더 다이어그램(ladder diagram)이라고 한다. 양끝의 세로선을 전원이라고 생각하고, 가로선(이것을 rung이라고 한다)은 스위치나, 전구, 모터를 전원에 연결하는 선이라고 생각하면 이해가 쉽다. 래더 다이어그램과 실제 배선의 그림의 모양이 매우 유사한데, 그것은 전기 배선에 기초하여 래더 다이어그램을 고안하였기 때문이다.

래더 다이어그램이 실제로 PLC에서 수행되기 위해서는 IL[Instruction List 또는 니모닉(mnemonic)]로 바뀌게 되는데 이 경우는 다음과 같은 프로그램이 된다. 모든 래더 다이어그램은 1 : 1로 IL로 변환된다.

LOAD P0
OUT P20

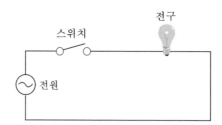

그림 2.28 PLC가 없는 전기 배선에 의한 ON/OFF 실험

그림 2.29 래더 다이어그램의 예

앞에서 이야기한 래더 다이어그램이 PLC에서 작동되려면 그림 2.30과 같이 배선이 되어야 한다. 스위치는 ON/OFF가 된다면 아무 것이나 좋다. PLC에 입력 신호를 주는 방법은 여러 가지가 있지만 입력 단자와 COM 단자 사이에 DC 24V가 흐르도록 하는 방법이 많이 쓰인다. DC 24V는 PLC의 파워 서플라이에서 제공되는 경우가 대부분이므로 그쪽에 연결하여 사용한다. PLC에서 출력 신호를 내보내는 방법 중에는 PLC가 릴레이를 작동시켜 전기가 제어하는 방법을 많이 사용한다. 이것을 릴레이 출력이라고 한다. PLC에 내장된 릴레이는 소용량이므로 일정 부하 이상의 출력기기에는 직접 연결할 수 없다. 예를 들어 PLC로 고 용량의 모터를 ON/OFF시켜야 하는 경우에는 PLC의 릴레이 출력을 통하여 마그네틱 스위치를 작동시키고 마그네틱 스위치가 모터의 전원을 ON/OFF하도록 해야 한다.

▷▶ 실험 준비

❖ 전원과 통신라인 설치

전원은 그림 2.31과 같이 연결한다. 래더 다이어그램은 컴퓨터에서 하는 것이 편리하므로 PLC와 컴퓨터 사이를 RS232C 통신라인으로 연결한다. RS232C 케이블의 사양은 그림의 왼쪽 아래 부분에 나타나 있다. 그림 2.32는 PLC와 노트북을 실제로 연결한 사진이다. 이 노트북에 RS232가 없어서 USB-RS232C 컨버터를 사용하였다.

기본이 되는 PLC의 회로를 실습하기 위하여 그림 2.33과 같은 회로를 구성하여 보자. 디지털 입력라인에 스위치나 버튼을 연결하고, 디지털 출력라인에는 24V로 동작하는 램프를 연결하였다. 입력은 24V가 들어가야 하므로 그림과 같이 스위치를 누르면 24V가 입력 접점에 들어갈 수 있도록 되어 있다. 전원을 많이 사용하지 않는 경우는 PLC의 파워 서

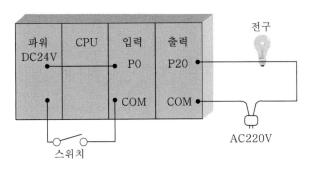

그림 2.30 PLC를 이용한 간단한 ON/OFF 실험

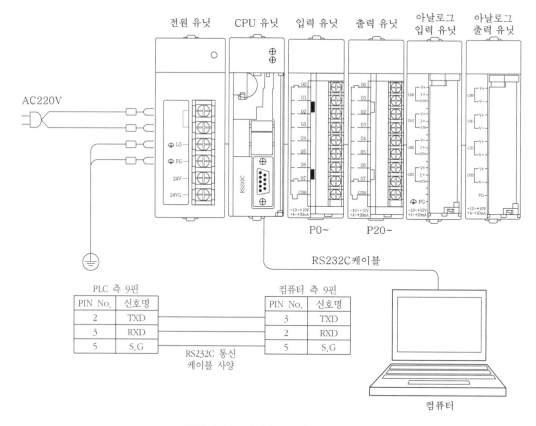

PLC 측 9핀		컴퓨터 측 9핀	
PIN No.	신호명	PIN No.	신호명
2	TXD	3	TXD
3	RXD	2	RXD
5	S.G	5	S.G

RS232C 통신
케이블 사양

컴퓨터

그림 2.31 전원과 통신라인의 배선도

그림 2.32 통신라인(RS232C)에 의한 노트북과 PLC의 연결

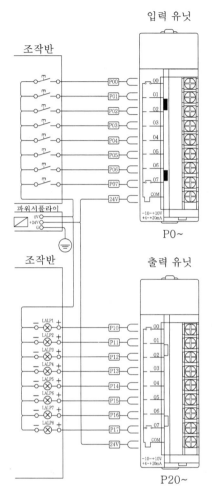

그림 2.33 PLC 실험 세트의 연결 배선도

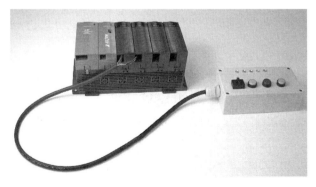

그림 2.34 PLC 실험 세트의 사진

플라이에 있는 전원을 사용한다. 회로에 나타낸 것은 입력은 8개의 스위치 또는 버튼을 사용하고 출력은 8개의 램프를 사용하는 배선이다. 이 책에서는 최대 4개씩의 입력과 출력이 필요하므로 입력과 출력 모두 앞에서 4개만 사용한다고 생각하면 된다. 그에 따라서 그림 2.34와 같은 실험 세트를 만들어서 사용한다. 이후에 이 책에서 나오는 프로그램들은 이 실험세트를 이용하여 테스트하여 볼 수 있다.

이 책에서는 입력을 P0~P1F(16진수)까지 사용하고 출력은 P20~P3F(16진수)를 사용한다. 만일 사용하는 PLC의 접점 번호가 책과 다른 경우에는 그에 맞추어 접점의 이름을 바꾸거나 PLC의 설정에서 접점의 구성을 바꾸어서 사용한다.

▷▶ 기본 회로

❖ 가장 간단한 회로

P0접점이 ON이면 출력 접점 P20도 ON된다. P0접점을 a접점이라고 한다. 여기서 P0는 입력 접점이지만 입력이 아니라 다른 곳에서 계산한 결과가 P0의 자리에 들어와도 된다.

```
·니모닉 표기
 LOAD P0
 OUT P20
```

❖ NOT 회로

P0접점이 OFF일 때, 출력 접점 P20이 ON된다. P0접점을 b접점이라고 한다.

```
·니모닉 표기
 LOAD NOT P0
 OUT P20
```

❖ AND 회로

P1, P2 두 접점이 함께 ON이어야 P20접점이 ON된다. 논리 회로의 AND에 해당하는 것이다. 예를 들어 분쇄기의 모터가 회전하려면 회전 스위치(P1)가 ON이고 안전문(P2)이 닫혀야(ON) 한다. 이 경우에는 다음의 래더 다이어그램을 사용하면 된다.

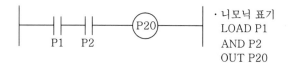

```
·니모닉 표기
 LOAD P1
 AND P2
 OUT P20
```

❖ AND NOT 회로

같은 AND 조건이지만 두 번째 접점이 b접점인 경우에는 AND NOT 회로를 사용한다.

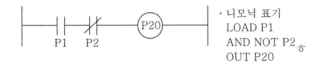

·니모닉 표기
LOAD P1
AND NOT P2
OUT P20

❖ OR 회로

두 개의 조건 중에 하나만 만족하면 되는 경우는 OR 회로를 사용한다. 공작기계의 예를 들어 공압의 압력이 부족하거나 절삭유가 부족하면 경고등을 켠다고 한다. 이 경우에 공압의 압력계가 P1(부족하면 ON)이고 절삭유가 P2(부족하면 ON)에 연결되고 경고등은 P20에 연결된다.

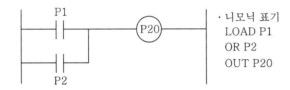

·니모닉 표기
LOAD P1
OR P2
OUT P20

❖ OR NOT 회로

OR 조건인데 P2가 b접점이면 OR NOT 회로를 사용한다.

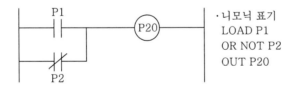

·니모닉 표기
LOAD P1
OR NOT P2
OUT P20

❖ 해제가 불가능한 자기 유지 회로

우리가 흔히 사용하는 푸시버튼은 손을 떼면 바로 신호가 OFF된다. ON 푸시버튼을 눌러 계속 ON되어 있게 하고 싶을 경우에 사용하는 것이 자기 유지 회로이다. 방법은 의외로 간단하다. 앞에서 배운 '가장 간단한 회로'의 출력 P20을 입력 P0과 OR조건으로 묶어놓는 것이다. P0를 누르면 P20이 바로 ON되고 P20이 OR조건으로 앞에 있으므로 P20은 계속 ON되는 것이다. 한번 P20이 ON되면 OFF시킬 방법이 없다. 다음의 자기 유지 회로가 유용한 회로이다.

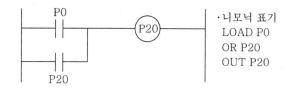

- ·니모닉 표기
  LOAD P0
  OR P20
  OUT P20

❖ 자기 유지 회로 – (복귀 우선)

P1이 연결되지 않은 회로는 한번 ON된 P20을 OFF시킬 방법이 없다. P1을 b접점으로 AND로 연결하면 ON/OFF가 가능한 자기 유지 회로가 된다. P0 푸시버튼을 누르면 P20은 ON되고 P0이 OFF되어도 계속 ON된다. P20을 OFF시키려면 P1 푸시버튼을 누르면 된다. 만일 P0과 P1 버튼을 동시에 누르고 있다면 어떻게 될까? 당연히 P20은 OFF된다. 왜냐하면 P0와 P1이 AND조건이고 P1이 b접점이므로 P0이 눌러져도 P1이 끊기 때문이다. 이 회로를 해제 우선 또는 복귀 우선 자기 유지 회로라고 한다.

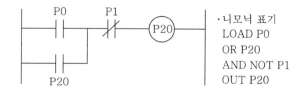

- ·니모닉 표기
  LOAD P0
  OR P20
  AND NOT P1
  OUT P20

❖ 자기 유지 회로 – (동작 우선)

다른 형태의 자기 유지 회로를 살펴보자. P0를 누르면 P20이 ON되고 P0를 OFF시켜도 P20은 계속 ON되어 있다. P1을 누르면 P20 a접점에서 출력 P20으로 가는 회로가 끊어져 P20이 OFF된다. P0와 P1을 동시에 눌렀을 때 P0에 의하여 P20은 ON된다. 이런 회로를 동작 우선 자기 유지 회로라고 한다.

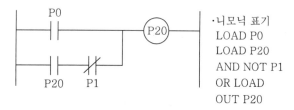

- ·니모닉 표기
  LOAD P0
  LOAD P20
  AND NOT P1
  OR LOAD
  OUT P20

❖ 인터록 회로 – (후입 우선)

예를 들어 P0가 빨간불 버튼이고 P1은 파란불 버튼, P2는 모든 램프를 끄는 버튼이라고 가정하자. 빨간불 버튼 P0을 눌렀을 때 파란불 버튼이 눌러지지 않았다면 빨간불 출력 P20이 작동되고, P20은 자기 유지된다. P0을 눌렀을 때 P1이 눌러졌다면 P20은 작동하지 않을 것이다. 반대로 P1을 눌렀을 때 P0가 눌러지지 않았다면 파란불 출력 P21이 작동될 것이다. 즉, P0와 P1 중 하나의 버튼이 ON되려면 다른 하나가 OFF되어 있어야만 한다. 이런 것을 인터록[inter-lock, 서로(inter) 자물쇠(lock)를 건다]이라고 한다. P2를 누르면 모든 출력이 OFF된다. P0와 P1은 입력이므로 이 예는 입력을 인터록한 경우를 나타낸다. 입력에 인터록을 거는 것을 후입 우선이라고 하고, 출력에 인터록으로 사용할 경우를 선입 우선이라고 한다. 출력 P20이 ON이면 P21이 ON될 수 없고, P21이 ON이면 P20이 ON될 수 없는 인터록도 가능하다. 다음의 회로를 참조하여 풀어 보기 바란다.

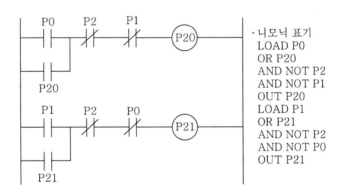

❖ 인터록 회로 – (선입 우선)

두 명의 퀴즈대회 참가자가 있다고 하자. 사회자가 문제를 내면 정답을 아는 사람이 버튼을 누른다. 먼저 버튼을 눌렀으면 그 사람 앞의 램프에 불이 들어온다. 어떤 사람이 이미 버튼을 눌러서 불이 들어왔다면 다른 사람은 아무리 버튼을 눌러도 불이 들어오지 않는다. 이런 경우도 인터록이다. P0와 P1이 퀴즈 참가자용 버튼이고, P2는 사회자용 버튼이라고 하자. 래더 다이어그램에서 보다시피 P2 버튼을 누르면 무조건 P20, P21출력이 OFF된다. 다른 버튼이 눌러지지 않은 상태에서 P0를 누르면 P20이 ON된다. 이때 P1을 누른다고 하면 P20이 이미 ON되어 있으므로 P21은 ON되지 않는 것을 알 수 있다. 이것은 앞의 인터록 회로와는 다르게 출력에 대하여 인터록을 거는 것이다. 이 예를 모터의 회전과 연관하여 생각하여 보자. P0를 정회전 버튼, P1을 역회전 버튼, P2를 정지 버튼으로 하고, P20은 정회전, P21은 역회전 출력이라고 가정하고 어떻게 동작되는가를 생각하여 보자.

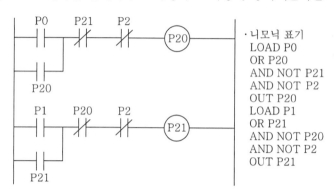

・니모닉 표기
LOAD P0
OR P20
AND NOT P21
AND NOT P2
OUT P20
LOAD P1
OR P21
AND NOT P20
AND NOT P2
OUT P21

2.6.3 PLC의 성능

PLC 프로그램의 IL에서 하나하나의 줄을 스텝(step)이라고 한다. 하나의 스텝을 처리하는 데 걸리는 시간은 PLC의 성능을 나타내는 매우 중요한 지표이다. 요즘에 생산되는 PLC는 하나의 스텝을 처리하는 데 수 나노 초(ns, nano second, 10^{-9} second)에서 수 마이크로 초(us, micro second, 10^{-6} second)가 걸린다.

표 2.2를 보고 PLC의 스펙을 간단히 살펴보자. 연산방식은 프로그램을 끊임없이 반복연산하는 방식과 지정된 주기(cycle time)에 한 번씩 프로그램이 수행되도록 하는 고정주기방식, 지정된 펄스 신호, 타이머 신호 등에 의하여 프로그램이 수행되도록 하는 인터럽트 방식 등이 있다. 일반적으로 반복연산 방식을 사용한다.

입력 접점을 읽고 출력 접점에 쓰는 시점은 프로그램의 시작과 끝에서 하는 방식(refresh 방식)과 명령어에 의하여 접점을 읽어 오는 방식이 있는데 일반적으로 refresh 방식을 많이 사용한다. 연산 속도는 160ns/step이고 저장할 수 있는 프로그램의 수는 1만 step이다. 1만 스텝의 저장 용량에 총 128개의 프로그램을 분리하여 저장할 수 있다. 모듈을 증설하여 접점의 수를 늘릴 수 있지만 최대 480점까지만 증가시킬 수 있다.

표 2.2 PLC 스펙의 예(LS산전의 XBM-DN32S)

항 목	규 격
연산방식	반복연산, 고정주기, 인터럽트 방식 등
입출력 제어 방식	스캔동기 일괄처리방식(refresh), 명령어에 의한 direct 방식
명령어 수	기본명령 : 28종, 응용명령 : 677
연산속도	160ns/step
프로그램 용량	10k step
최대 입출력 점수	480점 (기본＋증설 7단)
총 프로그램 수	128개
운전모드	RUN, STOP, DEBUG
프로그램 포트	RS 232C, RS 485
정전 시 데이터 보존 방식	기본 파라미터에서 래치 영역 설정
내장 기능	RS 232C, RS 485 통신, 고속 카운터, PID, 펄스캐치, 입력 필터, 외부 접점, 인터럽트, 위치 결정

▷▶ 스캔

원하는 기능을 위해서는 수십에서 수천 줄(step)의 프로그램이 작성되는 것이 일반적이다. PLC에 저장된 프로그램을 처음부터 끝까지 한 번 처리하는 것을 1 스캔(scan)이라고 하고, 1 스캔을 처리하는 데 걸리는 시간을 스캔 타임(scan time)이라고 한다(그림 2.35). 스캔 타임은 1 스텝을 처리하는 데 걸리는 시간과 스텝의 수, 입출력 시간, 자기진단시간에 의하여 결정된다. 즉 처리시간이 0.1마이크로 초/스텝(us/step)이고 스텝의 수가 1000개라면 스캔 타임은 0.1×1000＝100마이크로 초와 입출력을 처리하는 데 걸리는 시간, 자기 진단 시간을 합한 것이다.

이와 같은 방법으로 입력되는 조건에 따라 출력이 바뀌어지는 일을 계속 처리할 수 있는 것이다. 스캔 타임이 현저히 느리다면(스캔 타임이 느려지는 것은 PLC의 연산속도가 늦거나, 처리하여야 할 프로그램의 스텝 수가 많은 경우이다), 예를 들어, 스캔 타임이 1초라고 하면 1초 내에 눌려졌던 버튼은 옳게 처리되지 않을 수도 있는 것이다. 우연히 누른 시점이 입력 처리를 하는 시점이라면 처리가 되지만 프로그램을 처리하는 중이었다면 눌려졌던 버튼은 처리하지 못한다. 이 경우에 확실히 처리되고 싶으면 스캔 타임 이상으로 버튼을 누르고 있지 않으면 안 된다.

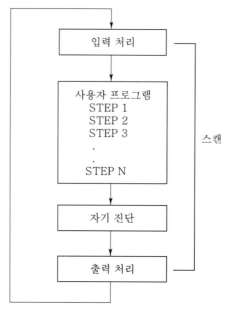

그림 2.35 스캔과 스캔 타임

2.6.4 여러 가지 PLC 프로그램의 예

❖ 컨베이어의 구동

컨베이어를 구동할 때는 먼저 저속으로 출발시킨 후 고속으로 전환하여야 한다. 이를 위한 래더 다이어그램은 다음과 같다(그림 2.36).

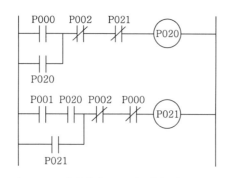

그림 2.36 컨베이어 구동의 래더 다이어그램

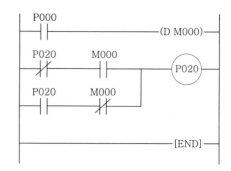

그림 2.37 분주회로의 래더 다이어그램

P000 = 저속으로 라인을 출발시키기 위한 푸시버튼

P001 = 고속으로 라인을 전환시키기 위한 푸시버튼

P002 = 라인을 정지시키기 위한 푸시버튼

P020 = 저속으로 라인 구동을 위한 출력

P021 = 고속으로 라인 구동을 위한 출력

❖ ON/OFF 출력의 반복(분주회로)

푸시버튼 PB0을 처음 누르면 출력이 ON되고, 두 번째 누르면 출력이 OFF된다. PB0를 누를 때마다 출력이 ON/OFF를 반복된다. 그림 2.37은 ON/OFF출력을 반복하기 위한 래더 다이어그램이다. 푸시버튼은 P000에, 출력은 P020에 연결한다. 명령어 'D'는 입력조건이 상승 시 1 스캔 동안 펄스를 출력하는 것이다.

❖ 지하주차장 환풍상태표시등

지하주차장에 3개의 환풍기가 있다. 출입구의 표시등은 주차장의 환풍상태를 보여준다

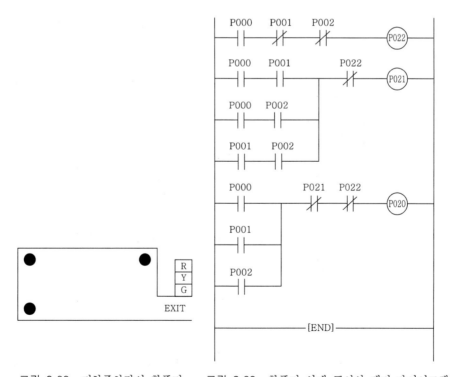

그림 2.38 지하주차장의 환풍기   그림 2.39 환풍기 상태 표시의 래더 다이어그램

(그림 2.38). 녹색(G)등은 3개의 환풍기 모두가 동작될 때, 황색(Y)등은 2개의 환풍기가 동작될 때, 적색(R)등은 1개의 환풍기가 작동될 때 켜진다. P000, P001, P002는 3개의 환풍기의 동작 상태를 나타내는 입력 접점이고 P020은 적색등, P021은 황색등, P022는 녹색등을 위한 출력 접점이다. 이와 같이 작동하도록 하는 래더 다이어그램은 그림 2.39와 같다.

❖ 먼저 누르기 게임

1명의 사회자가 퀴즈 게임을 진행하고 있는데, 4명이 퀴즈 게임에 참여하였다. 4명의 퀴즈 참가자의 책상 위에는 버튼과 램프가 하나씩 설치되어 있으며, 퀴즈를 맞추기 위해서는 가장 먼저 버튼을 눌러야만 한다. 가장 먼저 버튼을 누른 참가자의 램프에만 점등되며 일단 한 참가자의 램프가 점등되어 있으면 다른 참가자가 버튼을 누르더라도 램프는 점등되지 않는다. 다른 참가자의 램프에 점등이 되려면 사회자가 Reset 버튼을 눌러야 한다.

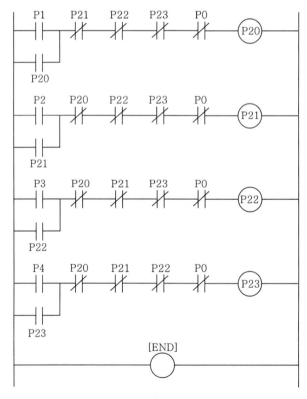

그림 2.40   먼저 누르기 게임의 래더 다이어그램

◆ 입력 접점

    P0 : 사회자의 Reset 버튼

    P1 : 1번 참가자의 버튼

    P2 : 2번 참가자의 버튼

    P3 : 3번 참가자의 버튼

    P4 : 4번 참가자의 버튼

◆ 출력 접점

    P20 : 1번 참가자의 램프

    P21 : 2번 참가자의 램프

    P22 : 3번 참가자의 램프

    P23 : 4번 참가자의 램프

2.6.5 타이머 접점

예를 들어 전원이 들어온 후에 30초 있다가 모터를 작동하고자 하는 경우를 상상하여 보자. PLC를 사용하기 전에는 릴레이 제어반에 장착할 수 있는 시계를 사용하여 이 동작이 가능하였는데 이 기능을 PLC에서 사용하려면 타이머 접점이 필요하다. 이것은 타이머에 연결된 접점이 켜지면 그때부터 시간을 재서 정해진 시간이 되면 타이머 접점을 ON 시킨다. 위의 예에 대해서는 그림 2.41과 같은 프로그램이 가능하다.

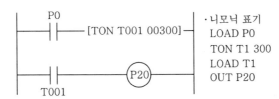

그림 2.41 ON delay 타이머에 대한 래더 다이어그램

이것은 P0가 ON된 후 300 단위 시간이 지나면 T1이 ON되고, T1이 ON되면 P20이 출력되는 프로그램이다. 여기서 단위 시간이란 PLC가 시간을 측정하는 기본 주기로서 100 msec과 10 msec 등이 있다. 즉 기본 주기가 100인 경우에 300이라고 입력하면 $100 \times 300 = 30000$ msec=30 sec이 된다. 기본 주기는 PLC에 따라 타이머의 접점 번호에 따라 다르다.

❖ 타이머 접점의 종류

◆ TON(On Delay)

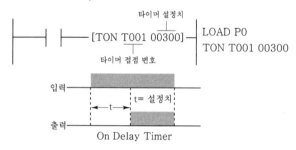

On Delay Timer

LOAD P0
TON T001 00300

◆ TOFF(Off Delay)

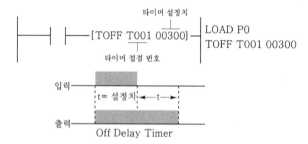

Off Delay Timer

LOAD P0
TOFF T001 00300

◆ TMR(적산 On Delay)

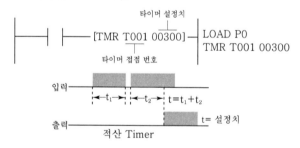

적산 Timer

LOAD P0
TMR T001 00300

◆ TMON(Monostable)

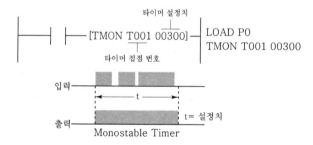

Monostable Timer

LOAD P0
TMON T001 00300

◆ TRTG(Retriggerable)

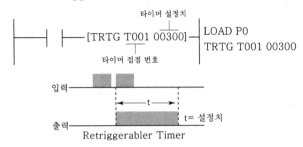

❖ 타이머 접점을 이용한 깜박이는 신호등(플리커 회로)

TON 타이머와 TOFF 타이머를 이용하여 신호등이 20초간 깜빡(on 타임 : 0.6초, off 타임 : 0.5초)이는 플리커(Flicker) 회로를 만든다(그림 2.42, 그림 2.43).

P0 : 입력 접점
P20 : 출력 접점

(1) T1의 현재치를 증가시켜 설정치 t_1에 도달되면 T1이 ON된다. T1이 ON되면 T1의 현재치가 증가되면서 동시에 출력 P20이 ON된다.

(2) T2의 현재치가 설정치 t_2되었을 때 T2가 ON되어 T1이 OFF된다. T1가 OFF되면 즉시 T2와 P20이 OFF된다. T2가 OFF되면 T1은 시간의 현재치가 증가되기 시작한다.

(3) 입력 T0가 OFF될 때까지 앞의 과정 (1), (2)가 반복된다.

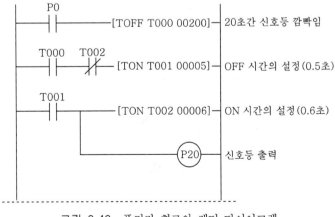

그림 2.42 플리커 회로의 래더 다이어그램

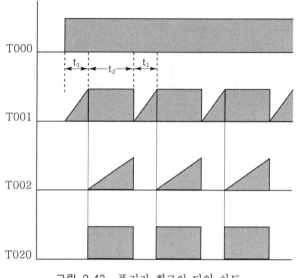

그림 2.43 플리커 회로의 타임 차트

❖ 보행자 횡단신호등 제어기

보행자가 조작하는 횡단신호등에서 보행자가 입력스위치를 누르면 차량 신호등은 파란
신호에서 노란색의 예비신호를 3초 동안 내보낸다. 예비신호가 끝나면 차량 신호등은 적색
신호로 바뀌어 16초간 지속되고 보행자 신호는 파란색 신호로 바뀌어 10초간 지속된다. 차
량 신호등에서 좌회전 신호는 없고 두 개의 보행자 신호등은 동시에 변한다고 가정한다.
P0는 입력 스위치이고, P20, P21, P22는 차량용 황색, 적색, 청색 신호, P23, P24는 보행
자용 적색, 청색 신호용 출력이다(그림 2.44). 래더 다이어그램은 그림 2.45에 있다.

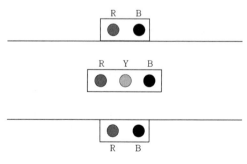

그림 2.44 보행자 횡단신호등 제어기

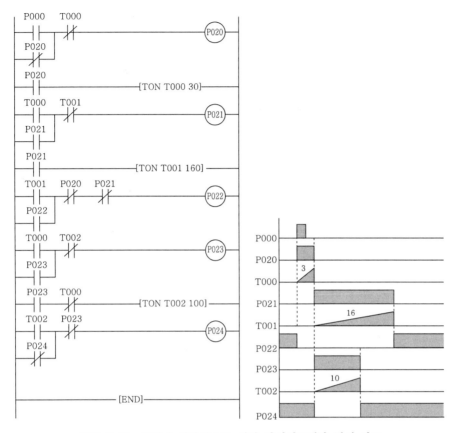

그림 2.45 보행자 횡단신호등 래더 다이어그램과 타임 차트

❖ 신호등 점등

왕복 2차선 도로에서 1개의 차선을 공사중이다. 따라서 양쪽 차선의 차들을 한 개의 차선으로 주행할 수 있도록 해야 한다. 한쪽 방향의 차에 통과 신호(청색신호등)를 보내면 다른 방향의 차는 정지 신호(적색신호등)를 보내야 하고, 통과시키던 방향의 차를 정지 신호를 보낸 후에는 공사구간 안의 차가 모두 통과한 후에 다른 방향의 통과 신호를 보낸다 (그림 2.46).

즉, A 방향의 차를 통과(청색신호등)시키면 B 방향의 차는 정지(적색신호등)시키고, 2분 후에 A 방향의 차를 정지(적색신호등)시키면 A 방향에서 공사구간을 진행 중이던 모든 차들이 빠져 나가는 1분 후에 B 방향의 차들을 통과(청색신호)시킨다. 위의 과정을 계속 반복한다. 래더 다이어그램은 그림 2.47에 있다.

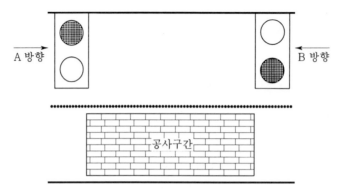

그림 2.46 공사구간 신호등

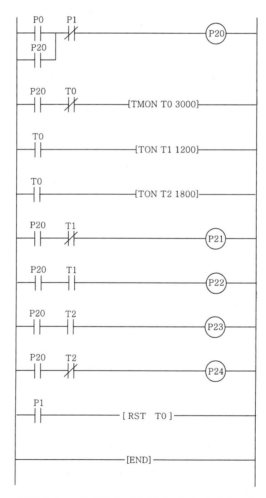

그림 2.47 공사구간 신호등의 래더 다이어그램

◆ 입력 접점

　　P0 : 신호등 시작 버튼

　　P1 : 신호등 종료 버튼

◆ 출력 접점

　　P20 : 신호등 작동 중

　　P21 : A 신호등(청색)

　　P22 : A 신호등(적색)

　　P23 : B 신호등(청색)

　　P24 : B 신호등(적색)

◆ 타이머

　　T0 : 신호등 1주기 시간

　　T1 : A 신호등

　　T2 : B 신호등

2.6.6 카운터 접점

한 상자에 50개의 물건이 들어가면, 신호가 출력되어 새로운 상자를 가져다 놓도록 하고 싶은 경우를 상상하여 보자. 상자에 물건이 들어갈 때마다 컨베이어 벨트에 있는 센서가 이를 감지한다고 하자. 이와 같은 경우에 카운터 접점을 사용하게 된다. 이를 위해서는 그림 2.48과 같은 프로그램이 가능하다.

이것은 P0에 연결된 센서나 스위치에서 입력되는 신호의 수를 세어 50개가 넘으면 C1이 ON되고 C1이 ON이면 P20이 출력되는 프로그램이다.

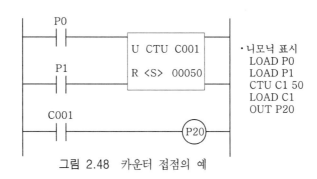

그림 2.48 카운터 접점의 예

❖ 카운터 접점의 종류

◆ CTU(Up Counter)

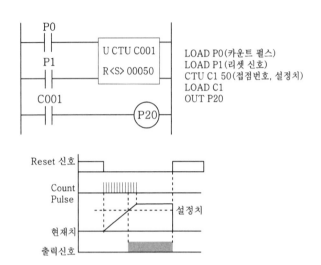

◆ CTD(Down Counter)

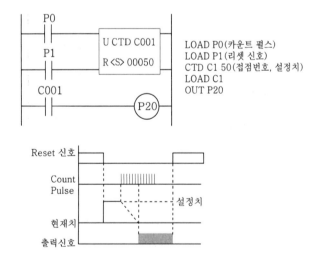

◆ CTUD(Up/Down Counter)

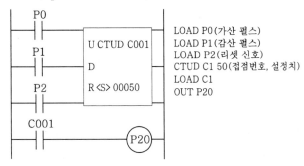

LOAD P0 (가산 펄스)
LOAD P1 (감산 펄스)
LOAD P2 (리셋 신호)
CTUD C1 50 (접점번호, 설정치)
LOAD C1
OUT P20

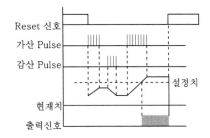

◆ CTR(Ring Counter)

LOAD P0 (카운트 펄스)
LOAD P1 (리셋 신호)
CTR C1 50 (접점번호, 설정치)
LOAD C1
OUT P20

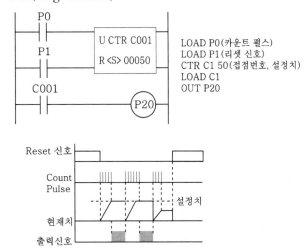

❖ CTUD 카운터를 이용한 모터 동작 수 증감 제어[1]

3대의 모터를 제어하는데, 푸시버튼 PB1을 누를 때마다 동작되는 모터 수를 1개씩 증가

---

[1] LS산전 PLC 프로그래밍 매뉴얼(MASTER-K) 참조

시키고, 푸시버튼 PB2를 누를 때마다 동작하는 모터 수를 1개씩 감소시킨다. 단, 3개의 모터가 모두 동작하고 있을 때에 PB1을 누르면 모든 모터는 정지하고, 1개의 모터가 동작하고 있을 때 PB2를 누르면 모터는 하나도 동작하지 않는다(그림 2.49). 래더 다이어그램은 그림 2.50에 나타나 있다.

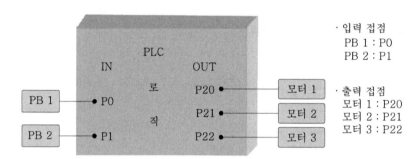

그림 2.49 모터 동작수 증감 제어 시 PLC와 부품의 배선

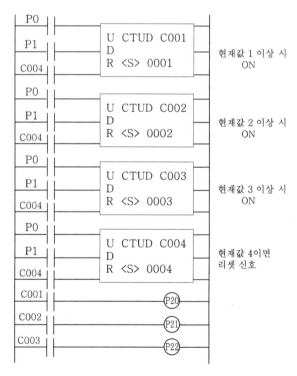

그림 2.50 모터 동작수 증감 제어 시 래더 다이어그램

2.7 입력과 출력

PLC는 먼지나 전기적 노이즈가 많은 공장에서 기계 설비의 센서나 스위치, 모터, 솔레노이드 등과 같은 외부기기와 직접 접속이 되어 사용된다. 이때 PLC의 내부는 +5V의 전기를 사용하고 있기 때문에 CPU와 외부 기기를 연결하는 역할을 하는 입출력부는 시스템의 안정에 있어서 중요한 역할을 한다. 따라서 PLC의 입출력부가 갖추어야 할 기본 조건은 다음과 같다.

- ◆ 외부기기와 전기적 규격이 일치하고 접속이 용이할 것
- ◆ 외부기기의 전기적 노이즈가 CPU로 전달되는 것을 방지할 수 있을 것
- ◆ LED 등의 불빛을 통해 입출력 상태를 감시할 수 있을 것

2.7.1 입력부

입력부는 외부기기의 신호를 받아 CPU부에 전달하여 주는 역할을 한다. 기본 회로는 그림 2.51과 같다.

외부기기에서 신호가 들어오면 표시 LED(Light Emitted Diode)를 ON시키고 포토 커플러(photo coupler)의 입력 부분의 발광 다이오드에서 광신호로 변환되어 포토 센서가 ON되어 CPU부에 전달된다. 포토 커플러는 외부기기와 내부회로를 전기적으로 절연시켜 노이즈의 발생을 감소시키는 역할을 하고 강한 전기가 입력부를 통하여 들어온 경우에도 CPU

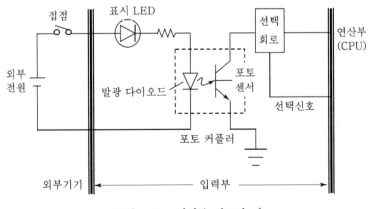

그림 2.51 입력부 회로의 예

로 전달되지 않도록 하는 역할을 한다. 강한 전기(전압/전류)가 입력된 경우에 포토 커플러만 교체하면 되는 것이다.

입력은 대개 DC 24V, DC 12V, AC 220V, AC 110V 등이 많이 사용된다. 입력부의 접점으로 사용되는 외부기기는 다음과 같다.

❖ 기계 장치에 부착되는 것
  ◆ 리밋(limit) 스위치
  ◆ 광전 스위치(광전 센서, photo sensor)
  ◆ 근접 스위치(근접 센서)
  ◆ 엔코더

❖ 제어반/조작반에 부착되는 것
  ◆ 푸시버튼
  ◆ 선택 스위치(selector)
  ◆ 온도 센서(thermal sensor)
  ◆ 측정기

2.7.2 출력부

출력부는 CPU부의 연산 결과를 구동기기에 맞는 신호로 변화하여 출력시키는 부분이다. 출력의 종류는 릴레이, TTL, 트라이액(triac) 등이 있는데 이 중에서 릴레이 출력의 기본 회로는 그림 2.52와 같다.

CPU부의 연산결과는 래치 회로에 전달되어 다음 결과가 올 때까지 기억되어 계속 출력된다. 래치 회로의 데이터는 증폭 회로를 거쳐 릴레이를 구동시키고 그에 의하여 제어하게 된다. 외부기기와 내부회로는 릴레이에 의해서 절연되어 있으나 절연 효과를 높이기 위하여 래치 회로와 증폭 회로 사이에 포토 커플러를 사용하는 경우도 있다.

출력 장치에 부착되는 외부기기는 다음과 같다.

❖ 기계 장치에 부착되는 것
  ◆ 전자 솔레노이드 밸브
  ◆ 전자 클러치
  ◆ 전자 브레이크

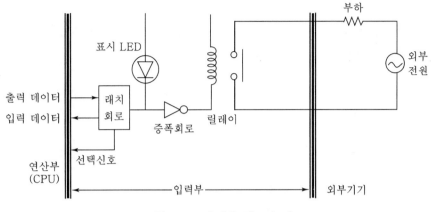

그림 2.52 출력부 회로의 예

❖ 제어반/조작반에 부착되는 것

◆ 표시등

◆ 릴레이

◆ 속도 제어 장치

2.7.3 특수 유닛

제어 대상이나 제어 방법이 특수한 경우에는 그 용도에 맞는 특수 유닛이 준비되어 있다. 이들 특수 유닛은 (CPU부에서 지원한다면) 단순히 옆에 추가하면 동작하도록 만들어져 있다. 특수 유닛은 그림 2.53과 같이 고속 카운터 유닛과 아날로그 입력, 아날로그 출력, 위치결정 유닛, 통신 유닛이 있다.

❖ 아날로그 입력 유닛

온도나 거리, 습도 등과 같이 연속적으로 변하는 양을 측정하는 센서는 대부분 아날로그 신호를 출력한다. PLC의 CPU부는 이 아날로그 신호를 받아서 처리하여야 한다. CPU부는 아날로그 신호를 직접 처리할 수 없으므로 이를 디지털 신호로 바꾸어 CPU부에 전달하는데 이 역할을 하는 것이 A/D 유닛이다. 그림 2.54는 아날로그 입력 회로의 예이다. 외부 측정 장치의 아날로그 신호는 전압 또는 전류의 형태로 들어와서 A/D 변환 회로에 의해 디지털 신호로 바뀌어 CPU부에 전달된다.

그림 2.53 특수 유닛 : 고속 카운터 유닛, 아날로그 입력, 아날로그 출력, 위치결정 유닛(LS산전)

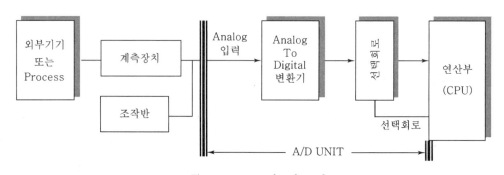

그림 2.54 A/D 회로의 구성

A/D 컨버터는 12 bits나 16 bits, 24 bits의 분해능을 갖는 것이 일반적인데 12 bits라면 4096가지의 데이터가 발생된다. 아날로그 신호는 측정 장치에 따라 0~5V, 0~10V, -5~5V, -10~10V, 0~20 mA 등의 범위에서 입력된다. A/D 유닛에 입력의 범위와 종류를 입력하면 그에 따라 디지털 값으로 변환시켜준다. 그림 2.55는 아날로그 입력 유닛의 내부를 보이고 있다.

전류나 전압의 아날로그 값과 디지털 숫자의 관계는 그림 2.56에 나타나 있다. 어떤 범위를 사용할 것인가는 PLC프로그램에서 설정한다.

그림 2.55 아날로그 입력 유닛의 내부(LS산전)

	정규값			백분위	-2,000~2,000	0~4,000	
	4~20 mA	0~20 mA	0~10 V				
디지털 출력	2,023	2,023	1,011	1,011	2,047	4,047	
	2,000	2,000	1,000	1,000	2,000	4,000	
	1,600	1,500	750	750	1,000	3,000	
	1,200	1,000	500	500	0	2,000	
	800	500	250	250	-1,000	1,000	
	400	0	0	0	-2,000	0	
	381				-2,048	-48	
아날로그 입력	0~10 V						0 2.5 5 7.5 10
	0~20 mA						0 5 10 15 20
	4~20 mA						4 8 12 16 20

그림 2.56 아날로그와 디지털(12bits)의 상호 변환 특성의 예(LS산전)

그림 2.57은 아날로그 입력의 예를 위한 배선도이다. 가변 저항기에 의하여 0에서 10V 사이의 전압을 아날로그 입력 유닛에 입력하면 그 값을 PLC가 읽어서 읽은 값에 따라 램프를 켜는 것이다. P20~P23은 램프가 연결되어 있다고 하자.

◆ 래더 다이어그램의 앞에서 4개의 렁(rung)은 채널 0을 통하여 아날로그 값을 읽을 것 이라는 것을 세팅하는 것이다. 데이터의 범위는 -48~4047이고 아날로그 값은 100회 읽어서 평균낸 값을 출력한다는 것을 지정한다.

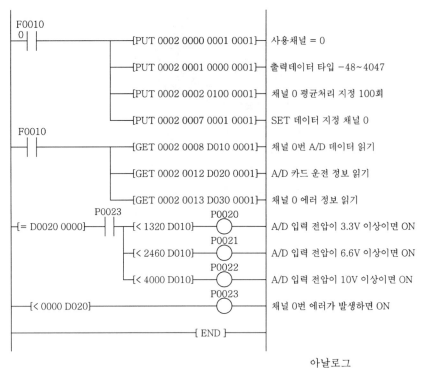

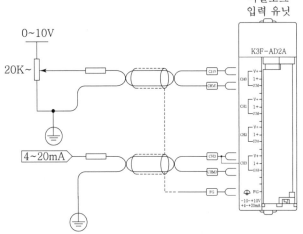

그림 2.57 아날로그 입력의 예

- 5번째에서 7번째 렁은 아날로그 데이터와 에러 상태를 읽어오는 프로그램이다.
- 8번째에서 10번째 렁은 아날로그 입력 데이터에 따라 램프 출력을 한다. 0~3.3V이면 P20을 켜고, 0~6.6V이면 P21, 0~10V이면 P22를 켠다.
- 만일 에러가 발생하였으면 P23을 켠다.

❖ 아날로그 출력 유닛

CPU부에서 처리된 결과에 의하여 제어신호의 크기가 결정되면 D/A 유닛으로 데이터를 출력한다. D/A 회로는 A/D 회로의 역의 기능을 가지므로 만일 12 bits의 분해능이라면 0 ~4096, -2048~2048의 값이 D/A 유닛에 입력되면, 0~5V, 0~10V, -5~5V, -10~10V, 0~20 mA 중 하나의 아날로그 형태로 변환되어 출력된다. 그림 2.58은 아날로그 출력 회로의 구성이고 그림 2.59는 아날로그 출력 유닛의 내부이다.

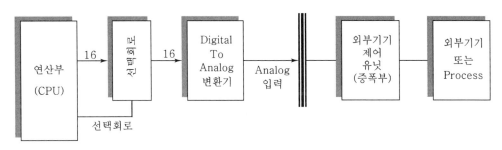

그림 2.58 D/A 회로의 구성

그림 2.59 아날로그 출력 유닛의 내부(LS산전)

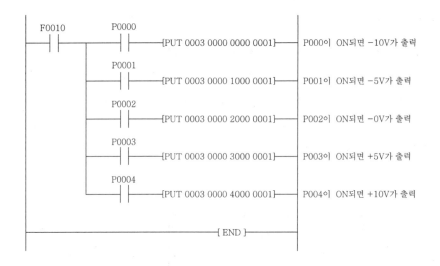

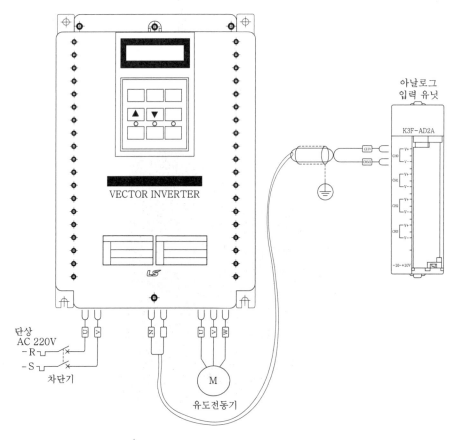

그림 2.60 아날로그 출력의 배선 예

그림 2.60은 아날로그 출력의 예이다. 아날로그 -10~+10 V 사이를 출력하여 모터의 속도를 조정한다. 아날로그 출력에 연결된 인버터는 입력되는 전압에 따라 모터의 속도를 컨트롤 한다. (+)이면 정회전을, (-)이면 역회전을 한다. +10 V는 정회전의 가장 빠른 속도이고, +5 V는 중간 속도, -10 V는 역회전의 가장 빠른 속도이다. 인버터는 유도 전동기가 연결되어 있다. 4개의 버튼이 연결되어 있고 다음과 같이 동작한다.

- P0이 ON이면 아날로그 출력이 -10 V가 된다. 데이터 0은 -10 V이다.
- P1이 ON이면 아날로그 출력이 -5 V가 된다. 데이터 1000은 -5 V이다.
- P2가 ON이면 아날로그 출력이 -0 V가 된다. 정지한다. 데이터 2000은 0 V이다.
- P3이 ON이면 아날로그 출력이 +5 V가 된다. 데이터 3000은 +5 V이다.
- P4가 ON이면 아날로그 출력이 +10 V가 된다. 데이터 4000은 +10 V이다.

❖ 고속 카운터 유닛

CPU부에는 기본적으로 카운터가 내장되어 있다. 그러나 만일 카운터에 입력되는 신호가 수 MHz 정도의 빠른 속도로 변한다면 CPU부는 이것을 정확하게 세지 못한다. 고속 카운터는 그림 2.61과 같이 빠르게 신호가 변하는 경우에 정확하게 카운트하기 위한 장치이다. 모터에 부착된 엔코더의 회전수/회전각도를 정확하게 측정하는 경우에 사용할 수 있다.

❖ 위치 결정(position control) 유닛

이것은 서보모터나 스텝 모터를 이용하여 모터를 정밀하게 제어하고 싶은 경우에 사용한다. 그림 2.62와 같이 모터의 회전량에 해당하는 펄스를 발생시켜 모터가 그 펄스 수만

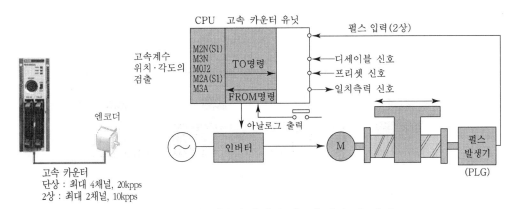

그림 2.61 고속 카운터 유닛의 시스템 구성도(LS산전)

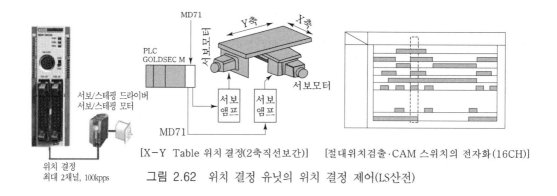

[X-Y Table 위치 결정(2축직선보간)]   [절대위치검출·CAM 스위치의 전자화(16CH)]

그림 2.62 위치 결정 유닛의 위치 결정 제어(LS산전)

큼만 이동하도록 제어한다. 서보모터의 경우에는 엔코더의 피드백에 의하여 정확한 위치를 제어한다.

❖ 리모트 입출력 및 LAN 유닛

PLC 내의 접점 값이나 변수 값을 읽어서 생산관리에 이용할 수 있도록 하는 유닛이다. 그림 2.63은 이더넷을 이용한 PLC의 네트워크 구성 예이다. 생산량을 집계하거나 바코드 등에 의하여 생산 제품의 종류를 파악하여 주 컴퓨터에서 관리하고자 하는 경우에, 공장 내의 단말기로서 PLC를 사용하는 것이 증가되는 추세이다. PLC와 컴퓨터, PLC와 PLC가 서로 연결되어 분산 제어/집중 관리가 가능하도록 되고 있다. PLC가 연결되면 각각의 PLC 에 있는 접점이 상호 연계되어 동작하기 때문에 수천 개 이상의 접점을 집중 관리할 수도 있게 된다.

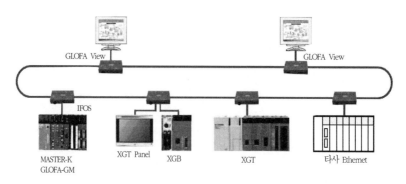

그림 2.63 Ethernet을 이용한 네트워크 구성의 예(LS산전)

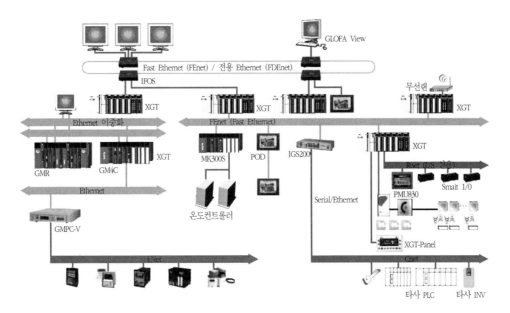

그림 2.64　네크워크와 필드버스에 의한 PLC 간의 연결(LS산전)

발전소나 화학공장, 제철소 등의 공장을 제어하기 위해서는 매우 많은 접점이 필요하다. 이 경우는 하나의 PLC로 모든 접점을 담당하게 할 수는 없다. 일정 규모의 접점을 모아서 하나의 PLC가 담당하게 하고 각각의 PLC들은 네트워크나 필드버스로 묶어서 관리하면 많은 접점도 체계적으로 관리할 수 있다. 그림 2.64는 네트워크와 필드버스로 연결된 예를 보이고 있다. 상위의 모니터는 PLC의 가동상황을 그래픽으로 살필 수 있는 것을 나타내고, 아래 부분에는 여러 종류의 디바이스들이 연결될 수 있음을 보이고 있다.

2.8　메모리 및 접점

PLC는 초기에 릴레이를 대체하기 위하여 만들어졌기 때문에 기본적으로 입력되는 접점과 출력되는 접점에 의하여 이루어진다. 그 후 마이크로프로세서의 발전과 소프트웨어의 발전에 힘입어 다양한 기능이 추가되어진다. 그에 맞추어 다양한 메모리 형태도 필요하게 된다. 그림 2.65는 PLC 메모리 맵(memory map)의 예(LS산전의 MASTER-K-200S)이다. 메모리는 다음과 같이 구분된다.

▶ MASTER-K 200S

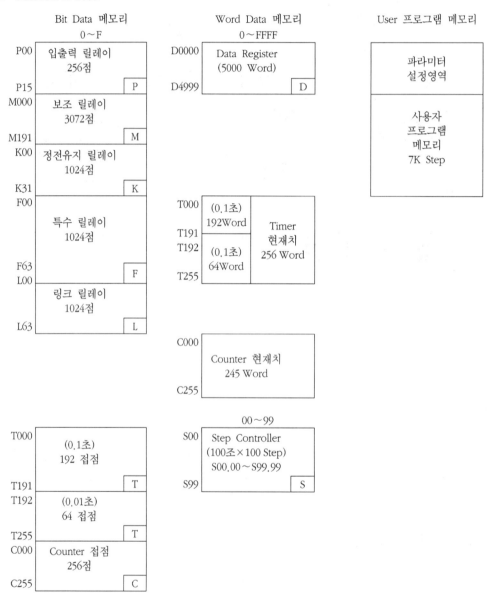

| Bit Data 메모리 | Word Data 메모리 | User 프로그램 메모리 |

Bit Data 메모리 (0~F)

- P00 ~ P15: 입출력 릴레이 256점 **P**
- M000 ~ M191: 보조 릴레이 3072점 **M**
- K00 ~ K31: 정전유지 릴레이 1024점 **K**
- F00 ~ F63: 특수 릴레이 1024점 **F**
- L00 ~ L63: 링크 릴레이 1024점 **L**

- T000 ~ T191: (0.1초) 192 접점 **T**
- T192 ~ T255: (0.01초) 64 접점 **T**
- C000 ~ C255: Counter 접점 256점 **C**

Word Data 메모리 (0~FFFF)

- D0000 ~ D4999: Data Register (5000 Word) **D**
- T000 ~ T191: (0.1초) 192Word / T192 ~ T255: (0.1초) 64Word / Timer 현재치 256 Word
- C000 ~ C255: Counter 현재치 245 Word
- 00~99: S00 ~ S99 Step Controller (100조×100 Step) S00.00~S99.99 **S**

User 프로그램 메모리

- 파라미터 설정영역
- 사용자 프로그램 메모리 7K Step

▶ 기본 불휘발성 영역

K	M, L	T	C	D	S
K000~K31F	변경 가능	0.1초 : T144~T191 0.01초 : T240~T255	C192~C255	D3500~D4500	S80~S99

그림 2.65 PLC 메모리 맵(memory map)의 예(LS산전)

- 비트 데이터(bit data) 영역 : 접점의 ON/OFF를 표시하거나 저장하는 메모리 영역이다.
- 워드 데이터(word data) 영역 : 16비트 또는 32비트의 데이터를 저장하는 영역이다. 일반적으로 사용되는 숫자를 저장할 수 있다. A/D 컨버터나 카운터/시계에서 읽은 데이터를 처리하거나 사칙 연산 등의 계산을 할 수 있다. 또 산술명령과 비트 단위의 회전 명령, BCD(Binary Coded Decimal)나 BIN(binary) 데이터에서의 변환 명령, AND, OR, XOR 등의 논리 연산도 가능하다.
- 사용자 프로그램 영역 : 사용자가 작성한 프로그램을 저장하는 곳으로 수천에서 수만 스텝의 데이터를 저장한다.

메모리 맵에서 비트 데이터 영역을 살펴보면 어떤 기능의 접점이 있는가를 한눈에 알 수 있게 된다. 사용되는 접점은 다음과 같다.

- 입출력 접점 : 외부로 입력과 출력이 일어나게 되는 접점이다. 메모리 상에 이 접점의 비트가 1이면 외부의 신호도 ON이고 0이면 신호는 OFF가 된다. (P)
- 보조 접점 : 시퀀스 로직을 작성할 때 외부로는 출력되지 않지만 논리의 전개를 위하여 필요한 접점이다. (M)
- 킵(keep) 접점 : 역할은 보조 접점과 같지만 PLC의 전원이 꺼졌다 켜지거나 새롭게 RUN 모드에 들어왔을 때도 저장되는 접점이다. (K)
- 특수 접점 : 외부 컴퓨터와의 통신 연결이나 시계 데이터를 읽거나 쓰기 등의 특수한 목적에 사용되는 접점이다.
- 링크(link) 접점 : PLC들이 계층적으로 연결되었을 때 상위 PLC와의 데이터를 교환하기 위한 접점이다.
- 타이머(timer) 접점 : 지정된 시간과 조건에 따라 ON/OFF되는 접점이다.
- 카운터(counter) 접점 : 접점에 입력된 신호의 수를 세고 그 수와 조건에 따라 ON/OFF 되는 접점이다.

2.9 PLC의 선택 기준

PLC는 응용분야와 대상작업의 범위에 따라 다음의 선택기준으로 선정한다.

- 입출력 접점수를 몇 개로 할 것인가?

- 아날로그 입출력이 필요한가? 디지털 입출력으로 대체할 수 없는가? 아날로그 입력은 센서에서 많이 사용하는데, 센서 자체에서 기준을 설정하여 그 기준과 입력된 센서의 ON/OFF를 출력하게 하면 PLC 프로그램을 간단히 할 수 있다.
- 위치 제어를 해야 하는가? 모터에 접점에 의하여 위치를 지정할 수 있다면 PLC 프로그램을 간단히 할 수 있다. 서보모터 중에는 위치를 지정할 수 있는 모터가 있으므로 모터 선정을 잘하면 제어 시스템을 간단히 구축할 수 있다.
- 메모리의 크기는 얼마로 할 것인가? 사용자 프로그램을 얼마나 길게 작성해야 하는가를 검토한다.
- CPU의 속도는 얼마나 빨라야 하는가? 처리 속도는 CPU의 속도와 사용자 프로그램의 길이에 의하여 결정된다. CPU의 속도는 스텝처리시간으로 카탈로그에 명시되어 있다. 사용자 프로그램의 길이는 적용 대상 작업의 복잡도에 따라서 달라지므로 이를 잘 검토해야 한다.

2.10 PLC의 발전 방향 / 향후 전망

마이크로프로세서의 발전과 컴퓨터 하드웨어의 발전에 힘입어 PLC도 많은 발전을 거듭하고 있다. 산업 현장에서도 공장자동화와 CIM(Computer Integrated Manufacturing, 컴퓨터에 의한 통합 제조)을 적극적으로 추진하여 생산성 향상을 위해 노력하고 있다. 이에 따라 공장 자동화에 중요한 부분을 차지하는 PLC의 시퀀스 프로그램의 대용량화와 입출력 신호의 리얼 타임(real time) 처리를 위한 고속화가 요구되고 있다. 또한 설비가 소형화되는 경향이 있어서 PLC 자체도 소형화와 배선 공간의 절감이 요구되고 있다. 이와 같은 맥락에서 PLC의 향후 발전 방향을 정리하면 다음과 같다.

- 처리 속도의 고속화
- 소형화, 박형화(薄型化) : VLSI, 저 소비 전력
- 저 가격화
- 타 시스템(PLC 또는 컴퓨터)과의 인터페이스 및 계층화
- 시리즈화 : 처리 속도와 용량은 다르지만 동일한 프로그램의 사용
- 형상 구조의 다양화 : 랙 마운팅(rack mounting)형, 일체형

- 지원 기능의 다양화 : MMI(Man-Machine Interface)의 기능 강화, 보수/유지/시뮬레이션 기능 강화
- PC에 의한 소프트웨어 PLC의 발전
- PC를 중심으로 한 PLC의 계층화
- SCADA시스템으로의 발전
- 개방화

〈참고 문헌과 참고 인터넷 사이트〉

www.lsis.biz
www.profichip.com
www.hanyoungelec.co.kr
www.honeywell.com
www.compile.co.kr
www.samsungautomation.co.kr
www.autonics.co.kr
www.sme.org
www.solenoid.co.kr

연습 문제

1. 로직 제어와 시퀀스 제어를 구분하여 설명하라.

2. 로직 제어가 event-driven이라는 것은 무슨 뜻인가?

3. 시퀀스 제어가 time-driven이라는 것은 무슨 뜻인가?

4. 릴레이 제어반에서 흔히 사용되는 부품 3개는 무엇인가?

5. 릴레이 제어반이 PLC에 비해 불편한 것은 무엇인가?

6. 릴레이 제어반에 의하여 자기 유지 회로를 작성하고 자기 유지가 되는 원리를 설명하라.

7. SSR과 릴레이를 비교 설명하라.

8. 마그네틱 스위치(전자개폐기)와 릴레이를 비교 설명하라.

9. PLC의 구성요소를 나열하라.
   A. CPU부
   B. (   )
   C. (   )
   D. (   )
   E. 프로그램 입력장치-흔히 PC나 노트북을 사용함.

10. PLC의 파워 서플라이의 역할은 무엇인가?

11. 입력 접점과 CPU부를 격리(isolate)시켜서 외부의 노이즈로부터 보호하는 방법은 무엇인가?

12. 출력 접점을 CPU부와 격리시키는 방법은 무엇인가?

13. PLC의 특수 유닛에 대한 질문이다.
    A. A/D 컨버터를 이용한 예를 들라.

    B. D/A 컨버터를 이용한 예를 들라.

    C. PLC에 있는 카운터를 사용하지 않고 고속 카운터 유닛을 사용하는 이유는 무엇인가?

14. 한 STEP 처리시간이 0.0001초이고 프로그램의 스텝 수가 500이라면 스캔 타임은 얼마인가?

15. 입력 P0이고, 해제 버튼이 P1, 출력이 P20인 경우에 해제 가능한 자기 유지 회로를 그려라.

16. 두 명의 퀴즈 참가자가 있는 대회에서 대답하기 전에 버튼을 누른다고 할 때, 먼저 누른 사람의 램프에 불이 들어오게 하려고 한다. P0, P1은 퀴즈 참가자, P2는 사회자의 리셋 버튼이라 하고, P20, P21 램프를 켜기 위한 출력이다. 래더 다이어그램을 그려라.

17. 앞의 문제의 답을 수정하여 사회자가 리셋 버튼을 누르거나, 불이 들어온 후 10초가 지나면 스스로 불이 꺼지도록 래더 다이어그램을 그려라. (타이머의 시간 단위는 0.1초이다.)

18. 주차장에 들어오는 차를 감지하는 센서가 P0에 연결되고, 나가는 차를 감지하는 센서는 P2에 연결되어 있다. 주차장의 용량이 200대인 경우에 200대 이상이면 "만차"라는 불이 들어오도록 래더 다이어그램을 그려라.

19. ON시간이 1초이고 OFF시간이 0.5초인 플리커 신호를 출력하는 래더 다이어그램을 그려라.

20. 미술관에 100명 이상의 관람객이 입장하여 있으면 입장하였던 사람이 관람을 마치고 나오기 전까지는 입장을 시키지 않는다고 하자. 출입문을 닫는 것을 P20접점이 ON이고 출입문이 열리는 것은 OFF이다. 관람객이 1명이 입장하는 경우에는 P0접점이 1번 ON되고 퇴장하는 경우에는 P1 접점이 ON된다. 이 상황을 래더 다이어그램으로 그려라.

21. 아날로그 출력 유닛에 연결될 수 있는 주변 장치의 예를 3개 찾아서 쓰고, 아날로그 값에 따라 그 장치가 어떻게 동작하는가를 기술하라.

22. 아날로그 입력 유닛에 연결될 수 있는 주변 장치의 예를 3개 찾아서 쓰라.

23. 인터넷에서 관심 있는 PLC를 하나 선정하고 그 사양서를 다운로드한 다음, 각 사양이 의미하는 바를 자세히 기술하라.

24. 학교 앞의 횡단보도 신호등을 PLC로 제어하려고 한다. 차량신호는 빨간색과 노란색, 초록색이 있고, 보행신호는 빨간색과 노란색이 있다. 차량신호는 1분간 초록색 ⇨ 3초간 노란색 ⇨ 30초간 빨간색 ⇨ 5초간 노란색과 같이 반복된다. 보행신호는 차량신호의 빨간색으로 바뀐 후 2초 후에 초록색으로 바뀌고, 차량신호가 빨간색에서 노란색으로 바뀌기 2초 전에 빨간색으로 바뀐다.

   A. 필요한 입출력을 정의하라.

   B. 타임 차트를 작성하라.

   C. 래더 다이어그램을 작성하라.

3장 센서

3.1 개요

공장자동화에 있어서 컴퓨터나 PLC가 사람의 머리에 해당한다면 센서는 사람의 감각기관에 해당한다고 할 수 있다. 센서는 외부의 변화를 감지하여 컴퓨터나 PLC가 판단할 수 있도록 한다. 판단된 내용은 모터나 램프, 공압 실린더 등에 의하여 외부에 출력된다.

우리 주위에서 쉽게 볼 수 있는 센서 중 하나는 자동문에 달려 있는 광센서로 문 앞에 사람이 다가서면 문이 열리도록 한 것이다. 아파트의 현관에 달려 있는 적외선 센서는 현관에 들어서면 사람의 열을 감지하여 불을 켜준다. SF 영화를 보면 많은 센서가 등장한다. 빛을 쏘아서 사람이 그 빛을 차단하면 경보가 울리게 한다거나 복도 바닥에 압력 센서를 깔아 놓아 사람이 지나가면 몸무게를 감지하여 경보를 울려주는 경우를 많이 보았을 것이다.

센서는 사람의 감각기관과 역할이 유사하다고 하였는데, 사람의 눈에 해당하는 센서는 광센서, 색 센서, 이미지 센서, 컴퓨터 비전 등이 있다. 청각에 해당하는 센서는 소리를 듣고 상황을 판단하는 시스템들이 있다. 핸드폰에 이름을 말하면 전화를 걸어주는 기능들이 여기에 해당한다. 특수한 경우에는 잘 작동하지만 아직은 사람의 청각 능력과 같이 섬세한 부분까지 듣고 판단하는 시스템은 아직 만들어지지 못하였다. 촉각은 물체의 유무를 판단하는 정도는 가능하지만 미세한 부분을 판단하는 능력은 사람과 비교하면 매우 뒤떨어진다. 미각, 후각은 아직은 거의 미개발에 가까운 상태이다.

센서기술은 메커트로닉스를 주축으로 하는 자동화에 있어서 매우 중요한 요소 기술 중의 하나이다. 현대의 자동화는 고정도(高精度)이고 고속의 제어가 필요하지만 그것을 실현하기 위해서는 그에 맞는 센서 기술이 반드시 필요하다. 현재는 여러 가지 물리량이나 화학량을 측정할 수 있는 각종 센서가 개발되고 실용화되어 있다.

본 장에서는 센서를 실용적으로 이용하기 위하여 자동화에 이용되는 각종 측정 항목을 구분하고 그에 따른 센서의 측정 원리와 실제 센서의 사용 예를 설명하도록 하겠다.

3.1.1 물체의 검출 센서/위치 센서

간이 자동화에서 가장 많이 사용하는 센서 중의 하나는 물체의 검출 센서일 것이다. 예를 들어 컨베이어를 통하여 지나가는 물체를 검출하여 생산량을 집계한다든지, 물체의 출현을 알려 기계의 다음 동작을 지시하도록 하는 것이다.

물체의 검출은 (1) 단순히 물체의 유무를 검출하는 것에서부터 (2) 물체가 통과하는지의 여부, (3) 물체의 개수, (4) 물체의 색이나 형상 등을 검출하는 것까지 있다. 물체의 색은 검출 센서가 이미 개발되어 있다. 형상을 검출하는 경우에는 컴퓨터 비전과 같이 외형을 카메라로 찍어서 판단하는 경우도 있고, 물체의 한 면에 바코드를 부착하여 그 바코드를 읽어서 그 물건이 어떤 것이고 누가 주문했는지, 납기가 언제인지 등의 정보를 알아볼 수 있도록 하는 것이다. 만일 바코드를 붙여서 관리할 수 있다면 생산 현장을 실시간으로 관리하여 생산관리 전산 시스템과 직접 연결하여 사용할 수 있는 장점이 있다.

물체의 검출 방법은 접촉식과 비접촉식으로 나눌 수 있다. 접촉식은 센서의 검출부에 물체를 닿도록 하여 물체를 검출하는 경우이다. 여기에 해당하는 것으로는 마이크로 스위치(micro switch), 터치 센서(touch sensor), 로드 셀(load cell) 등이 있다. 비접촉식은 직접 접촉으로 인해 상처를 줄 수 있다든가, 접촉시키면 물체가 넘어질 수 있다든가, 변형되는 경우와 같이 직접 접촉이 불가능하거나 어려운 경우에 사용된다. 근접 스위치, 리드 스위치(lead switch), 광전 스위치, 적외선 센서 등이 있다. 이를 분류하면 표 3.1과 같다.

표 3.1 물체의 검출 방법에 따른 센서의 분류

접촉식	마이크로 스위치 리밋 스위치 터치 센서
비접촉식	근접 스위치 광전 스위치 적외선 센서 에어리어 센서

3.1.2 변위 센서

물체와 물체 사이의 거리나 어느 물체의 길이, 이동한 거리 등을 계측하기 위한 센서를 변위 센서라고 한다. 변위 센서(displacement sensor)는 직선형과 회전형이 있다. 직선형의 변위 센서는 종류에 따라 분해능(resolution) 0.01 μm 정도를 측정(레이저 변위 센서의 경우)할 수 있는 것도 있고, 회전형인 경우에는 0.001° 정도의 분해능으로 측정(로터리 엔코더의 경우)할 수 있다.

변위/거리 센서는 표 3.2와 같이 분류할 수 있다.

표 3.2 변위/거리 센서의 분류

	기계적 센서	마이크로 스위치 터치 센서
직선형 변위 센서	전기적 센서	차동변압기 마그네틱 리니어 스케일 스트레인 게이지 리니어 퍼텐쇼미터
	광학적 센서	광학식 거리센서 리니어 엔코더(광 스케일) 레이저 마이크로 미터 레이저 간섭계
회전형 변위 센서	전기적 센서	퍼텐쇼미터
	광학적	엔코더 광전식 회전각 센서

3.1.3 센서와 상위 시스템과의 연결

센서에서 출력되는 신호는 아날로그와 디지털로 구분할 수 있다. 디지털로 출력되는 경우는 이를 PLC나 PC와 같은 상위 시스템에 그대로 전달하면 되지만 아날로그인 경우 디지털로 변환하여 상위 시스템에 알려 주지 않으면 안 된다. 아날로그 신호는 A/D 컨버터 (ADC, A/D Converter)에 의하여 디지털 신호로 변환된다. 대개 12비트, 16비트, 24비트의 디지털 신호로 변환된다. 변환된 디지털 신호는 산출적/논리적 처리 과정을 거쳐 의미 있는 수자나 문자로 변환되어 우리가 볼 수 있는 출력 장치로 나온다. 이 과정은 그림 3.1과 같다.

그림 3.1 센서의 상위 시스템에서의 처리 과정

3.1.4 센서의 성질

▷▶ **감도**

감도(sensitivity)는 외부의 작은 변화에 얼마나 민감하게 반응하는가를 나타낸다. 감도가 높으면 대개 좋은 것으로 간주하고 있지만 응용 분야에 따라서는 감도가 높은 만큼 잡음도 받아들여 원하는 것을 옳게 감지할 수 없게 되는 경우가 많다. 따라서 사용 목적에 맞게 감도를 선정하여야 한다.

▷▶ **응답성**

응답성(responsiveness)은 대상물의 변화에 얼마나 빨리 감지할 수 있는가를 나타낸다. 예를 들어 외부 온도가 10°C 올라간 경우 이를 얼마나 빨리 감지하는가를 말하는 것이다. 즉 환경이 변화한 시점에서 감지할 때까지의 시간이 응답성의 척도가 된다.

▷▶ **직선성**

센서에 입력한 양과 센서에서 측정한 물리량을 전기량을 출력하였을 때 입력과 출력이 비례하는 정도를 직선성(linearity)이라 한다. 예를 들어 거리 측정 센서가 30 mm에서 −2 V이고 60 mm에서 4 V였다고 하자. 만일 센서의 출력이 1V이라면 거리가 45 mm라고 추정할 수 있고, 3V라면 55 mm라고 추정할 수 있는데 이것은 센서가 직선성을 가지고 있다는 가정에서 가능한 것이다. 실제로는 완전한 직선성은 얻기 어렵고 부분적으로만 직선성을 가지고 있으므로 각 구간에 대해 부분적으로 직선 보간하여 값을 추정한다. 센서의 사양에는 '±0.1 %의 직선성'으로 표시한다. 직선 구간 내에서도 ±0.1 %의 오차가 있을 수 있다는 뜻이다. 그림 3.2는 CCD 거리 센서의 직선성을 나타낸다.

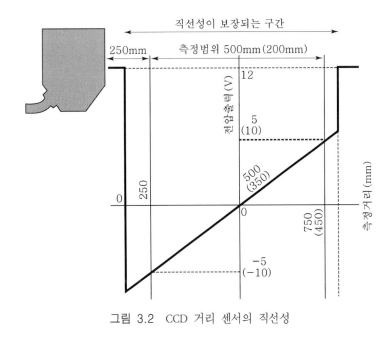

그림 3.2 CCD 거리 센서의 직선성

▷▶ **안정성**

시스템에 사용되는 센서를 교정 없이 얼마나 장시간 사용할 수 있는가를 나타내는 것이
센서의 안정성(stability)이다. 안정성은 시간의 경과에 의한 것과 환경의 변화에 대한 것이
있다. 환경에 대한 요인은 기름, 분진, 고온/저온 등이 있는데 대개 이들은 안정성에 나쁜
영향을 미친다.

▷▶ **정도**

정도(精度, accuracy)는 정확도와 정밀도로 나뉜다. 정확도는 수차례 측정한 값의 평균
이 참값을 벗어난 정도이다. 이 값을 수정하기 위해서는 기기를 교정(calibration)하여야 한다.

정밀도란 반복 정도(repeatability)라고도 하는데 반복하여 측정한 값이 얼마나 집중되어
모여 있는가를 표시하는 것이다. 통계로 이야기하자면 표준 편차에 해당하는 것으로 작을
수록 좋은 것으로 한다. 숫자로 표시할 경우에는 한 대상을 측정한 결과의 범위를 표시한
다. 대개 정밀도가 좋으면 교정을 하여 좋은 결과를 얻을 수 있지만 정확도만 좋고 정밀
도가 나쁘면 교정을 하여도 좋은 결과를 얻을 수 없다.

▷▶ 이력 현상

예를 들어 그림 3.3과 같이 용수철 저울에 50 g을 달고 길이를 측정하여 기록하고, 다시 50 g을 더 달고 기록한다. 이것을 반복하여 500 g까지 매단 다음에 하나씩 제거하면서 길이를 측정하여 보면, 같은 무게에 대하여 매달면서 잰 길이와 제거하면서 잰 길이가 같지 않음을 알 수 있다. 즉 증가시키면서 200 g을 달았을 때와 감소시키면서 200 g을 달았을 때는 그 길이가 차이가 난다는 것이다. 이것을 탄성의 이력 현상(hysteresis)이라고 한다. 센

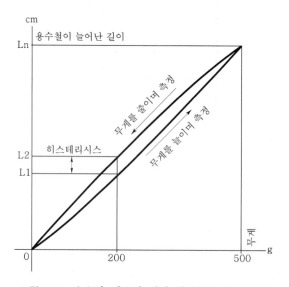

그림 3.3 용수철 저울의 이력 현상(히스테리시스)

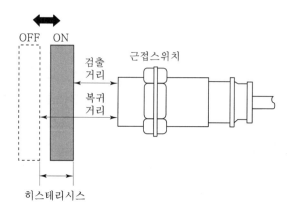

그림 3.4 근접 센서의 이력 현상

서에 따라서 이 현상이 현저히 나타나는 경우가 있으므로 적절하게 사용하여야 한다.

그림 3.4와 같이 ON/OFF 신호를 출력하는 근접 스위치의 경우에 ON ⇨ OFF로 이동 때의 위치와 OFF ⇨ ON으로 이동할 때의 위치는 동일하지 않을 수 있는데 이것도 이력 현상이라고 한다. 당연히 이력 현상이 작은 것이 좋은 센서이다.

3.2 물체 유무 감지 센서

3.2.1 접촉식

▷▶ 마이크로 스위치

마이크로 스위치(micro switch) 또는 리밋 스위치는 튀어나온 버튼 부분을 눌러 주거나 떼면 ON/OFF 신호가 나오는 것이다. 나오는 신호는 가정에서 사용하는 일반적인 스위치와 같이 물리적으로 접점을 붙여 전기를 통하게 하거나 통하지 않게 하는 것이다. 접점을 붙이거나 뗄 때 순간적으로 접점의 ON/OFF가 수차례 반복되는데[이것을 채터링(chattering) 현상이라 한다. 신호가 절환(switching)되는 순간, 일시적으로 ON/OFF가 반복되며 떨리는 현상이다] 그것을 조금이라도 방지하기 위하여 마이크로 스위치는 스냅형으로 만들어져 있다. 스냅형이라는 것은 스위치를 어느 정도 이상으로 눌렀을 때 스프링의 힘에 의하여 접점이 착 붙게 되는 것을 말한다. 이런 스냅형의 스위치는 누를 때마다 딸각하는 소리가 난다. 그림 3.5는 마이크로 스위치의 내부 구조도이다.

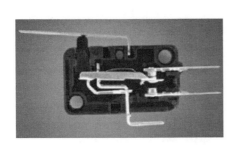
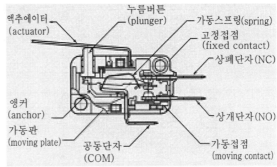

그림 3.5 마이크로 스위치의 내부와 구조도(거성)

▷▶ 리밋 스위치

모터나 공압 실린더 등에 의하여 물체가 움직여 스위치에 닿게 되면 버튼이 눌러져서 전기적으로 신호가 ON/OFF되게 하는 데 사용된다. 로봇이나 공작기계에 이동 범위를 설정하여 그 이상을 벗어나는 경우에 이 신호를 ON시켜줄 수 있도록 하고 있는데 이런 의미에서 리밋 스위치(limit switch)라고 부른다. 리밋 스위치도 스냅 동작을 이용한다. 순간적으로 접점이 붙게 되므로 접점이 붙고 떨어질 때 생기는 전기적 노이즈를 조금은 줄일 수 있다. 그림 3.6에 나타난 바와 같이 '누르는 곳'을 누르면 판 스프링이 반발력이 세지고 일정 거리 이상을 누르면 가동 접점이 '접점 1에서 2'로 바뀌게 된다.

리밋 스위치는 가격이 싸고 설치나 사용 방법이 간단하다는 장점이 있지만 스냅형으로 사용한다고 해도 채터링 현상이나 전기적 노이즈를 완전히 막을 수 없는 단점이 있다.

그림 3.7은 여러 가지 리밋 스위치의 예를 보이고 있다.

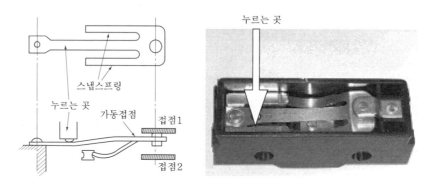

그림 3.6 리밋 스위치-1. 리밋 스위치의 스냅 동작과 리밋 스위치의 내부(스냅 동작이 일어나는 곳), 리밋 스위치의 예(한영전자)

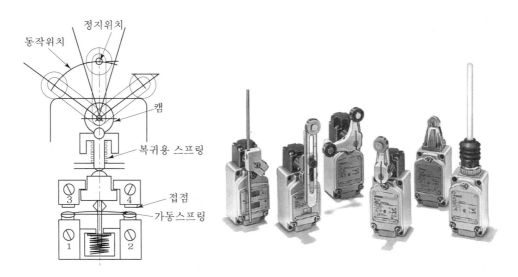

그림 3.7 리밋 스위치-2. 가동 스프링에 의한 리밋 스위치의 스냅 동작과 리밋 스위치의 예
(Omron)

▷▶ 터치 센서

터치 센서(touch sensor)는 매우 작은 이동에 대하여 ON/OFF를 검출할 수 있도록 하는
스위치이다. 레버나 스냅 기구(마이크로 스위치 참조) 등의 확대 장치를 사용하지 않고 접
점부를 단순하게 고정하여 고정도의 검출이 가능하도록 한 것이다. 그림 3.8은 터치 센서
와 사용 예이다. 터치 센서의 정도는 1/1000 mm까지 가능하다. 전자적인 장치가 없으므로
장치의 소형화가 가능하다.

그림 3.8 터치 센서와 사용 예(Metrol)

3.2.2 비접촉식

▷▶ 근접 스위치/센서

근접 스위치(proximity switch)는 리밋 스위치나 마이크로 스위치와 같은 기계적 접촉 없이 일정 검출 범위 내의 물체를 비접촉으로 검출하는 센서이다. 근접 센서(proximity sensor)는 그림 3.9와 같이 고주파 발진형과 차동코일형, 마그네틱형, 정전용량형 등이 있다.

- 고주파 발진형 : 대상 물체가 검출 코일에 의하여 형성된 고주파 자계로 들어가면 대상 물체에 유도 전류(와전류)가 생성되어 임피던스가 증가되어 발진을 정지시키므로 물체를 검출하게 되는 것이다. 대부분의 근접 스위치는 이 방식을 사용한다.
- 차동코일형 : 원리는 고주파 발진형과 같지만 검출회로에서 발진한 양과 검출한 양을 비교하여 그 차이에 의하여 물체의 유무를 판단하도록 하는 것이다.
- 마그네틱형 : 검출하는 물체가 자성을 띤 물체인 경우에는 리드 스위치 등에 의하여 검출하도록 한다.

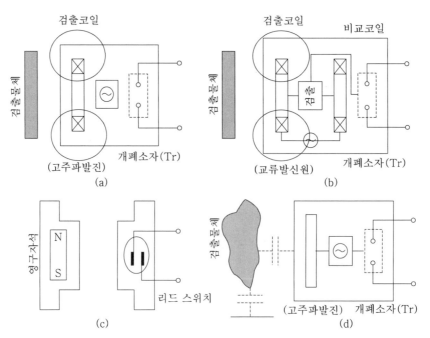

그림 3.9 근접 스위치의 종류와 원리 (a) 고주파 발진형 (b) 차동코일형 (c) 마그네틱형 (d) 정전용량형

◆ **정전용량형** : 검출물체가 접근함에 따라 전극판과 대지 간의 정전용량이 변하게 되는
데 이를 이용하여 물체를 검출한다. 기체 이외의 어떤 물질에서도 반응하므로 금속이
아니어도 검출할 수 있다.

근접 스위치는 다음과 같은 특성이 있다.

◆ **비접촉 검출** : 센서와 대상물이 물리적으로 손상될 염려가 없다.

◆ **무접점 출력** : 무접점 출력이므로 전기적 노이즈의 발생이 없고 장기간 사용이 가능하다.

◆ **내 환경성** : 물과 기름에 안정적이다.

◆ **고속 응답** : 응답 속도가 빠르다.

그림 3.10은 근접 스위치의 형상을 보이고 있고, 그림 3.11은 그 사용 예를 보이고 있다.

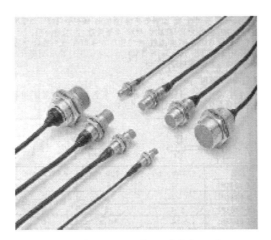

그림 3.10 근접 스위치의 종류

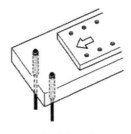 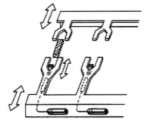 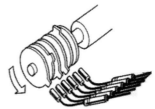

작은 구멍의 검출   공작물 잡음 확인   캠 스위치의 위치 검출

그림 3.11 근접 스위치의 사용 예(Keyence)

▷▶ 광센서

광센서(photo sensor)는 빛을 감지하여 그것을 전기 신호로 바꾸어 주는 장치를 말한다. 광센서는 그 응용 범위가 매우 넓다. 광통신, 카메라 노출계, 리모컨, 자동문 등에 사용되고 특히 공장 자동화에 있어서 비접촉 스위치로 그 역할을 훌륭히 해내고 있다.

광센서는 빛을 직접 전기로 변환시키는 광전효과형과 빛을 일단 열로 변환한 후 전기로 바꾸어 주는 열형이 있는데, 일반적으로 광전효과형이 많이 사용되고 있다. 광전자 방출형(光電子放出型)과 광도전형(光導電型), 광기전력형(光起電力型) 등이 있다.

◆ 광전자 방출형은 빛이 비추어지면 그 부분의 광전자가 진공 또는 가스 중에 방출되는데 방출되는 양이 많은 재료를 이용하여 빛을 검출하고 그 강약을 측정하는 것이다.

◆ 광도전형는 광도전 효과를 이용하는 것이다. 광도전 효과란 빛이 비추어지면 고체 내의 도전율(導電率)이 변화하는 현상을 말한다. 이 현상을 이용하면 전극 간의 고체에 비추어진 빛의 양에 따라 양끝의 전극 간의 전기저항이 변화하는 것을 알 수 있는데 이것을 이용하여 빛의 양을 검출하는 센서를 광도전 센서라고 한다. 이 방식은 소형이고 값이 싸기 때문에 노출계, 가로등의 자동 점멸기, 광전 릴레이 등에 널리 이용되고 있다. 응답 속도가 상대적으로 느리기 때문에 고속 검출에는 적합하지 않다.

◆ 광기전력형은 기전력을 이용하는 것이다. 반도체의 결정을 만드는 pn 접합에 빛을 비추면 기전력이 생기는데 이것을 광기전 효과라고 한다. 이 중에 대표적인 것이 포토

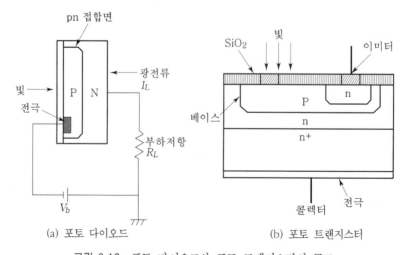

(a) 포토 다이오드   (b) 포토 트랜지스터

그림 3.12 포토 다이오드와 포토 트랜지스터의 구조

다이오드(photo diode)이다(그림 3.12 a). pn 접합부에 빛이 들어오면 빛의 양에 비례하여 전류량이 차이가 나타나게 된다. 포토 다이오드는 외부 전원 없이도 동작하므로 간단한 장치의 센서로 여러 분야에 이용되고 있다. 포토 트랜지스터(photo-transister)는 pnp나 npn접합에 의하여 베이스를 개방하여 포토 다이오드와 같은 2개의 단자를 갖는 것을 말한다(그림 3.12 b). 이것은 빛이 들어오면 이미터와 콜렉터 사이에 전기가 흐르는 구조로 되어 있다.

이와 같은 원리들을 이용하는 광센서들은 자연 상태나 발광 소자에서 발생하는 가시광선이나 적외선을 검출하는 것이다.

광센서의 특징은 다음과 같다.

◆ 비접촉 센서 : 대상 물체나 센서에 손상을 주지 않고 기기의 수명을 연장시켜 준다.
◆ 다양한 재질을 검출 : 검출은 센서로 들어오는 빛의 양에 의하기 때문에 유리, 금속, 목재, 프라스틱, 액체 등을 검출할 수 있다.
◆ 장거리 검출 : 대개 반사형은 1 m까지, 투과형은 10 m 정도까지를 검출할 수 있다.
◆ 고속 응답 : 약 10 μsec 의 응답성을 갖는다.
◆ 색상 판별 : 반사광량의 차이에 의하여 대상 물체의 색상을 판별할 수 있다.

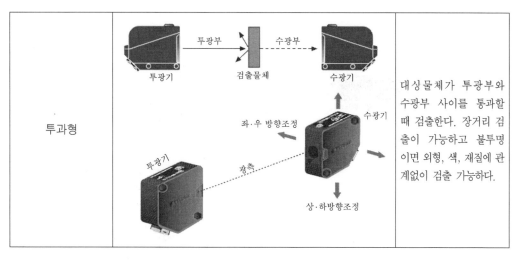

그림 3.13 광센서의 검출 방식 및 특성(오토닉스) (계속)

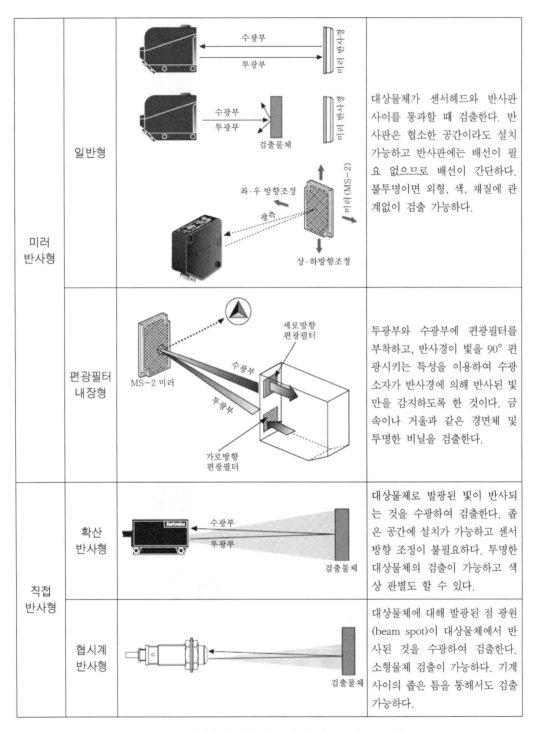

미러 반사형	일반형		대상물체가 센서헤드와 반사판 사이를 통과할 때 검출한다. 반사판은 협소한 공간이라도 설치 가능하고 반사판에는 배선이 필요 없으므로 배선이 간단하다. 불투명이면 외형, 색, 재질에 관계없이 검출 가능하다.
	편광필터 내장형		투광부와 수광부에 편광필터를 부착하고, 반사경이 빛을 90° 편광시키는 특성을 이용하여 수광소자가 반사경에 의해 반사된 빛만을 감지하도록 한 것이다. 금속이나 거울과 같은 경면체 및 투명한 비닐을 검출한다.
직접 반사형	확산 반사형		대상물체로 발광된 빛이 반사되는 것을 수광하여 검출한다. 좁은 공간에 설치가 가능하고 센서 방향 조정이 불필요하다. 투명한 대상물체의 검출이 가능하고 색상 판별도 할 수 있다.
	협시계 반사형		대상물체에 대해 발광된 점 광원(beam spot)이 대상물체에서 반사된 것을 수광하여 검출한다. 소형물체 검출이 가능하다. 기계 사이의 좁은 틈을 통해서도 검출 가능하다.

그림 3.13 광센서의 검출 방식 및 특성(오토닉스) (계속)

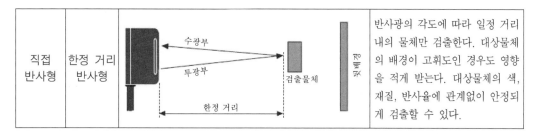

그림 3.13 광센서의 검출 방식 및 특성(오토닉스)

　　광센서의 검출 방식은 그림 3.13과 같이 투과형, 회귀 반사형, 확산 반사형, 협시계 반사형, 소(小)스폿 한정 반사형, 거리 설정형, 광택 판별형 등이 있다. 광센서의 이용 예는 그림 3.14와 같다. 광센서는 '포토 센서'나 '광전 스위치' 등의 용어로도 불린다.

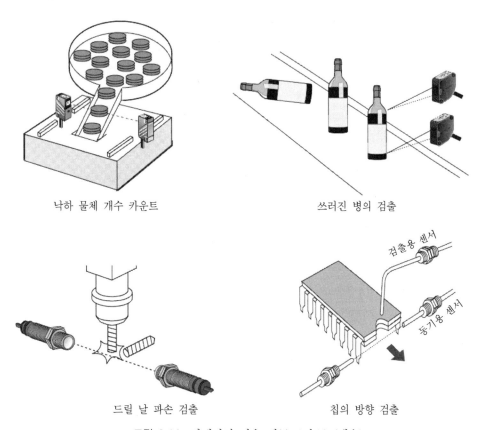

그림 3.14 광센서의 이용 예(오토닉스) (계속)

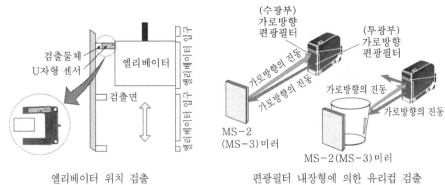

검출물체
U자형 센서

엘리베이터

검출면

엘리베이터 위치 검출

(수광부)
가로방향
편광필터

(투광부)
가로방향
편광필터

가로방향의 진동
가로방향의 진동

가로방향의 진동

MS-2
(MS-3)미러

가로방향의 진동

MS-2(MS-3)미러

편광필터 내장형에 의한 유리컵 검출

그림 3.14 광센서의 이용 예(오토닉스)

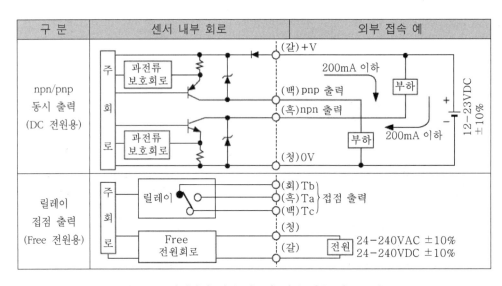

그림 3.15 광센서의 내부 회로와 외부 접속 예(오토닉스)

그림 3.15는 광센서의 접속 예를 보이고 있다. 그림 3.16은 PLC의 입력 접점에 광센서
와 근접센서를 연결한 예를 보이고 있다.

▷▶ 에어리어 센서(안전스위치)

에어리어 센서는 광센서를 이용한 것이다. 위험한 작업 영역에 사람의 손이나 몸이 접
근하지 못하도록 하는 것이다. 발광부에서 빛을 발광하여 수광부에서 받게 되면 수광부와

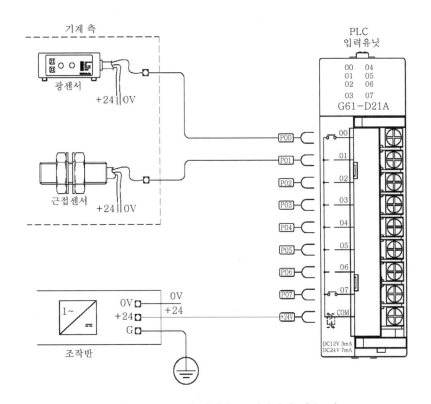

그림 3.16 PLC와 광센서, 근접센서의 접속 예

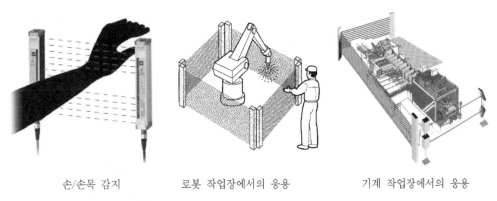

손/손목 감지   로봇 작업장에서의 응용   기계 작업장에서의 응용

그림 3.17 에어리어 센서와 응용 예(Omron)

발광부 사이에 물체가 놓이지 않은 것으로 판단하고, 수광부로 빛이 들어오지 않으면 그 사이에 물체가 있는 것으로 판단하는 것이다. 그림 3.17과 같이, 프레스 작업을 하는 곳에

서는 손을 보호하기 위하여, 로봇 작업장이나 기계 작업장에 사람이 접근하지 못하도록 하기 위하여 사용한다.

3.3 변위 센서

3.3.1 퍼텐쇼미터

퍼텐쇼미터(potentiometer)는 그림 3.18과 같이 저항체에 전압을 걸고 그 사이에 슬라이딩되는 와이퍼를 달아 와이퍼의 위치에 따른 이동량을 전압으로 변환시켜 주는 장치이다. 저항체는 니크롬선이나 탄소막대, 저항프라스틱 등이 쓰인다.

직선형 퍼텐쇼미터의 경우는 저항체가 직선형으로 만들어져 있고 와이퍼도 직선을 움직여서 직선 변위를 측정하게 된다. 회전형 퍼텐쇼미터는 원형으로 만들어져 있다. 회전형의 경우는 복수의 회전에 대하여 측정이 가능하도록 된 멀티턴 퍼텐쇼미터(multi-turn potentiometer)도 있다. 1회전 하는 것을 싱글턴(single-turn) 퍼텐쇼미터라고 한다.

퍼텐쇼미터는 와이퍼의 위치에 따라 전압이 변하여 발생하게 되는데 정확도는 전체 길이나 각도의 0.1~5 % 정도이다. 그림 3.19는 퍼텐쇼미터의 예이다.

3.3.2 차동 변압기

1차 코일에 교류 전압을 가하면 상호 유도에 의하여 주변의 코일에 유도 기전력이 생기게 된다. 차동변압기(LVDT, linear variable differential transformer)는 이 원리를 이용하여 거리를

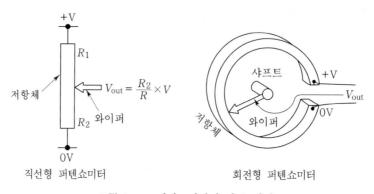

$$V_{out} = \frac{R_2}{R} \times V$$

직선형 퍼텐쇼미터   회전형 퍼텐쇼미터

그림 3.18 퍼텐쇼미터의 작동 원리

잴 수 있도록 한 것이다. 그림 3.20과 같이 안정된 교류 전압을 1차 코일에 흘러 보내면 코어(core)의 위치에 따라 2차 코일의 전압이 변하게 된다. 이 전압의 변화를 직류로 정류하여 아날로그 신호를 출력하여 코어의 위치를 검출할 수 있다. 만일 2차 코일이 하나라고 하

| 직선형 퍼텐쇼미터 | 싱글턴 회전형 | 멀티턴 회전형 |

그림 3.19 퍼텐쇼미터의 예(State Electronics)

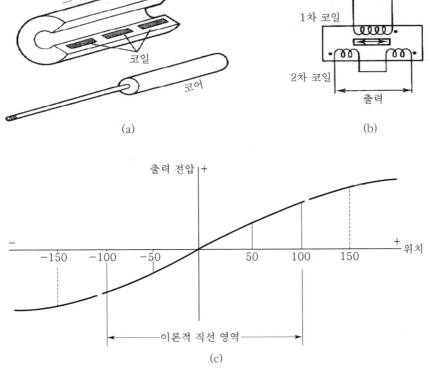

(a)

(b)

(c)

그림 3.20 차동 변압기에 의한 거리 측정 원리

면 코어의 위치가 2차 코일의 중간을 기준으로 좌/우를 판단하지 못하므로 2차 코일은 2
개를 사용하여 2개의 2차 코일에 걸리는 전기의 양의 상대적인 변화에 의하여 절대적 위
치를 판별하게 된다.

3.3.3 광학식 거리 센서

광학식 거리 센서의 원리는 그림 3.21과 같이 투광 소자(반도체 레이저, LED)에서 나온
빛이 렌즈를 통하여 측정 대상의 표면에 반사되고 수광렌즈에 모여서 상을 맺는 것이다.
상이 맺히는 위치는 측정 대상과의 거리에 따라 다르다. 상이 맺히는 곳에는 위치 검출
소자(PSD)가 있어서 어느 곳에 상이 맺혔는지를 검출하게 된다. 위치 검출 소자는 그림

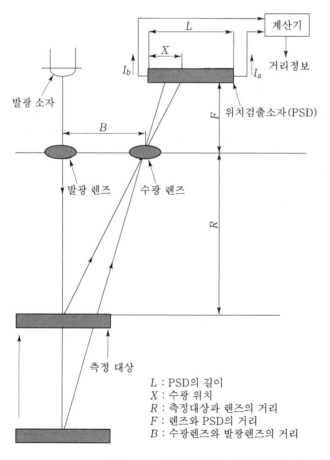

L : PSD의 길이
X : 수광 위치
R : 측정대상과 렌즈의 거리
F : 렌즈와 PSD의 거리
B : 수광렌즈와 발광렌즈의 거리

그림 3.21 광학식 거리 센서의 원리

3.22와 같이 양끝에 출력 단자가 있어서 상이 맺히는 위치에 따라 출력 단자에 걸리는 전기(전압/전류)의 양이 변하게 된다.

PSD의 길이가 L, 상이 맺히는 위치와 I_b 출력 단자 간의 거리가 X라면 다음과 같은 비례식이 성립한다.

$$I_a : I_b = X : (L - X)$$

발광 렌즈와 수광렌즈와의 거리가 B, 수광 렌즈와 PSD와의 거리가 F라고 할 때 검출 거리 R은 다음의 식으로 나타난다.

$$R = (1 + I_a / I_b) BF / L$$

이 거리 센서는 100 mm 거리에 있는 물체를 10 μm의 정확도로 판별한다. 그림 3.23은 광학식 거리센서의 이용 예이다.

3.3.4 광전식 회전각 센서

그림 3.24와 같이 회전판에 나선형의 슬릿이 만들어져 있다면 나선 슬릿을 통과한 빛은 고정 슬릿을 통하여 위치 검출 소자에 전달되고 이에 의하여 회전각을 검출할 수 있다. 회전각 센서는 퍼텐쇼미터와 사용처가 동일하다.

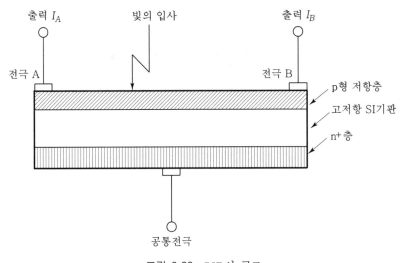

그림 3.22 PSD의 구조

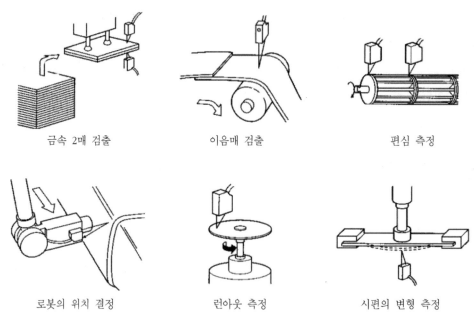

금속 2매 검출   이음매 검출   편심 측정

로봇의 위치 결정   런아웃 측정   시편의 변형 측정

그림 3.23 광학식 거리 센서의 이용 예(Keyence)

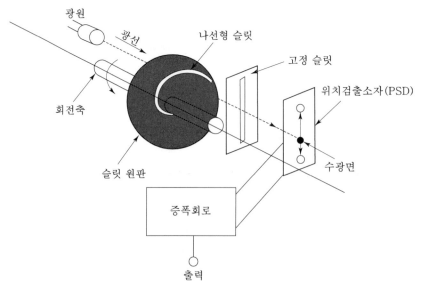

그림 3.24 광학식 회전각 센서

3.3.5 리니어 엔코더

리니어 엔코터(linear encoder)는 직선적으로 변하는 속도나 이동거리를 검출하는 센서이다. 발광 다이오드를 광원으로 하고 일정 간격으로 직선적으로 배열된 슬릿(slit)을 통하여 반대쪽의 포토 다이오드에 도달하는 단속적인 펄스의 수를 세어서 이동거리를 검출한다. 일정 시간 동안 이동된 펄스의 수를 세면 속도를 계산할 수도 있다.

그림 3.25에서 보는 바와 같이 고정판에 서로 1/4핏치(pitch)의 위상차를 갖는 두 개의 슬릿을 배치한다. 이동하는 경우에 이 두 개의 슬릿을 통하여 들어오는 빛의 신호가 서로 1/4핏치의 차이로 들어오기 때문에 이에 의하여 이동 방향을 알 수 있다. 한 핏치를 360°로 하였을 때 1/4핏치는 90°이므로 '90°의 위상차'라는 말도 사용한다.

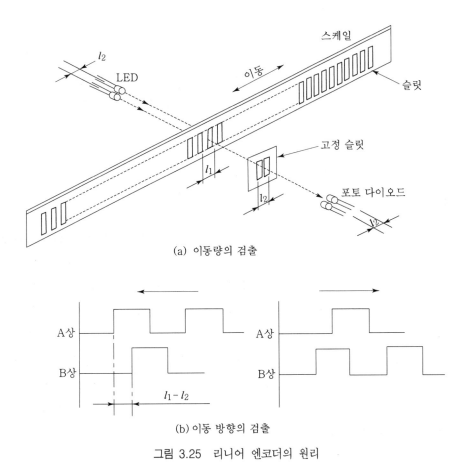

(a) 이동량의 검출

(b) 이동 방향의 검출

그림 3.25 리니어 엔코더의 원리

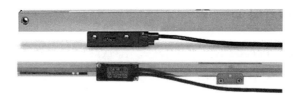

그림 3.26 공작기계용 리니어 스케일(Heidenhain)

그림 3.27 디지털 버니어 캘리퍼스(Mitutoyo)

리니어 엔코더는 흔히 리니어 스케일(scale)이라는 말로 많이 사용된다. 또한 광전 소자를 이용하지 않고 광전식 엔코더의 슬릿에 해당하는 위치에 있는 자기(磁氣)를 검출하는 경우가 이용되는데, 이것을 자기 스케일이라고 한다. 자기 스케일은 광전식에 비하여 먼지나 기름에 강하므로 산업용 공작기계에 많이 사용된다(그림 3.26). 디지털 버니어 캘리퍼스는 자기 스케일을 이용한 것이 많다(그림 3.27).

3.3.6 로터리 엔코더

회전수나 회전 속도를 디지털로 검출하는 센서에는 광전식 로터리 엔코더(rotary encoder)가 있다. 광전식 로터리 엔코더는 리니어 엔코더와 같은 방법으로 펄스 신호를 검출한다. 슬릿은 원판 상에 뚫어져 있고 그 속을 통하여 빛이 통과되어 속도 위치를 검출한다.

로터리 엔코더는 인크리멘털 엔코더(incremental encoder)와 앱솔루트 엔코더(absolute encoder)가 있다. 인크리멘털 엔코더는 그림 3.28과 같이 회전하는 슬릿과 고정 슬릿 사이에 빛을 통과시켜 두 개의 슬릿을 1/4핏치(90°)의 위상차로 만들어 회전수와 회전 방향을 검출한다. 두 개의 신호를 A상(相, phase)과 B상이라고 한다. 또한 1회전에 1번씩 지나는 슬릿을 만들어 회전수를 발생시키는데 이것은 측정의 원점을 지정할 때 사용한다. 인크리멘털 엔코더는 회전량을 무한대로 검출할 수 있다.

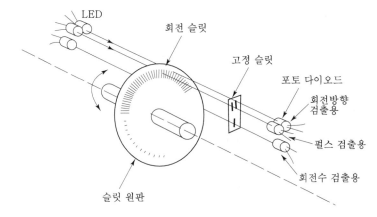

그림 3.28 인크리멘털 엔코더

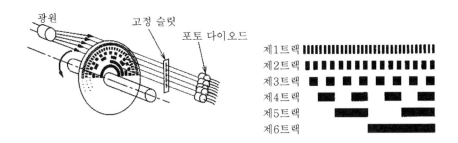

그림 3.29 앱솔루트 엔코더

그림 3.30 일체형 로터리 엔코더의 예(Heidenhain)

앱솔루트 엔코더는 그림 3.29와 같이 원주상의 숫자에 따른 비트(bit) 이미지를 슬릿으로 하고 이진수의 자리 수[＝트랙(track)의 수]만큼의 발광 다이오드와 수광 다이오드를 달아 현재의 회전 위치를 절대치로 판별한다. 이 경우에도 회전수를 판별하는 슬릿을 달아 회전수와 현재의 회전 위치를 판별하여 전체적인 회전량을 판별한다.

   그림 3.30은 시판되는 로터리 엔코더의 예이다. 그림 3.31은 판독부가 분리된 로터리 엔코더의 예이다. 직경이 크고 판독부가 외경 방향으로 붙어 있는 것은 측정할 수 있는 각도가 더 세밀하다.

그림 3.31   회전부와 판독부가 분리된 로터리 엔코더의 예(Heidenhain)

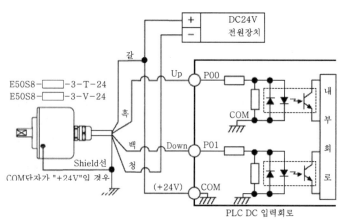

(a) COM 단자가 "24V"일 경우

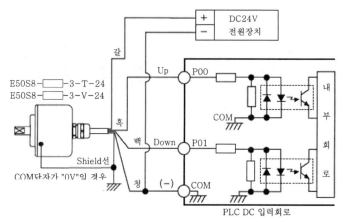

(b) COM 단자가 "0V"일 경우

그림 3.32   로터리 엔코더와 PLC의 결선(오토닉스)

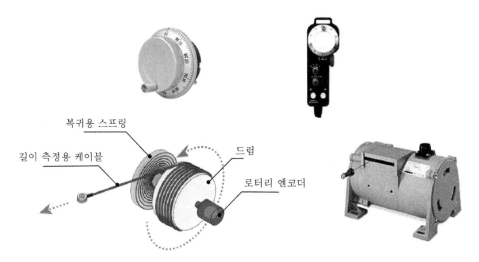

그림 3.33　로터리 엔코더의 이용 예 MPG(Manual Pulse Generator)와 와이어 길이 측정기 (Hontko, Celesco)

　그림 3.32는 로터리 엔코더를 PLC의 입력으로 사용하는 경우의 접속 예이다. 속도가 빠른 경우에는 일반 입력 접점에 연결하면 틀리게 동작하므로 카운터 유닛을 사용하여야 한다. 그림 3.33은 로터리 엔코더의 응용 예이다. 위쪽의 MPG는 작업자가 회전시켜 공작물을 움직일 때 사용하는 장치이고, 아래의 그림은 와이어가 로터리 엔코더를 회전시키고 그 회전 각도에 의하여 길이를 측정하는 장치이다.

　공작 기계(선반이나 밀링 등)에서 금속 재료를 가공하는 경우는 가공 속도를 일정하게 하지 않으면 안 된다(8장 참조). 이와 같은 경우에 로터리 엔코더를 이용하여 속도를 검출하고 그에 따라 제어를 하게 된다. 로터리 엔코더의 회전수를 일정 시간 간격에 관찰한다고 하였을 때 일정 주기에 회전수가 많으면 속도가 빠른 것이고 회전수가 적으면 속도가 느린 것으로 판별할 수 있다. 서보모터를 제어하는 경우에 엔코더 신호를 속도로 변환하는 F/V 컨버터(Frequency/Velocity Converter)를 사용하기도 한다. 그림 3.34는 F/V 컨버터를 이용한 예이다.

▷▶ 타코제너레이터

　회전 속도는 흔히 DC 타코제너레이터(tacho-generator)를 이용하여 측정한다. 타코제너레이터는 DC 모터를 반대로 생각하면 된다. 즉 직류의 전기 에너지를 회전 운동으로 바꾸는 것을

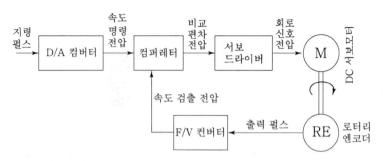

그림 3.34 엔코더에 의한 F/V 컨버터의 이용 예

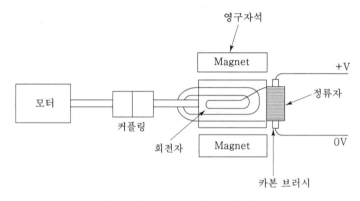

그림 3.35 타코제너레이터의 원리

DC 모터라고 하면, 타코제너레이터는 회전 운동을 전기 에너지로 변환하여 주는 것이다. 타코제너레이터의 축은 그림 3.35와 같이 모터의 축이나 기어 박스의 축에 연결되고 축이 회전하면 발전기의 원리에 의하여 전기가 발생하고, 발생된 전기의 양에 의하여 회전 속도를 측정한다.

▷▶ 디지털 타코제너레이터

최근에는 실제의 응용분야에서 속도를 측정하려면 앞에서 언급한 타코제너레이터에 의한 방법을 사용하기보다는 일정시간 동안 움직인 펄스의 수를 카운트하여 사용한다. 그림 3.36과 같이 검출기(U자형 광센서, 또는 근접센서 사용)와 카운터를 연결하여 일정시간 동안 펄스의 수를 세어서 속도 또는 움직인 거리 등을 측정한다. 그림 3.37은 이를 이용한 응용의 예를 보이고 있다.

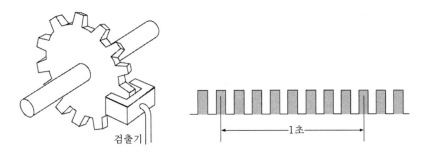

그림 3.36 검출기와 카운터에 의한 속도 측정원리

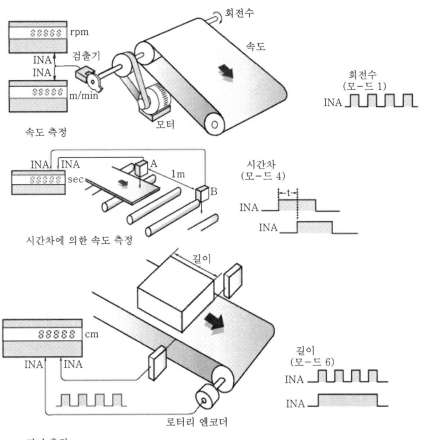

그림 3.37 검출기와 카운터에 의한 속도 측정의 응용 예(한영전자)

3.3.7 레이저 마이크로미터

그림 3.38과 같이 레이저 마이크로미터(micrometer)는 지정된 범위의 제품에 대하여서만 합격 판정을 하는 경우에 유용하게 사용할 수 있다. 그림 3.39는 레이저 마이크로미터의 이용 예를 보이고 있다.

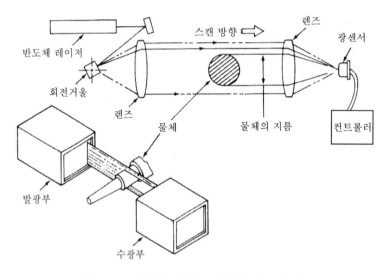

그림 3.38   레이저 마이크로미터의 작동 원리

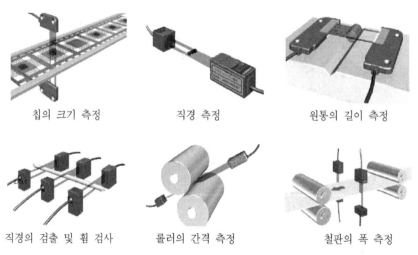

칩의 크기 측정   직경 측정   원통의 길이 측정

직경의 검출 및 휨 검사   롤러의 간격 측정   철판의 폭 측정

그림 3.39   레이저 마이크로미터의 이용 예(Omron)

3.3.8 CCD 레이저 변위 센서

기존의 레이저 변위 센서는 위치 검출 소자(PSD)를 수광센서로 사용하지만 CCD 레이저 변위 센서는 CCD 수광 소자를 사용한다. 대상물체에서 반사된 빛은 수광 렌즈를 통하여 PSD나 CCD 수광 소자로 집광된다. 그림 3.40과 같이 PSD의 경우에는 수광 소자로 들어온 수광량의 분포의 한가운데를 스폿의 중심으로 결정하여 이를 목표 위치로 설정하여

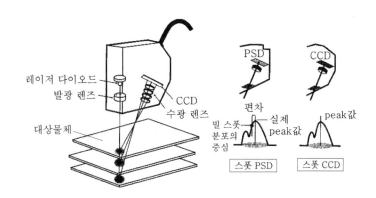

그림 3.40 CCD 변위 센서의 내부(Keyence)

타이어 형상 측정   두께 측정   리벳 조립 여부 검출

리드 프레임 겹침 검사   기판의 높이 검사   기판의 휨 검사

그림 3.41 CCD 변위 센서의 이용 예(Omron)

레이저 간섭계   선반에서 사용되는 레이저 간섭계의 예

밀링에서 사용되는 레이저 간섭계

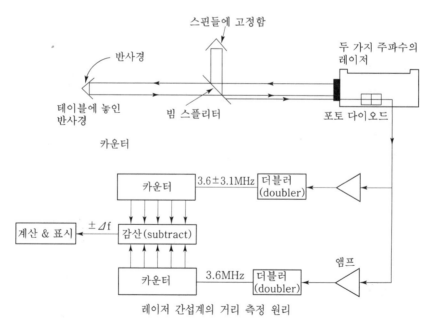

레이저 간섭계의 거리 측정 원리

그림 3.42   레이저 간섭계를 이용한 거리 측정

거리를 계산한다. 그러나 이것은 대상 물체의 표면의 상태에 따라 분포가 달라지기 때문에 오차가 발생하기 쉬워진다. CCD 변위 센서는 수광량의 피크 위치를 판별하기 때문에 정확하고 안정적인 변위 측정을 할 수 있다. 이 센서는 30 mm 거리에 있는 물체를 1 μm의 정확도로 거리를 검출한다. 그림 3.41은 CCD 변위 센서의 이용 예이다.

3.3.9 레이저 간섭계를 이용한 길이 측정

길이가 몇백 mm 이상이 되는 경우에 정확한 길이를 측정하는 것은 쉬운 일이 아니다. 이것을 가능하게 하는 것이 레이저 간섭계(interferometer)를 이용한 길이 측정 장치이다. 이 장치는 휴렛-패커드에 의하여 1970에 개발되었다. 6 m의 거리에서 0.01 μm 까지의 정확도를 갖고 있다. 이것은 공작기계의 테이블의 정렬, 지그의 조립, 형상이 복잡한 부품의 측정에 많이 사용된다. 특히 나노 단위의 반도체 생산 기계를 검사하고 보정하는 측정기로서 레이저 간섭계는 매우 중요한 역할을 한다.

그림 3.42는 NC선반의 Z축과 머시닝 센터의 X축을 정렬하고 직선성을 보정하는 예를 보이고 있다. 두 가지의 주파수를 갖는 레이저가 방출되면 반사경/빔 스플리터를 지나서 다시 돌아온 레이저의 도플러 이동(Doppler shift)을 이용하여 거리를 계산한다.

3.4 로드셀과 색 판별 센서

3.4.1 로드셀

금속은 늘어나면 가늘게 되는 성질이 있다. 금속의 원래의 길이에 대하여 늘어난 길의 비율을 스트레인(strain)이라 하고, 금속에 발생한 스트레인의 변화량과 전기 저항의 변화량이 비례하는 것을 이용한 것이 스트레인 게이지(strain gage)이다. 이 스트레인 게이지는 그림 3.43에 표시한 바와 같이 유리섬유 종이에 페놀 수지, 에폭시 수지 등을 발라 전기적으로 절연을 한 후에 직경 0.025 mm 정도의 선이나 판을 붙여서 사용한다.

스트레인 게이지는 휘트스톤 브릿지(Wheatstone bridge) 회로에 의해 구성되어 응력, 장력 등을 전기량으로 전환하고 여기서 발생하는 작은 출력 전압을 증폭하여 검출하는 것이다. 그림 3.44와 같은 회로가 구성되어 있을 때, $R_1 = R_2 = R_3 = R_4$이라면 회로가 평형 상태가 되어 출력 전압 $e = 0$가 된다. 만일 R_1의 스트레인 게이지에 힘이 가해져서 스트레인을 받게 되면 저항은 $R_1 + \Delta R$이 된다면 출력전압 e는 다음과 같이 된다.

$$e = E/4x\Delta R_1/R_2 \text{ 또는 } e = E/4K\epsilon_1$$

여기서 ϵ_1은 R_1에 가해지는 스트레인의 양이고 K는 스트레인 게이지율(strain guage factor)이라고 한다.

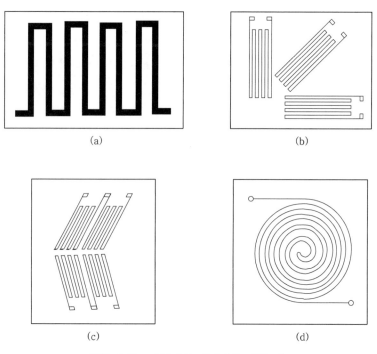

(a)

(b)

(c)

(d)

그림 3.43 스트레인 게이지의 배열 예

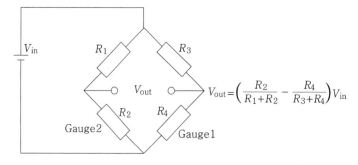

$$V_{out} = \left(\frac{R_2}{R_1+R_2} - \frac{R_4}{R_3+R_4} \right) V_{in}$$

그림 3.44 휘트스톤 브리지 회로

　브릿지 회로에서 R_1만을 스트레인 게이지를 사용하고 나머지는 고정 저항을 사용하는 방법과 2개 또는 4개를 스트레인 게이지로 사용하여 정도를 높이는 방법이 있다.

　스트레인 게이지를 이용하여 장력이나 견인력, 중력 등을 측정하기 위하여 사용하는 하중 변환기를 로드셀(load-cell)이라고 한다. 로드셀은 복수의 스트레인 게이지를 사용하는 경우와 반도체를 변환 소자로 사용하는 경우가 있다. 로드셀의 구조는 그림 3.45와 같이 압축력을 감지하는 부분에 4～8개의 스트레인 게이지를 붙여서 만든다. 그림 3.46은 로드셀의 종류와 이용 예를 보이고 있다.

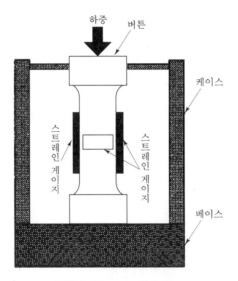

그림 3.45 로드셀의 구조

그림 3.46 로드셀의 종류 및 이용

3.4.2 색 판별 센서

색 판별 센서는 빛의 삼원색인 RGB(Red, Green, Blue)를 각각 검출하여 대상물체를 판별한다. 색을 판별하는 원리는 그림 3.47과 같이 할로겐등의 광원을 대상물체에 비추어 3개의 광센서에 의하여 RGB 양을 검출한다. 검출된 RGB 아날로그 데이터는 CPU에 전달되어 색상을 판별한다. 이 센서의 이용 예는 그림 3.48과 같다.

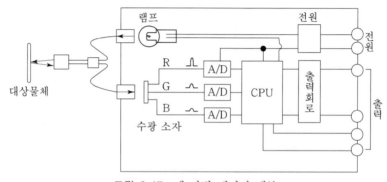

그림 3.47 색 판별 센서의 내부

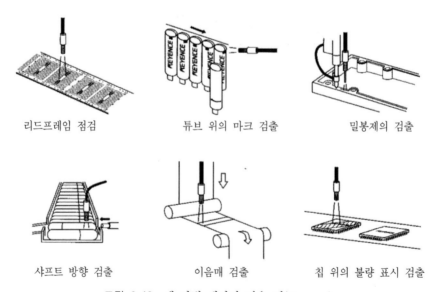

리드프레임 점검   튜브 위의 마크 검출   밀봉제의 검출

샤프트 방향 검출   이음매 검출   칩 위의 불량 표시 검출

그림 3.48 색 판별 센서의 이용 예(Keyence)

3.5 바코드 리더

3.5.1 개요

판매 및 유통의 자동화가 발전하면서 바코드는 폭넓게 발전하고 있다. 종래에는 식음료품 등에서 이용되었으나 현재는 가전제품에서 자동차까지 적용되어 유통 판매는 물론 생산 과정의 자동화에 기여하고 있다.

바코드 리더(bar code reader)는 레이저식과 CCD식이 있다. 우리가 흔히 보는 바코드 리더는 레이저식으로 가격이 비싼 대신, 판독 범위가 넓고 판독률도 좋아 많이 사용된다. 사용되는 곳은 공장자동화용과 유통 자동화용으로 분류할 수 있다. 공장자동화용은 물류 라인과 제조 시설에서 부품의 판별 및 생산 시점관리(POP, Point Of Production)용으로 사용된다. 유통 자동화용은 슈퍼마켓, 할인점 등에서 사용되는 판매 시점관리(POS, Point Of Sale)용으로 폭넓게 사용되고 있다. 그림 3.49는 레이저식 바코드 리더기의 응용 예를 보이고 있다.

그에 비해 CCD식은 제한된 판독 거리를 갖기 때문에 저가, 소형의 리더가 필요한 곳에서 이용된다. 의료 기관에서 혈청의 샘플을 판별할 때나 비디오 대여점 등에서 사용된다. 표 3.3은 레이저식과 CCD식 바코드 리더기를 비교하고 있다.

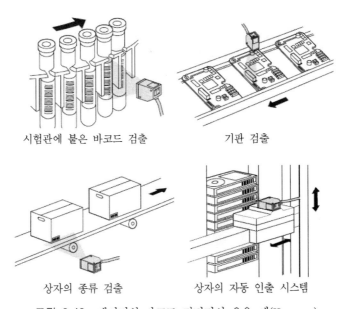

시험관에 붙은 바코드 검출   기판 검출

상자의 종류 검출   상자의 자동 인출 시스템

그림 3.49 레이저식 바코드 리더기의 응용 예(Keyence)

표 3.3 레이저식과 CCD식 바코드 리더기의 비교

	레이저식	CCD식
장점	장거리 판독 가능 넓은 판독 범위 움직이는 대상에 적합	소형 저가
단점	고가	제한된 판독 범위 움직이는 대상에 부적합 모터가 없기 때문에 긴 수명

3.5.2 판독 원리

▷▶ 레이저식

레이저식 바코드 리더의 작동 순서는 다음과 같다(그림 3.50).

◆ 레이저 다이오드에서 방출된 레이저 빔이 회전 중인 다면체 거울(폴리건 미러, polygone mirror)에 반사되어 바코드에 쏘아진다.

◆ 포토 다이오드가 불규칙한 반사광을 수신한다.

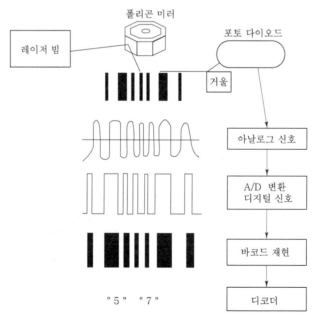

그림 3.50 레이저식 바코드 리더의 판독 원리

♦ 임계치(threshold)를 적용하여 디지털 신호로 변환한다.

♦ 여백의 폭을 구분한다.

♦ 결과를 판독하고 이것을 RS232C로 출력한다.

▷▶ CCD식

CCD식 바코드 리더의 작동 순서는 다음과 같다(그림 3.51)

♦ 바코드 전체 영역에 LED광을 방사한다.

♦ CCD 이미지 센서로 반사광 이미지를 수신하다.

♦ 임계치(threshold)를 적용하여 디지털 데이터로 변환한다.

♦ 여백의 폭을 구분한다.

♦ 결과를 판독하고 이것을 RS232C로 출력한다.

3.5.3 바코드의 종류

현재 100여 가지에 달하는 바코드 심볼이 사용되고 있으며 코드 시스템에 따라 분류하면 표 3.4와 같은 심볼들이 사용되고 있다.

3.5.4 바코드의 이용

바코드는 판매점에 POS용으로 사용되는 것뿐만 아니라 실시간으로 생산 관리 및 공장의 재고, 부품 관리를 위하여 사용되고 있다. 이와 같은 경우에 바코드 리더는 단순히 코드를 읽어서 화면에 보여주는 것으로 사용되기보다는 판매 및 생산관리 시스템의 단말기로서 역할을 수행하고 있는 것이다.

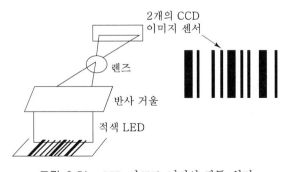

그림 3.51 CCD 바코드 리더의 판독 원리

표 3.4   바코드의 종류

	UPC/EAN/JAN/KAN	ITF	CODE39	CODABAR
문자의 종류	숫자(0~9)	숫자(0~9)	숫자(0~9), 기호(-, 공백, $, /, +, %, .), 알파벳(A~Z), 시작, 정지문자	숫자(0~9), 기호(-, 공백, $, /, +, %, .), 시작, 정지문자(A, B, C, D)
특성	유통코드로 표준화됨	같은 숫자에 대해 다른 코드보다 바코드 크기가 작음	제품 번호를 표시할 수 있음	기호를 표현
응용	전 세계 60여 개국의 공통코드 일상 용도의 90%에서 사용 의류업, 인쇄업에서 사용	유통 심볼 비디오 바코드 기록	기술 분야에서 사용 MIL(군사표준) AIAG(자동차 업계 활동 그룹) EIA(전기공업협회) NATO	혈액은행 도서관 DPE 소화물

 판매점이나 대형 서점에서 물건을 사면 바코드 리더가 있는 단말기는 단순히 가격을 보여주고, 점원은 대금을 받아 판매하는 역할을 하는 것으로 보인다. 그러나 판매 순간에 매장의 중앙 컴퓨터에 현재의 재고를 업데이트하고 그에 의하여 현재의 재고를 실시간으로 관리하게 된다. 이에 의하여 재고 부족이나 재고 과다를 미연에 방지할 수 있게 되는 것이다.

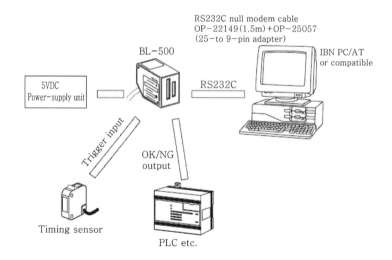

그림 3.52   바코드 리더 시스템의 구성(Keyence)

공장의 경우에는 각각의 독립된 기계에서 만들어지는 부품을 부품에 부착된 바코드를 읽어서 현재 어떤 부품이 몇 개 만들어져 있는지를 중앙 컴퓨터가 관리하도록 한다. 수십 군데의 작업대/기계에서 만들어지고 있는 부품을 실시간으로 관리하기 때문에 부품의 재고 관리는 물론, 작업자의 작업 상태, 기계의 작업 능률 등을 효율적으로 관리할 수 있다.

이와 같은 중앙 관리를 위해서는 그림 3.52와 같이 구성된 바코드 리더의 단말기 시스템이 상위 시스템과 연결되지 않으면 안 된다. 그림을 보면 바코드는 PLC 또는 PC에 데이터를 전달하게 되는데 PLC나 PC는 네트워크 기능을 가지고 있기 때문에 그 기능에 의하여 상위의 컴퓨터 시스템과 연결된다.

3.6 비전 센서

3.6.1 개요

비전 센서(vision sensor)는 CCD 카메라로 읽은 화상을 보고 대상물체의 모양을 판별하거나 정상/불량을 판별하는 센서이다. 기존에는 커다란 하나의 시스템을 이루었지만 현재는 그림 3.53과 같은 하나의 비전 센서로 컴팩트하게 개발되어 있다.

비전 센서의 응용 방법 중에 패턴 매칭은 기준이 되는 화상을 저장하여 놓고 움직이는 물체를 CCD 카메라로 찍어 위치와 조도를 보정한 후 저장된 기준 형상과 비교하여 정상/불량 여부를 판별한다. 그림 3.54는 패턴 매칭과 그 외의 비전 센서의 이용 예이다.

컴퓨터 비전은 이미지의 처리와 특징 형상의 검출과정을 거친다.
- 이미지 처리
  - 이미지의 포착
  - 이진화 / 그레이스케일 처리
- 검출
  - 면적 센서
  - 패턴 매칭, 패턴 위치 검출
  - 얼룩 검출
  - 에지 검출 : 에지 피치(pitch) 검출, 에지 위치 검출
  - 명암도 검출
  - 개수 검출

그림 3.53   비전 센서(Keyence)

패턴매치

라벨 상대적 변위 검출

인쇄 여부 검출

 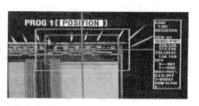

대상물체의 절대위치 검출

그림 3.54   비전 센서의 응용 예-(1)(Keyence)

3.6.2 이미지 처리

비전 시스템에서의 이미지 처리는 그림 3.55와 같이 CCD 카메라로 포착한 대상물체의 이미지를 디지털 정보로 바꾸어 사전 처리, 특성 추출, 판별의 과정을 거쳐 출력을 한다.

▷▶ 이미지의 포착 및 스캐닝

그림 3.56과 같이 대상물체에 해당하는 이미지는 렌즈를 통하여 이미지 픽업 소자인 CCD 소자에 도달한다. CCD 소자의 화소(픽셀, pixel)에 전달된 이미지의 한 부분은 이미지의 밝기에 해당하는 전기의 양(아날로그)으로 저장된다.

이 데이터는 스캐닝(scanning) 과정을 통하여 왼쪽 위부터 연속적인 데이터로 변환된다. 이 신호는 수평 동기 신호와 함께 출력되어 수평 라인의 시작점을 판별할 수 있도록 하고 있다.

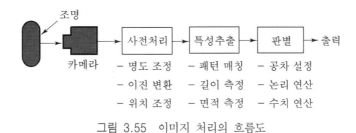

그림 3.55 이미지 처리의 흐름도

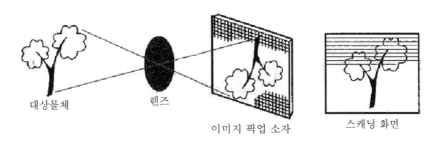

그림 3.56 CCD 카메라의 이미지 처리

▷▶ **이진화**

   CCD 카메라에서 포착하여 스캐닝된 신호는 아날로그 신호이다. 이것은 응용 분야에 맞게 이진(binary, 또는 흑백)화되거나 그레이스케일(gray scale)로 변환되어야 한다. 이진화는 그림 3.57과 같이 영상 신호를 일정 기준 이하는 0으로 기준 이상은 1로 하는 것을 말한다. 이때 기준은 이진 레벨이라 하는데 이것을 어떻게 정하는가에 따라 판별이 달라질 수 있다. 특히 조명의 밝기가 바뀐 경우는 이 이진 레벨을 다시 조정하여야 원하는 정보를 얻을 수 있다.

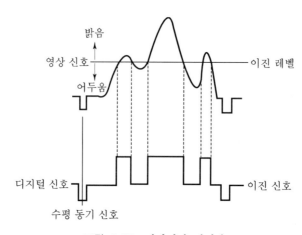

그림 3.57 이미지의 이진화

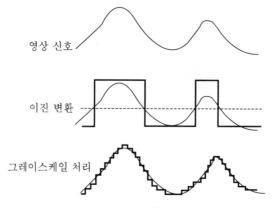

그림 3.58 이미지의 이진 변환과 그레이스케일 처리

그레이스케일은 이진화와는 다르게 하나의 화소에 대한 정보를 명도를 근거로 하여 8비트(256레벨)로 분할하여 디지털화하는 것을 말한다(그림 3.58). 이 방식을 사용하면 디지털 정보에서 여러 가지의 수정 조작을 자유롭게 할 수 있으므로 검출의 정확도를 개선할 수 있다.

3.6.3 검출

▷▶ 면적 검출

면적 검출(area sensor)은 CCD 카메라로 읽은 정보를 바탕으로 특정 범위 내에서 이진 처리된 화소의 흑 또는 백색의 수를 세어 대상물체의 면적을 계산하는 것을 말한다.그림 3.59는 달걀을 단면적을 계산하는 예를 보이고 있다.

▷▶ 패턴 매칭

이미 저장되어 있는 기준 이미지(합격품 또는 기준품의 패턴 이미지)와 CCD 카메라로 찍어서 디지털화한 이미지를 비교하여 두 이미지가 일치하는가를 비교하는 것을 말한다. 두 이미지에서 일치하는 화소의 수를 비교하여 그 수가 일정 비율 이상이면 두 물체가 일치하는 것으로 판별한다. 패턴 매칭에서 두 이미지가 동일하기는 하지만 찍혀진 위치가 다르다든지 대상물체가 회전된 경우에는 보정 기능에 의하여 패턴 매칭 기능을 수행할 수 있다.

그림 3.60은 패턴 매칭 기능을 이용하여 로봇이 집어야 할 물체의 위치를 알려주는 예를 보이고 있다.

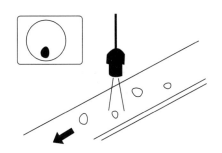

그림 3.59 에어리어 센서를 이용한
달걀의 단면적 검출

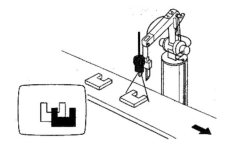

그림 3.60 패턴 매칭 기능에 의한
로봇의 위치 조정

3.6.4 응용 예

그림 3.61은 컴퓨터 비전의 응용 예이다.

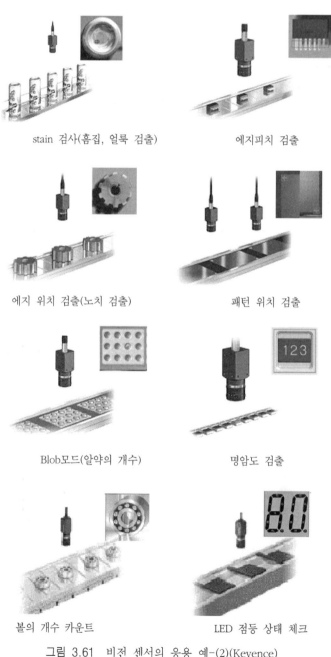

stain 검사(흠집, 얼룩 검출)   에지피치 검출

에지 위치 검출(노치 검출)   패턴 위치 검출

Blob모드(알약의 개수)   명암도 검출

볼의 개수 카운트   LED 점등 상태 체크

그림 3.61 비전 센서의 응용 예-(2)(Keyence)

〈참고 문헌과 인터넷 사이트〉

이봉진, 『FA 시스템 공학』, 문운당, 1991.

한국 오므론 주식회사, 「센서 종합 카탈로그」, 한국 오므론 주식회사.

(주)한국 키엔스, 「p센서 및 측정기기 종합 카탈로그」, (주)한국 키엔스, 1998.

(주)한영전자, 제4판 「자동제어기기 종합 카탈로그」, (주)한영 전자, 1997.

Allen Bradley Company Inc., *Allen Bradley SENSORS*, Allen Bradley Company Inc., 1995.

Autonics Corporation, 제6판 종합 카타로그(센서, 제어기기), Autonics Corporation, 1996.

Miura Hirohumi, *Mechatronics Handbook(Japanese)*, Ohmsha, 1996.

Phillip John McKerrow, *Introduction to Robotics*, Addison Wesley, 1991

Yoram Koran, *Robotics for Engineers*, McGraw-Hill, 1987.

www.heidenhain.co.kr

www.gersung.co.kr

www.omron.co.jp

www.contron.co.kr

www.celesco.com

www.autonics.co.kr

www.hanyoungelec.co.kr

www.metrol.co.jp

www.mitutoyo.co.jp

www.potentionmeters.com

encoder.com.tw

연습 문제

1. 센서의 품질을 결정하는 성질은 다음과 같다.
   i. 감도
   ii. (   )
   iii. (   )
   iv. 안정성
   v. 정도
   vi. (   )

2. 위 문제의 6가지의 성질을 각각 설명하라.

3. 히스터리시스가 발생하는 예를 3개 이상 들라.

4. 근접센서의 종류와 각각의 원리를 설명하라.

5. 마이크로 스위치와 터치센서의 차이점은 무엇인가?

6. 투과형과 반사형 광센서를 그림을 그려 구분하고 각각의 장점이 무엇인지 설명하라.

	투과형	반사형
그림		
장점		

7. 투과형 광센서는 발광부에서 생성된 빛이 수광부까지 전달된 것을 검출하여 물체의 유무를 판단한다. 밝은 곳에서 이 센서를 사용한다면 주변의 빛 때문에 간섭을 받을 수 있을 것이다. 이 간섭을 막기 위해서 광센서가 사용하는 방법은 무엇인가?

8. 반사형 광센서를 위하여 사용하는 반사경을 보통 거울을 사용하면 센서가 작동하지 않는 이유는 무엇인가?

9. 마우스 휠의 동작원리를 로터리 엔코더와 비교하여 설명하라.

10. 로터리 엔코더가 0.0001°를 검출할 수 있으려면 총 $360 \times 10000 = 3,600,000$개의 슬릿이 있어야 한다. 4체배를 하여 사용한다고 해도 $3,600,000/4 = 900,000$의 슬릿이 있어야 한다. 그러나 원판에 360°를 돌아가며 900,000개의 슬릿을 새겨 넣는 것은 매우 어렵다. 원판이 크다면 몰라도 작은 엔코더에서는 거의 불가능하다. 어떤 방법으로 이를 가능하게 할 수 있는지 조사하라.

11. 인터넷에서 광센서를 하나 선정한 후에, 사양을 보고 PLC와 인터페이스하는 방법을 설명하라.

12. 광학식 엔코더와 자기식 엔코더의 장단점을 쓰라.

13. 로드셀에서 무게를 감지하여 표시장치에 표시할 때까지의 과정과 원리를 설명하라.

14. 레이저 마이크로미터의 원리를 설명하라.

15. 컴퓨터 비전에 의한 〈패턴 매칭〉의 처리 과정을 쓰라.

16. 자동차 생산라인에서 서로 다른 모델과 옵션의 자동차가 생산되고 있다. 자동차의 생산이 완료된 시점에 모델과 옵션을 정확하게 알려주는 POP(Point Of Production) 시스템을 구성하고 싶다. 데이터의 수집(data gathering)을 어떻게 하면 되는지 쓰라. 구해진 데이터는 상위의 ERP시스템과 어떻게 인터페이스되는지 설명하라.

17. 동네의 슈퍼마켓이나 할인점에서 사용하는 바코드 리더기는 어떤 종류의 것인지 조사하라.

18. 컴퓨터 비전에서 이진 처리와 그레이스케일 처리의 차이점은 무엇인가?

19. 색판별 센서의 원리는 무엇인가?

20. 컴퓨터 비전으로 달걀의 크기를 판별하여 대, 중, 소로 구분하고자 한다. 그 방법은 무엇인가?

21. 센서의 출력 값을 마이크로프로세서에서 자료를 처리하기 전에 증폭과정이 있어야 하는 경우가 많다. 이 증폭과정이 필요한 이유는 무엇인가?

4장 공압

4.1 개요

공압 기술은 압축된 공기를 실생활이나 공장자동화에 이용하는 제반 기술을 일컫는 말이다. 우리가 가장 흔하게 볼 수 있는 공압의 응용 예는 버스의 출입문을 여닫는 것이다. 버스의 문을 열거나 닫을 때 '쉬이'하는 소리가 나는 것은 압축된 공기가 밖으로 방출될 때 나는 소리이다. 전철의 출입문도 공압을 이용하는 경우이고 자동차 정비소에서 타이어의 바람을 넣는 것도 공압을 이용한 것이다.

공압은 공장에서 폭넓게 사용되고 있다. 기존에 사람의 힘에 의하여 작업되었던, 간단하지만 반복되는 많은 작업들은 공압에 의해 자동화되고 있다. 이와 같은 자동화는 매우 적은 비용으로 이루어질 수 있기 때문에 LCA(Low Cost Automation, 저가격 자동화)라고 불리고 있다. LCA는 제어 장치로 PLC를 이용하고 액추에이터로는 공압 실린더(cylinder)를 이용하여 자동화는 것으로, 시스템의 구성이 비교적 간단하고 저렴한 비용으로 큰 효과를 얻을 수 있다. 따라서 대기업은 물론 중소 기업에서도 부담 없이 자동화를 할 수 있는 방법이다.

그림 4.1은 공압을 이용한 자동화 시스템의 예이다. 왼쪽은 로봇을 나타내는데 물건을 집어서 90° 선회한 다음에 물건을 내려놓는 동작을 반복할 수 있는 시스템이다. 이 시스템은 PLC와 같은 컨트롤러에 의하여 제어될 것이다. 오른쪽은 자동 드릴링 시스템이다. 부품이 오른쪽 위에 적재되어 있으면 실린더로 밀고 드릴링한 다음 왼쪽으로 밀어내는 시스템이다. 이 경우는 특이하게 왼쪽 아랫부분에 있는 시퀀스 차트에 의하여 동작이 반복되도록 되어 있다. 시퀀스 차트가 모터에 의하여 회전되면 거기에 그려진 대로 ON/OFF가

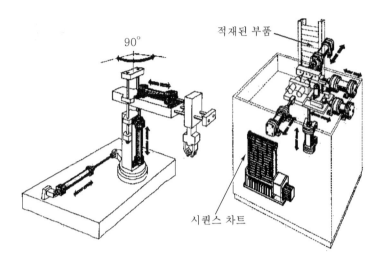

그림 4.1 공압을 이용한 핸들링 로봇(왼쪽)과 자동 가공 시스템(오른쪽)

되어 실린더가 전후진되도록 하는 것이다.

공압의 쓰임새는 매우 다양하기 때문에 어느 정도 규모의 기계 가공 공장에는 공압이 흐르는 파이프가 일반 가정에 수도나 가스관 같이 곳곳에 흘러 다니고 있다.

공압의 역사를 살펴보자. 공압은 산업 혁명 이후에 본격적으로 사용되기 시작하였다. 1850년대에 채광용 공기 드릴이 출현하였고, 1880년에 미국 웨스팅하우스 사에서 안전 브레이크를 개발하여 사용하기 시작하였다. 2차 대전 이후에는 간이식 생산 자동화에 이용되기 시작하여 기계 부분은 물론 석유/화학 공장의 공정 제어용으로 이용되었다. 현재는 전자 기술의 발전에 힘입어 ON/OFF의 동작뿐만 아니라 피드백에 의해 중간 위치에 정지하는 공압 실린더가 개발되어 사용되기도 한다.

공압은 모터나 유압 등의 다른 동력 장치에 비하여 정밀한 제어나 큰 힘을 내지는 못하지만 다루기 쉽고 제어 장치의 구성이 용이한 것이 장점으로 받아들여지고 있다. 공압을 다른 동력 장치와 비교하여 보자.

▷▶ 동력의 생산과 저장, 운반

❖ 공압

- ◆ 여러 형태의 압축기를 이용하여 압축공기를 스스로 생산하여야 한다.
- ◆ 압축공기의 생산, 준비 단계가 복합하여 초기투자비용이 많이 요구되나, 중앙 집중

식의 배관이 가능하기 때문에 장비마다 압축기를 설치할 필요는 없다.

◆ 에너지를 가장 쉽고, 경제적으로 저장할 수 있다. 저장된 에너지는 운반도 가능하다.

◆ 1000 m까지는 큰 압력 손실 없이 운반 가능하다.

❖ 유압

◆ 다양한 유압펌프를 이용하여, 용량과 사용 압력에 맞는 파워 팩을 선정할 수 있다.

◆ 유압 장비마다 별도의 에너지원을 설치하여야 하는 단점이 있다.

◆ 압축공기나 스프링을 이용하여 소량만을 저장할 수 있다.

◆ 최대 100 m까지 운반 가능하나 압력 손실이 많다.

❖ 전기

◆ 스스로 에너지를 생산할 필요가 없고, 가장 쉽게 이용할 수 있는 에너지원이다.

◆ 축전지를 이용하여 저장이 가능하나, 비용이 많이 들고 저장을 위한 장비가 별도로 필요하다.

◆ 전선이 깔려 있으면 거리에 제한 받지 않는다.

▷▶ **운동**

❖ 공압

◆ 직선운동

▶ 실린더를 이용하여 2000 mm까지는 쉽게 얻을 수 있으며 급가속과 제동이 용이하다.

▶ 일반적으로 조절 가능한 속도 범위는 10 ~ 1500 mm/s이다.

▶ 낮은 압력으로 인해 큰 힘을 얻을 수 없다. 정지 시에는 에너지의 소비 없이 힘의 유지가 가능하고, 경제적인 힘의 범위는 1~50,000N이다.

◆ 요동운동

▶ 실린더가 래크와 피니언을 조합하여 360° 이내의 요동운동은 쉽게 얻을 수 있다.

◆ 회전운동

▶ 여러 형태의 공압 모터를 이용하여 최고 800,000 rpm까지의 회전속도를 얻을 수 있다.

▶ 정지 시에도 에너지의 소비 없이 최대의 토크를 유지할 수 있다. 과부하에는 언제나 큰 토크를 얻을 수 없고 에너지 소비가 많다.

❖ 유압

◆ 직선운동

▶ 실린더를 이용하여 쉽게 얻을 수 있으며, 특히 저속에서 높은 속도 정밀도를 유지할 수 있다.

▶ 높은 압력을 이용하기 때문에 큰 힘을 얻을 수 있다. 정지 시에도 에너지는 계속 소비된다.

◆ 요동운동

▶ 공압에서와 마찬가지 방법으로 움직일 수 있다. 큰 힘을 얻을 수 있다.

◆ 회전운동

▶ 유압모터를 이용하여 쉽게 얻을 수 있으나 저속이다. 그러나 높은 속도 제어 정밀도를 유지할 수 있다.

▶ 정지 시에도 큰 토크를 얻을 수 있으나 에너지의 소비는 계속된다. 큰 힘을 얻을 수 있고 안전밸브로 인하여 과부하에서도 안전하다.

❖ 전기

◆ 직선운동

▶ 전자석이나 선형모터를 이용하여 아주 짧은 직선운동은 가능하다.

▶ 기구학적으로 회전운동을 직선운동으로 변환시켜야 하기 때문에 기구가 복잡하다.

▶ 직선운동하는 모터를 사용할 수 있으나 고가이다.

▶ 회전 운동을 기구학적으로 직선운동으로 바꾸기 때문에 효율이 나쁘다.

◆ 요동운동

▶ 기구학적인 방법으로 요동운동을 한다.

◆ 회전운동

▶ 회전운동에는 가장 효과적이고 경제적인 방법이다.

▶ 정지 시에는 토크 유지가 어렵다.

▷▶ **제어성**

❖ 공압 : 힘은 압력조절밸브를 이용하여, 속도는 유량제어밸브와 급속배기밸브를 이용하여 쉽게 제어할 수 있다. 그러나 20mm/s 이하의 낮은 속도는 제어가 곤란하다.

❖ 유압 : 공압과 같은 방법으로 힘과 속도를 조절할 수 있으며, 보다 정밀하게 조절
가능하다.

❖ 전기 : 메커트로닉스 기술의 발전에 의하여 고용량의 힘을 정밀하게 제어할 수 있다.

▶ **환경**

❖ 공압 : 작은 틈새만 있어도 쉽게 누설될 수 있다. 누설이 되면 경제적으로는 손해가
되지만 제어 시스템의 특성에는 큰 문제가 되지 않는다. 배기 시에는 듣기 거북한
소음이 발생하지만 소음기를 설치하면 크게 줄일 수 있다.

❖ 유압 : 에너지가 누설되면 주변 환경에 영향을 미치며, 제어계의 정밀도에도 영향을
줄 수 있다 높은 압력에서는 펌프에서 큰 소음이 발생되고, 밸브가 스위칭될 때 배
관에서도 소음이 발생된다.

❖ 전기 : 배선이 잘못되지 않는 한 누설은 발생되지 않는다. 전자 개폐기, 솔레노이드
등에서 소음이 발생하나 크게 문제시되지 않는다.

공압의 장점은 다음과 같다.
◆ 구조가 간단하여 비교적 저가로 자동화시스템을 구성할 수 있다.
◆ 공기는 쉽게 얻을 수 있다.
◆ 출력조정이 쉽고 무단변속이 가능하며 빠른 작업속도를 얻을 수 있다.
◆ 유압과 같은 리턴 라인이 공압에서는 불필요하므로 배관이 간단하다.
◆ 외부에 유출되어도 유압과 같이 화재나 환경오염의 문제가 없다.
◆ 점성이 적으므로 배관 길이에 따른 압력강하가 작다.
◆ 압축공기는 저장탱크에 저장할 수 있으며 필요에 따라 사용할 수 있으므로 압축기를
계속 운전할 필요가 없고 비상시 대처가 가능하다.
◆ 온도의 변화에 둔감하므로 극한온도에서도 대체로 운전이 보장되는 편이다.
◆ 청결성이 있어 크린룸에서 사용할 수 있다.
◆ 인체에 무해하여 목재, 섬유, 피혁, 식품가공 등에도 사용할 수 있다.

공압의 단점은 다음과 같다.
◆ 기준 이상의 힘이 요구될 때, 압축공기는 효율이 낮고 경제적이지 못하다.
◆ 일정한 피스톤 속도를 유지하기 어렵고 피스톤이 중간에 멈추는 경우에 힘을 유지하
기 어렵다.

- ◆ 공압기기에 급유를 하여 녹방지 및 윤활성을 주어야 하고 먼지나 습기에 약하다.
- ◆ 배기소음이 크다.

앞에서 이야기한 공압의 장점에 의하여 표 4.1과 같은 특징과 사용분야가 있다.

표 4.1 공압의 특징과 사용분야

특 징	특 성	사용분야
쉬운 취급	안정성 및 설치 용이	소형/경량 부품의 조립, 반송작업, 핸들링 로봇
쉬운 제어	압력, 속도, 유량 설정 용이	공기베어링, 밸브제어, 장력조정
내환경성	내방폭, 내온도, 방습,	광산, 화학공장, 도장라인, 화력발전소, 식품기계, 반도체 장비
에너지 축적	정전 및 화재 시 대응	철도, 항공기의 브레이크용, 긴급차단용

4.2 공압 시스템의 구성

전기가 전달되기 위해서는 전기선이 필요한 것과 같이 공압을 발생시켜 사용되는 곳까지 전달하기 위해서는 공압을 전달하는 파이프가 필요하다. 그림 4.2는 공압이 발생되어 공압이 사용되는 공압 실린더까지 전달되는 전 과정을 보이고 있다.

공압이 공압 펌프에 의하여 발생되면 냉각기를 통한 후 공기 탱크에 전달되어 보관된다. 공기 탱크는 공기를 일정한 압력으로 모으고 있다가 필요한 경우에 공압 실린더 등에 전달하여 대상물을 움직이는 역할을 한다. 공압 실린더에 전달되기 전에 압축 공기는 청정 장치와 윤활 장치를 통하여 깨끗이 되고 기름을 머금어 윤활작용을 하도록 한다.

- ❖ 공압 발생 장치 : 공압 발생 장치는 공기를 압축하는 작업을 하는 장치이다. 피스톤에 의하여 공기를 압축하거나 강한 바람을 불어 공기를 압축하는 방법을 사용하고 있다.
- ❖ 냉각/건조 장치 : 공기 압축기를 통하면 공기의 압력이 증가되는 동시에 온도가 상승하게 된다. 온도는 압축기의 종류에 따라 다르지만 약 200~300℃가 된다. 이것을 냉각시킬 필요가 있는데 이것을 후부 냉각기라 한다. 냉각을 하면 습도가 있으므로 이를 에어 드라이어를 이용하여 건조시킨다.
- ❖ 저장 장치 : 공압은 유압이나 전기와는 다르게 저장할 수 있는 장점이 있다.

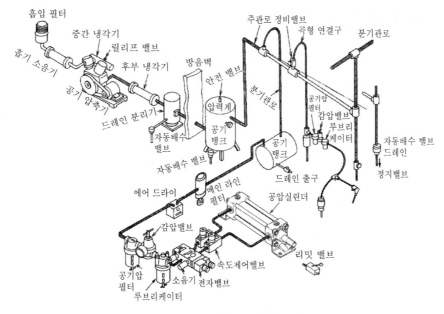

그림 4.2 공압 시스템의 구성

❖ 청정 장치 : 압축되고 냉각된 공기에는 먼지나 수분이 섞여 있게 된다. 청정 장치에는 공압필터가 있는데 먼지와 타르 등을 제거하여 깨끗한 공기로 만들어 준다.

❖ 윤활 장치 : 공압 실린더에 전달되는 공기는 약간의 기름기를 머금은 상태가 되는 것이 피스톤의 수명을 연장하고 공압의 밀폐(sealing) 효과를 증대할 수 있다. 윤활 장치는 압축공기에 기름을 뿌려 주는 역할을 한다.

❖ 제어부 : 실제로 공압 실린더와 같은 액추에이터 움직임을 제어하는 방법은 공압을 보내거나 보내지 않는 것에 의한다. 이것은 솔레노이드 밸브에 의한 방향 제어 밸브에 의하여 이루어진다. 또한 이들 밸브를 정해진 조건이나 방법으로 움직이게 하는 것은 PLC나 마이크로프로세서, 컴퓨터와 같은 상위 제어 장치에 의한다. 시스템의 상태를 검출하기 위한 센서도 시스템을 구성하는 하나의 중요한 요소가 된다.

❖ 액추에이터 : 액추에이터는 공압을 실제로 대상물을 움직이기 위한 동력 전달 장치이다. 가장 많이 사용되는 것은 공압 실린더로서 공압을 이용하여 직선 왕복 운동을 하는 것이다. 그 외에 회전을 하는 공압 모터도 있고 일정 각도로 회전하는 요동형 액추에이터도 있다.

4.3 공압 발생 장치

공압은 압축 공기에 에너지를 비축하여 놓았다가 액추에이터를 통하여 기계적인 동작을
하는 자동화 시스템을 구성하게 된다. 따라서 대기 중의 공기를 모아 압축 공기를 만드는
것이 무엇보다도 필요하다. 공기 압축기는 그림 4.3과 같이 구분할 수 있다.

피스톤 왕복식 압축기는 피스톤이 내려갈 때는 외부의 공기를 흡입하고 올라올 때는 흡
입 밸브가 닫혀 일정 압력 이상이 되면 압축된 공기를 피스톤 밖으로 빼내어 탱크에 모으
게 된다. 이 방식을 이용하면 압축된 공기가 고온으로 올라가기 때문에 냉각장치가 꼭 필요
하다. 이 방식은 만들기 쉽고 간단하므로 소형의 압축기는 대부분 왕복식을 사용하고 있다.

회전식은 나사나 가동 날개(베인) 등을 회전하여 공기를 압축하는 방법이다. 왕복식에
비하여 온도의 상승이 적어 윤활유 사용이 간편하다(무급유 장치의 설계가 가능). 이 방식
은 진동과 소음이 적어 사용이 증가하고 있다.

터보형 공기 압축기는 날개를 고속으로 회전시켜 공기를 압축하는 방법으로 축류식과
원심형이 있다. 이 방식은 대형 플랜트 등의 대용량 압축 공기용으로 사용되고 있다.

피스톤 왕복식 압축기

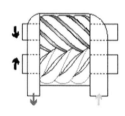
스크루 압축기

가동날개(slide vane) 압축기

터보형 원심(radial-flow) 압축기

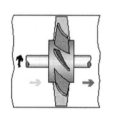
터보형 축류(axial) 압축기

그림 4.3 공기 압축기의 종류

터보 원심형   급유식 스크루 압축기

공냉식 피스톤 왕복식   소형 공냉식 피스톤 왕복식

그림 4.4 공기 압축기의 예 (한신)

이들 압축기를 구동하는 동력은 대부분 전기 모터에 의한 것이지만 정전에 대비하거나 전기를 얻기 어려운 곳(공사장 등)에서는 내연기관 엔진의 회전력에 의하여 구동한다. 그림 4.4는 다양한 종류의 공기 압축기의 실례이다.

4.4 냉각/저장/청정 장치

4.4.1 냉각기

공기가 압축되면 고온이 되기 때문에 그대로 사용하면 고온에 의하여 기기가 손상될 수 있다. 그러므로 공기를 강제로 냉각시키고 냉각할 때 생기는 수분을 제거할 필요가 있다. 자연 냉각이 일어나는 경우에는 냉각에 의하여 발생하는 수분을 제거하는 장치(드레인)를 곳곳에 설치하여야 하므로 오히려 배관이 복잡하여질 수가 있어서 미리 강제 냉각하는 방법을 사용한다.

냉각기는 수냉식과 공냉식이 있다.

◆ 수냉식은 파이프로 차가운 물을 흐르게 하고 그 파이프 외부를 압축 공기가 통과하
도록 하여 냉각하는 것이다.

◆ 공냉식은 핀(fin)으로 방열되는 파이프로 압축 공기가 흐르도록 하고 핀 사이에 시원
한 외부 바람을 불어서 압축 공기를 냉각하는 방식이다.

그림 4.5와 그림 4.6은 공압 냉각기를 보이고 있다.

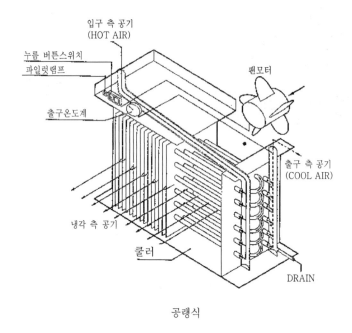

공랭식

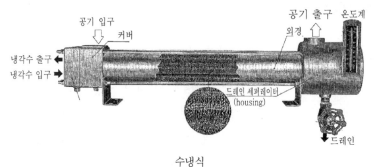

수냉식

그림 4.5   공압 냉각기

그림 4.6 냉각기(한신)   그림 4.7   에어 드라이어(한신)

4.4.2 에어 드라이어

압축되어 냉각기를 통과한 공압은 습기가 높다. 습기는 실린더와 같은 기계 부품에 나쁜 영향을 미치므로 제거하는 것이 좋다. 이때 사용하는 것이 에어 드라이어이다(그림 4.7).

4.4.3 공압 저장 탱크

공압은 유압이나 전기와 다르게 저장할 수 있는 장점이 있다. 압축된 공기는 공압 저장 탱크에 저장된다. 저장 탱크에는 압력계가 부착되어 있어서 일정 압력 이상 증가하면 그 신호를 압축기에 보내어 공기 압축기의 동작을 멈추게 한다. 공압을 사용하면 저장 탱크의

그림 4.8 공압 저장 탱크(왼쪽)와 공기 압축기와 저장 탱크가 일체형인 경우(오른쪽)의 예(한신)

압력이 줄어들고 이것을 감지하여 공기 압축기가 동작하게 된다. 대용량의 공압 시스템뿐만 아니라, 소형 압축기에도 공압 저장 탱크가 장착되어 있다. 저압 저장 탱크인 경우는 10기압까지 저장하며, 고압 저장 탱크는 15기압 이상을 저장한다(그림 4.8).

4.4.4 공압 필터

공기 압축기를 통과하여 압축된 공기는 (1) 외부로부터 흡입한 먼지와 (2) 압축기의 윤활유가 산화한 타르 (3) 탱크와 파이프에서 발생한 수분 등이 섞여 있다. 이것은 공압 실린더에 그대로 보내면 수명이나 피스톤의 밀폐에 문제가 생기므로 공기압 필터를 통하여 먼지 없고 깨끗한 공기를 보내는 것이 좋다.

공압 필터는 그림 4.9와 같은 모양을 하고 있는데 우선 입구를 통하여 공기가 들어가면 원심력에 의하여 굵은 먼지는 벽에 부딪혀 밑으로 떨어지고 미세한 먼지는 필터 엘리먼트에서 걸러지게 되어 있다. 원심력에 의하여 굵은 먼지가 수지(樹脂) 케이스를 손상시킬 수도 있으므로 케이스에 보호 장치가 달린 것을 사용하여야 한다.

4.4.5 레귤레이터

레귤레이터는 공기압을 일정하게 유지시키는 장치이다. 원하는 공압 레벨보다 입력되는

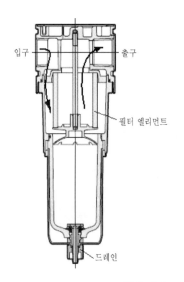

그림 4.9 공압 필터(CKD, TPC)

공기 압력이 높아야만 일정한 압력의 공기가 출력된다. 그림 4.10의 아래쪽 손잡이를 돌리면 스프링의 장력이 조절되는데 이 장력에 의하여 레귤레이터를 통과하는 압력이 결정된다.

4.4.6 윤활 장치

공압 실린더는 왕복 운동을 하기 때문에 윤활 오일을 공급하여 주는 것이 필요하다. 또한 피스톤에 오일이 묻어 있으면 피스톤 운동이 원활할 뿐만 아니라 밀폐 효과가 좋아진다. 공압 시스템에서는 압축된 공기에 오일을 분무하여 안개 상태로 압축 공기의 흐름 속에 보낸다.

오일 통로 위로 압축된 공기가 흐르면 압력의 차에 의하여 오일이 통로 위로 올라오게 되고 이것이 위쪽('오일 떨어지는 곳')에서 한 방울씩 떨어진다. 떨어지는 기름은 분무 노즐에서 안개같이 퍼져 나가게 된다. 공압 윤활 장치(루브리케이터)는 이 원리를 이용하여 공기에 기름을 분무하는 방법을 사용한다. 그림 4.11은 윤활 장치의 예이다.

4.4.7 컴비네이션

공압 필터와 레귤레이터, 윤활 장치는 공압 액추에이터인 실린더와 방향 제어 밸브에 들어가기 전에 압축기에서 공급된 공기를 정화하는 기능을 한다. 이 3가지 기능은 동시에 묶어서 사용하는 경우가 많은데 이것을 컴비네이션(combination)이라고 한다. 그림 4.12와 같이 바로 옆으로 묶기 때문에 공간을 덜 차지한다. 공압이 지나가는 방향으로 필터, 레귤레이터, 윤활 장치가 차례로 붙어 있다. 상황에 따라서 이들 중에 1개가 생략되기도 한다.

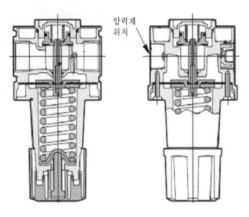

그림 4.10 공압 레규레이터(CKD, TPC)

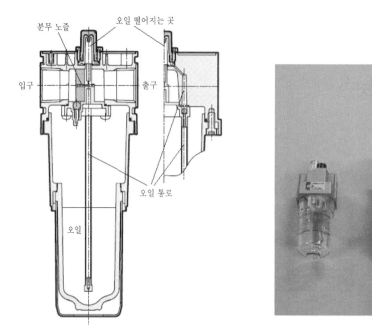

그림 4.11 공압 윤활 장치(CKD, TPC)

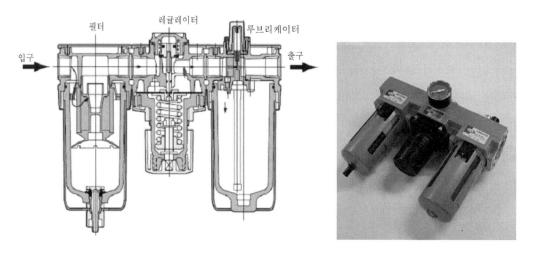

그림 4.12 컴비네이션 : 공압 필터, 레귤레이터, 윤활 장치가 결합된 형태(CKD, TPC)

4.5 방향 제어 밸브

4.5.1 개요

방향 제어 밸브는 공압 실린더와 같은 액추에이터 등에 공급하는 공기의 흐름을 제어하는 것으로, 공압에서 가장 중요한 부분이라 할 수 있다. 이들 제어 밸브는 PLC나 마이크로프로세서, 컴퓨터와 같은 상위 장치들과 연결되어 동작하거나 사람에 의하여 조작되는 경우 등이 있다.

방향 제어 밸브에는 절환 밸브, 체크 밸브, 스톱 밸브, 셔틀 밸브 등이 있다. 이 중에 액추에이터의 움직임을 제어하는 절환 밸브가 가장 중요한 역할을 한다.

❖ 방향 제어 밸브
- ◆ 절환 밸브 : 제어 논리에 따라 공압의 방향을 바꾸는 밸브
- ◆ 체크 밸브 : 공기의 흐름을 한 방향으로만 하는 밸브
- ◆ 스톱 밸브 : 공기의 흐름을 개폐하는 밸브
- ◆ 셔틀 밸브 : 2개 이상의 입구에서 들어온 공압 중에서 압력이 가장 큰 것을 선택하여 출구로 흐르도록 하는 밸브

절환 밸브는 조작방법과 포트/위치 수에 따라 다음과 같이 구분한다. 포트(port)는 밸브 장치의 출입구를 말한다. 적게는 2개, 많게는 5개의 포트를 사용한다. 위치는 공기의 흐름을 변경하는 방법의 개수이다. 위치는 2개 또는 3개를 사용한다.

❖ 포트/위치에 따른 분류
- ◆ 2포트 2위치 밸브
- ◆ 3포트 2위치 밸브
- ◆ 4/5포트 2위치 밸브
- ◆ 4/5포트 3위치 밸브

4.5.2 절환 밸브와 공압의 흐름

그림 4.13은 5포트의 전자 밸브를 이용한 회로와 밸브 내부의 모양을 보이고 있다. 5포트이므로 5개의 공압 입구/출구가 있다. P, A, B, R1, R2 등 5개의 포트가 있다. P

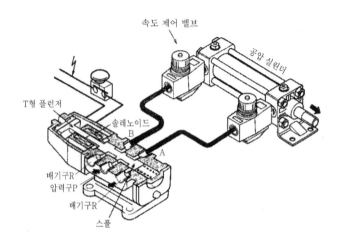

그림 4.13   5포트 밸브와 주변 기기와의 연결

는 공압이 밸브로 들어오는 입구이다. A포트와 B포트는 공압 실린더에 압축 공기를 보내거나 공압 실린더로부터 필요 없어진 압축 공기가 나오는 출입구이다. R은 공압 실린더에서 사용한 공압이 외부로 배출되는 곳이다.

현재 상태에서는 스프링에 의하여 스풀이 왼쪽으로 밀려 있는 상태이므로 압축 공기는 P와 A포트를 통하여 실린더의 오른쪽으로 들어가게 된다. 따라서 실린더 축은 움추린 상태가 된다. 그러나 전기를 입력하여 솔레노이드(solenoid, 전자석)를 작동하면 스풀은 오른쪽으로 밀려난다. 이렇게 되면 압축 공기 P와 B포트를 통하여 실린더의 왼쪽으로 들어가게 되고 실린더 축은 오른쪽으로 쭉 빠져나온 상태가 된다. 이때 A포트를 통하여 들어갔던 압축 공기는 A와 R포트를 통하여 밖으로 빠져 나온다.

4.5.3   절환 밸브의 심볼

그림 4.14는 절환 밸브를 포트 수와 위치 수에 의하여 분류하고 기호를 표시한 것이다.

◆ 심볼을 보면, P, A, B, R 등의 문자가 써 있는데, P는 공압이 들어오는 입구이다. A와 B는 액추에이터 등으로 나가는 출구이다. R은 배기구이다. 5포트 밸브인 경우는 R이 2개 있다. 상황에 따라 배기구를 R_1, R_2로 구분하기도 한다.

◆ 심볼 기호에서 네모 칸의 개수가 위치의 수이다. 그림은 모두 2위치 밸브이므로 칸 수가 2개이다.

분류	심볼	예
2포트 2위치 밸브	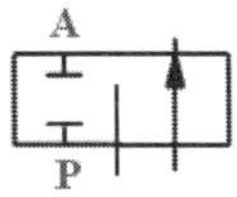	 
3포트 2위치 밸브	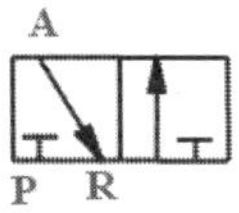	
5포트 2위치 밸브		

그림 4.14 2위치 밸브의 심볼과 예

◆ 심볼에서 P, A, B, R이 쓰여진 곳은 현재의 밸브 위치를 나타낸다. 대개 초기 위치를 표시한다. 5포트 2위치 밸브를 보면, 초기 위치에서는 P ⇨ A로 B ⇨ R로 공압이 흐르는 것을 알 수 있다.

4.5.4 절환 밸브의 분류

절환 밸브의 공기의 흐름을 제어하는 방식을 구분하는 가장 일반적인 방법은 공기가 출입하는 포트의 수가 몇 개인가로 구분하는 것이다. 즉 주요한 관과 접촉하는 포트의 수에 따라 2포트, 3포트, 4포트, 5포트로 나눈다. 또한 공기 흐름을 제어하는 방법이 몇 개이냐에 따라서 절환할 수 있는 상태가 결정되는데, 절환 상태가 2개이면 2위치 밸브, 3개이면 3위치 밸브로 부른다. 절환 상태가 4개, 5개가 되는 것은 가능하기는 하지만 잘 사용하지는 않는다.

❖ 2포트 밸브

2포트 밸브는 그림 4.15와 같이 입구 P포트와 출구 A포트에 의하여 단순히 공기를 보내고 정지시키는 기능만을 하는 밸브를 말한다.

❖ 3포트 밸브

3포트 밸브는 입구 P포트와 공압 액추에이터와의 연결구인 A포트뿐만 아니라 공기가

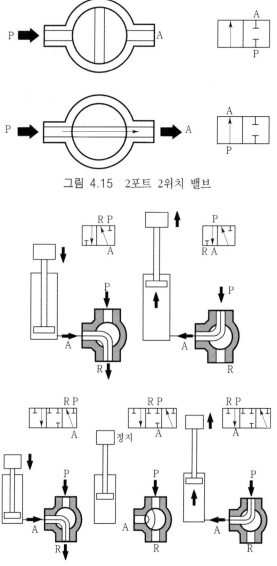

그림 4.15 2포트 2위치 밸브

그림 4.16 3포트 2위치(위)와 3포트 3위치(아래) 밸브

밖으로 배출되는 R포트도 있는 경우를 말한다. 그림 4.16은 2위치와 3위치의 3포트 밸브를 보이고 있다.

❖ 4포트 밸브

4포트 밸브는 그림 4.17과 같이 입구 P포트와 공압 액추에이터와의 연결구인 A포트, B포트가 있고 배기구 R이 있는 경우를 말한다.

❖ 5포트 밸브

5포트 밸브는 그림 4.18과 같이 입구 P포트와 공압 액추에이터와의 연결구인 A포트, B포트가 있고 배기구 R_1, R_2가 있는 경우를 말한다.

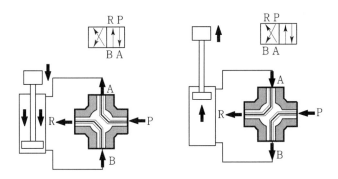

그림 4.17 4포트 2위치 밸브

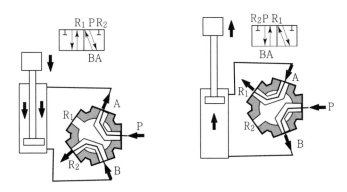

그림 4.18 5포트 2위치 밸브

4.5.5 절환 밸브의 작동 구조

절환 밸브를 작동하는 구조에 따라 다음의 3가지로 구분한다(그림 4.19).

❖ 스풀(spool) 밸브 : 원통형의 실린더에 골이 파진 스풀이 축 방향으로 이동함으로써 공기의 흐름을 바꾼다. 밸브 본체가 공압의 힘을 많이 받지 않아서 작은 힘으로도 절환이 가능하다. 스풀을 움직이는 동력원에 따라 다음과 같이 두 가지로 분류한다.

  ◆ 직동식 : 솔레노이드에 의하여 스풀을 직접 이동하는 방법이다. 공급되는 공압이 낮거나 진공인 상태에서도 동작하지만 솔레노이드 동작에 의한 전력 소비가 많다.

  ◆ 파일럿(pilot) 작동식 : 솔레노이드에 의하여 파일럿 밸브를 작동시켜 공압을 스풀의 한쪽 끝에 공급하여 스풀을 이동시키는 방법이다. 소비 전력이 적지만 일정 수준 이상의 공압이 공급되어야 작동하는 단점이 있다.

❖ 포펫(poppet) 밸브 : 구멍을 판으로 누르거나 떼어서, 막거나 여는 구조로 된 밸브이다. 마찰이 생길 만한 부분이 없어서 윤활이 필요하지 않고 수명이 길다. 그러나 유체의 압력이 밸브 본체에 걸리기 때문에 고압의 제어에는 적합하지 않다. 소형 밸브나 전자 밸브의 파일럿 밸브의 개폐에 많이 사용된다.

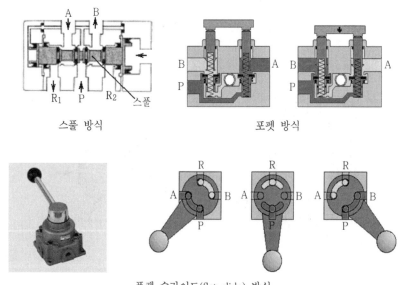

스풀 방식   포펫 방식

플랫 슬라이드(flat slide) 방식

그림 4.19 절환 밸브의 작동 구조

❖ 슬라이드(slide) 밸브 : 구멍을 미끄러져서 막거나 여는 구조이다. 밸브 본체에 접하여 움직이므로 윤활이 필요하다. 수동 절환 밸브에 사용된다.

스풀 밸브의 직동식은 그림 4.13과 같이 T형 플런지를 솔레노이드가 직접 당겨서 스풀을 이동하는 것이다.

파일럿 밸브를 이용하는 경우는 그림 4.20과 같이 오른쪽의 솔레노이드가 ON되면 플런저가 뒤로 당겨지고 플런저가 막고 있던 구멍이 열리면서 공압이 스풀의 오른쪽으로 들어간다. 오른쪽으로 들어간 공압에 의하여 스풀은 왼쪽으로 밀린다. 이렇게 되면 P에서 들어간 공압은 A로 나가고 B와 R_2가 연결되어 B쪽의 공압이 R_2로 빠져 나오게 된다.

오른쪽 솔레노이드가 OFF되고 왼쪽 솔레노이드가 ON되면 왼쪽의 플런저가 열리면서 공압이 왼쪽으로 공급된다. 따라서 스풀은 오른쪽으로 밀리게 된다. 그렇게 되면 공압은 P에서 B로 공급되고 A에 있던 공압은 R_1으로 빠져나오게 된다.

앞의 설명에서 스풀을 움직이는 동력원이 솔레노이드 밸브였는데, 솔레노이드 이외의 동력원을 사용할 수 있다. 작동 동력원에 따라 다음과 같이 분류한다.

◆ 전자식 : 솔레노이드에 의한 것이다.
◆ 공압식 : 솔레노이드의 역할을 또다른 공압에 의하여 작동하도록 한다. 어느 선로에 공압이 흐르면 그에 따라 방향 제어 밸브가 작동하도록 하는 것이다.

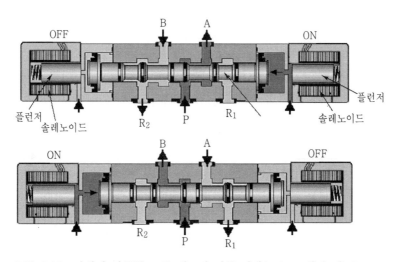

그림 4.20 파일럿 작동형 스풀 밸브의 작동 방법(5포트 2위치 밸브)

- ◆ 수동식 : 손이나 발로 작동시키는 밸브이다. 그림 4.19의 슬라이드 밸브가 그 예이다.
- ◆ 기계식 : 실린더 로드 등에 의하여 작동되는 밸브이다. 공압용 리밋 스위치 등이 여기에 해당한다.

동력원은 방향 제어 밸브의 양끝에 그림 4.21과 같이 표시한다. 동력원과 방향 제어 밸브를 함께 그린 예가 그림 4.22에 나타나 있다.

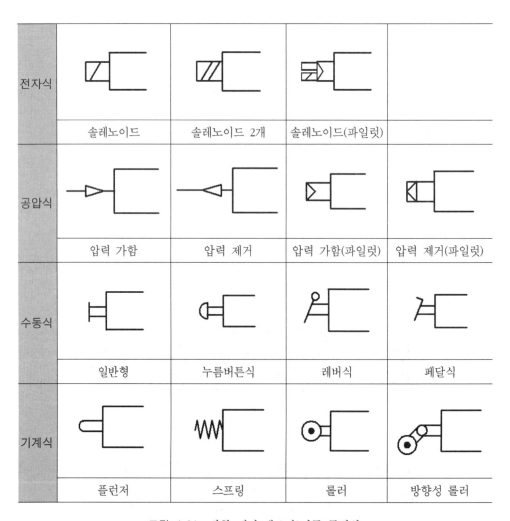

그림 4.21 방향 제어 밸브의 작동 동력원

분 류	KS 심볼	설 명
4포트 2위치 밸브 솔레노이드 : 1	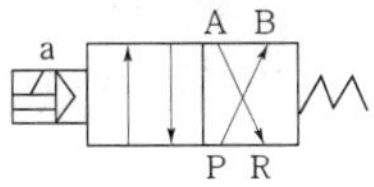	솔레노이드가 작동하지 않으면 스프링에 의하여 복귀된 위치에 있게 된다. P, A, B, R의 글자가 써진 위치가 복귀 위치이므로 P ⇨ B로 공압이 전달된다. 솔레노이드에 전기가 통하면 P ⇨ A로 공압이 전달된다.
5포트 2위치 밸브 솔레노이드 : 1	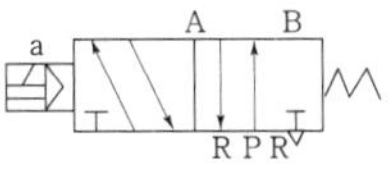	기본적으로 위와 같은데 배기구(R)이 2개인 것이 다를 뿐이다. 솔레노이드가 작동하지 않으면 스프링에 의하여 복귀된 위치에 있게 된다. P, A, B, R의 글자가 써진 위치가 복귀 위치이므로 P ⇨ B로 공압이 전달된다. 솔레노이드에 전기가 통하면 P ⇨ A로 공압이 전달된다.
5포트 2위치 밸브 솔레노이드 : 2	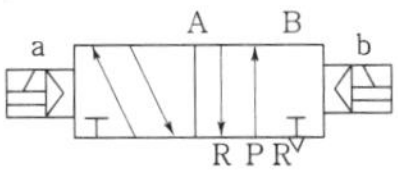	솔레노이드가 2개이다. 솔레노이드 a에 통전이 되면 P ⇨ B로 공압이 전달된다. 전기가 끊기면 스프링이 없으므로 복귀되지 않고 현재의 위치에 머무른다.
5포트 3위치 밸브 솔레노이드 : 2 ABR 접속	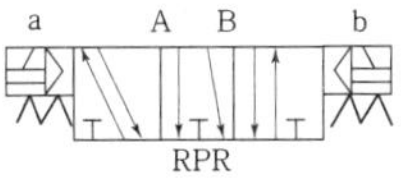	솔레노이드가 2개이고 3위치이다. 정전 시에 스프링에 의하여 가운데 위치에 정지한다. 가운데 위치에서는 A, B 모두 배기구 R과 연결되므로 공압이 빠져나온다. 통전되었을 때는 P ⇨ A 또는 P ⇨ B로 공압이 전달된다. 전기를 끊었을 때, 실린더에서 공압을 제거하고 싶은 경우에 사용한다.
5포트 3위치 밸브 솔레노이드 : 2		솔레노이드가 2개이고 3위치이다. 정전 시에 스프링에 의하여 가운데 위치에 정지한다. 가운데 위치에서는 모든 포트가 막힌다. 통전되었을 때는 P ⇨ A 또는 P ⇨ B로 공압이 전달된다. 실린더의 이동 중간에 정지하고 싶은 경우에 이 밸브를 사용하면 된다. 그러나 공압이기 때문에 정지한 위치에서의 정밀도는 좋지 않다.
5포트 3위치 밸브 솔레노이드 : 2	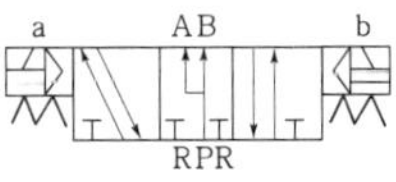	솔레노이드가 2개이고 3위치이다. 정전 시에 스프링에 의하여 가운데 위치에 정지한다. 가운데 위치에서는 A포트와 B포트에 모두 공압이 공급된다. 통전되었을 때는 P ⇨ A 또는 P ⇨ B로 공압이 전달된다. 실린더의 이동 중간에 정지하면서 실린더 양쪽에 가압을 하고 싶은 경우에 이 밸브를 사용하면 된다.

그림 4.22 솔레노이드 밸브에 의한 방향 제어 밸브의 여러 가지 예

그림 4.23은 시판되는 솔레노이드(전자식) 방향 제어 밸브의 예이다. 오른쪽 그림은 여러 개의 방향 제어 밸브가 필요한 경우에 공간을 절약하기 위하여 한꺼번에 모아놓은 것이다. 공압 입력라인 P와 배기라인 R을 공통으로 사용한다.

4/5포트 방향 제어 밸브

모듈 밸브

그림 4.23 시판되는 방향 제어 밸브의 예

4.5.6 메커니컬 밸브

절환 밸브는 앞의 예와 같이 솔레노이드에 의하여 공기의 흐름을 제어하는 것이 일반적이지만 사람의 힘이나 물체의 접촉, 다른 공기압(파일럿 공압) 등(그림 4.24)에 의하여 절환하는 경우도 있다. 이런 밸브를 메커니컬 밸브라고 한다. 그림 4.25는 여러 가지 메커니컬 밸브의 예이다.

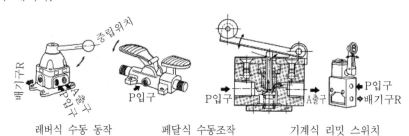

레버식 수동 동작   페달식 수동조작   기계식 리밋 스위치

마스터 밸브

그림 4.24 여러 가지 절환 밸브

그림 4.25 메커니컬 밸브의 예(SMC)

4.5.7 체크 밸브

체크 밸브는 공기가 거꾸로 흐르는 것을 방지하기 위한 밸브이다. 즉 공압이 정지한다고 하여도 다른 곳에는 영향을 미치지 않도록 하는 경우에 사용한다. 공기 압축기는 항상 작동하는 것이 아니고 공기 압력이 일정 수준 이상이 되면 멈추도록 되어 있는데 이 경우에 공기 탱크에 있던 압축 공기가 거꾸로 흘러 압축기 방향으로 오는 것을 방지하는 경우에 사용한다.

대개는 스프링을 이용하여 압축 공기가 흐르는 경우에는 스프링을 밀고 들어가게 되고 압축 공기의 공급이 끊긴 경우에는 스프링이 입구를 막아서 거꾸로 흐르는 것을 방지하고 있다. 그림 4.26은 체크 밸브의 예이다.

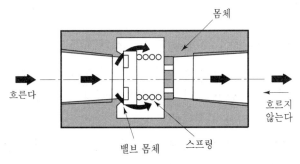

그림 4.26 체크 밸브

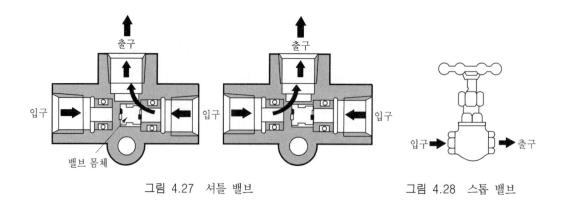

그림 4.27 셔틀 밸브   그림 4.28   스톱 밸브

4.5.8 셔틀 밸브

셔틀 밸브는 두 개 이상의 입구에서 들어온 압축 공기가 한 개의 출구로 출력되는 밸브
이다. 여러 개의 입구 중에서 압력이 높은 쪽의 입구에서 압축 공기가 유입되고 나머지
입구는 자동으로 막히도록 되어 있다. 이것은 체크 밸브 두 개를 붙여 놓은 것이라고 생
각하면 된다. 논리적으로는 둘 중에 하나만 작동하면 되는 OR회로이다. 그림 4.27은 입구
가 두 개인 셔틀 밸브의 예를 보이고 있다.

4.5.9 스톱 밸브

스톱 밸브는 수동으로 공압을 열고 닫는 밸브이다. 드레인을 배출하는 경우에 스톱 밸
브를 닫고 드레인 밸브를 열게 된다. 스톱 밸브는 수분에 의하여 녹슬기 쉬운 위치에 있
으므로 황동으로 만드는 것이 일반적이다. 그림 4.28은 스톱 밸브이다.

4.6 액추에이터

액추에이터는 공압을 이용하여 직선 운동이나 회전 운동을 하도록 만들어진 장치이다.
공압 액추에이터는 직선 운동을 하는 공압 실린더와 요동 운동을 하는 요동형 액추에이터,
회전 운동을 하는 공압 모터 등이 있다. 이 중에서 공압 실린더는 구조가 간단하여 운동
을 이해하기 쉬우므로 가장 많이 사용된다.

공압 실린더는 직선 왕복 운동을 하는데 실린더의 한쪽 포트에 공압을 넣으면 반대 쪽
으로 축이 움직이고 다른 쪽으로 공압을 넣으면 되돌아오는 구조를 가지고 있다. 대부분의

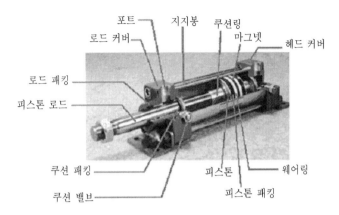

포트 지지봉 쿠션링

로드 커버 마그넷 헤드 커버

로드 패킹

피스톤 로드

쿠션 패킹 피스톤 웨어링

쿠션 밸브 피스톤 패킹

그림 4.29 실제의 공압 실린더를 1/4 절단하여 내부 구조를 표시한 예

경우 공압을 한쪽에 넣어 반대쪽에 다다를 때까지 넣게 되고 반대의 경우도 일정 위치까지 올 때까지 공압을 넣게 된다. 따라서 하나의 실린더라면 두 위치에서 왕복하는 운동을 하게 되는 것이 일반적이다. ON/OFF 운동에 의하여 물체의 반송(handling), 구멍 뚫기, 나사 조임, 클램프 등의 동작을 할 수 있어 공작 기계나 핸들링 로봇 등에 이용되고 있다.

최근에는 피드백 제어에 의하여 실린더의 중간 위치에서 정지하는 공압 실린더 시스템도 개발되어 로봇 팔 등에 이용되고 있으나 정도가 전기 모터나 유압을 사용하는 것에 비하여 많이 떨어진다.

공압 실린더는 운동 방법에 따라 복동 실린더와 단동 실린더로 구분할 수 있다. 복동 실린더는 피스톤의 전진과 후진을 공압에 의하여 할 수 있도록 한 것이다. 그에 반하여 단동 실린더는 한쪽 방향은 공압에 의하여 움직이지만 복귀할 때는 실린더에 내장된 스프링 등의 힘에 의하여 움직인다. 그림 4.29는 복동 실린더를 잘라서 내부를 보인 것이다.

4.6.1 복동 실린더

공압 실린더 중에서 복동 실린더는 그림 4.30과 같은 구조를 보인다. 양쪽에 있는 포트 중에 한쪽에 공압을 불어넣으면 피스톤 축(rod)이 움직이도록 되어 있다. 한쪽 포트로 공압이 들어오는 경우에는 다른 한쪽은 반드시 공압이 빠져나가도록 하여야 한다. 이러한 역할은 절환 밸브에 의하여 이루어지도록 하고 있다. 복동 실린더는 전진 운동뿐만 아니라 후진 운동에서도 일을 하여야 할 경우에 사용되며, 피스톤 로드의 구부러짐(buckling), 휨(bending)

을 고려하여야 한다. 그러나 실린더의 행정거리는 원칙적으로 제한 받지는 않는다.

복동 실린더는 실린더의 운동속도가 빠르거나 실린더로 무거운 물체를 움직일 때에는 관성으로 인한 충격으로 실린더가 손상을 입게 되는데 이것을 방지하는 것이 쿠션 동작이다.

❖ 쿠션 동작

한쪽 포트로 공압이 들어간 경우에 피스톤이 공기 압력에 의하여 다른 한쪽으로 밀리게 되는데 이 경우에 피스톤이 부딪히는 소음과 진동이 나게 된다. 이것을 방지하는 장치가 쿠션(cushion) 링과 팩킹이다. 피스톤이 한쪽 끝에 부딪히기 전에 쿠션 링과 쿠션 팩킹이 맞닿게 되고 그렇게 되면 팩킹이 공기가 배출되는 것을 막아 피스톤과 쿠션 팩킹 사이에 공기가 차 있어서 쿠션의 역할을 하게 된다. 그 후에 쿠션 밸브를 통해서 공압이 서서히 빠져나가게 된다(그림 4.31).

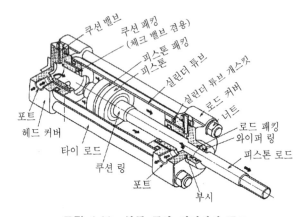

그림 4.30 복동 공압 실린더의 구조

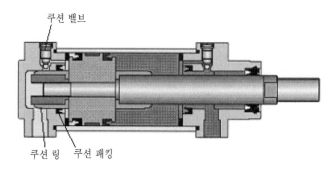

그림 4.31 쿠션 작용의 예

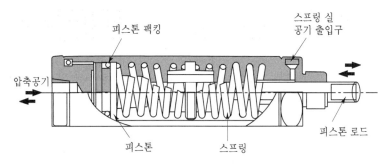

그림 4.32 단동 공압 실린더의 구조

4.6.2 단동 실린더

단동 실린더는 그림 4.32와 같이 공압의 출입구가 하나인 공압 실린더를 말한다. 한쪽으로 공기를 들여보내고 내보냄에 따라서 축이 왕복 운동을 하도록 되어 있다. 한 방향 운동에만 공압이 사용되고 반대 방향의 운동은 스프링이나 자중 또는 외력으로 복귀된다. 일반적으로 100 mm 미만의 행정 거리로 브레이크(brake), 클램핑(clamping), 프레싱(pressing), 이젝팅(ejecting), 이송 등에 사용된다.

4.6.3 팬케이크형 실린더

왕복 운동을 하는 로드 움직임의 양이 크지 않는 경우, 불과 몇 mm만 움직이면 되는 경우에는 피스톤 방식을 사용하지 않고 그림 4.33과 같이 유연한 판(팬 케이크)으로 로드를 지지하게 하고 로드를 진행시키고 싶은 반대 방향에 공압을 넣어서 판이 움직이게 하여 로드를 움직이도록 한다. 그림의 예는 단동 타입이므로 스프링에 의하여 복귀된다. 이와 같은 방식을 팬케이크형 실린더라고 한다. 그림 4.34는 공압 실린더의 기호이다. 그림 4.35는 공압 실린더의 예이다.

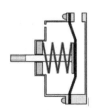 

그림 4.33 팬케이크형 실린더의 내부 구조의 예

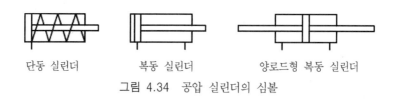

단동 실린더   복동 실린더   양로드형 복동 실린더

그림 4.34 공압 실린더의 심볼

표준형 에어 실린더   대형 에어 실린더

팬케이크형   테이블 부착 에어 실린더

가이드 부착 에어 실린더   스토퍼 실린더(컨베이어용)

그림 4.35 다양한 공압 실린더의 예(TPC)

4.6.4 피스톤의 추진력

피스톤의 추진력을 계산하여 보자. 공압을 표시하는 단위 면적당 작용하는 힘으로 나타

낸다. 이것을 식으로 나타내면 다음과 같다.

$$P = F/A$$

   P : 압력 Kgf/cm^2

   F : 힘 Kgf

   A : 단면적 cm^2

   1 Pa : 1 m^2 의 면적에 1 N의 힘이 작용할 때의 압력

   1 bar = 100,000 Pa, 5 bar = $0.5 \times 1,000,000$ Pa = 0.5 MPa

   1 Kgf/cm^2 = 0.981 bar

만일 공압 실린더의 내경이 50 mm이고 사용공압이 0.5 MPa인 경우에 피스톤의 추진력은 다음과 같이 구할 수 있다.

   $P = 0.5$ MPa

   $A = 3.14 \times 50^2/4 = 1960 (\text{mm}^2)$

   $F = 1960 \times 10^{-6} (\text{m}^2) \times 0.5 \times 10^{-6} (\text{N/m}^2) = 981 (\text{N})$

4.6.5 실린더의 고정 방법

공압 실린더를 고정하는 방식은 다음과 같이 5가지 방법이 있다(그림 4.36).

◆ 풋(foot)형 : 실린더의 양끝을 바닥에 고정한다. 실린더가 완전히 고정된다. 부하의 운동 방향과 피스톤의 운동 방향이 평행한 경우에 사용하는 방식이다.

◆ 플랜지(flange)형 : 실린더의 한쪽에 플랜지를 장착하여 그 부분을 고정하는 방식이다. 플랜지는 로드가 나오는 방향에 장착할 수도 있고, 반대편에 장착할 수도 있다. 부하의 운동 방향과 피스톤의 운동 방향이 평행하여야 한다.

풋형   플랜지형   클레비스형   트러니언 형

그림 4.36 공압 실린더의 고정 방법

- 클레비스(clevis)형 : 한쪽 끝이 U자형 고리에 의하여 고정되도록 하여 실린더가 움직일 수 있도록 고정하는 방식이다. 피스톤의 움직임과 부하의 움직임이 평행하지 않고 평면상에서 임의의 방향으로 움직이는 경우에는 실린더를 이 방법으로 고정하여야 한다.

- 트러니언(trunnion)형 : 실린더의 중간을 U자형 고리로 고정하여 실린더가 움직일 수 있도록 고정하는 방식이다. 클레비스형과 같이 피스톤의 움직임과 부하의 움직임이 평행하지 않고 평면상에서 임의의 방향으로 움직이는 경우에는 실린더를 이 방법으로 고정하여야 한다. 고정하는 공간의 여유를 보고 어느 방법을 택할 것인지 결정한다.

4.6.6   실린더 사용의 주의점

공압 실린더 사용의 주의점은 다음과 같다.

- 부하의 운동과 공압 실린더의 축의 방향이 평행하도록 한다. 평행하지 않은 경우에는 클래비스나 트러니언 방식의 실린더 고정 방법을 고려하여 본다.

- 공기 압력이 떨어졌을 때를 대비하여 브레이크 장치 등을 달아 안전사고를 미연에 방지한다.

- 스트로크(stroke)가 길 때에는 피스톤 로드가 휘는 것을 방지하기 위하여 가이드 부시(bush) 등을 달도록 한다.

- 청정하고 윤활유가 함유된 압축 공기를 공급하도록 한다.

4.6.7   로드레스 실린더

공압 실린더는 실린더와 로드를 위한 공간이 모두 필요하므로 로드가 실린더에서 완전히 나온 경우, 실린더와 로드의 길이는 운동거리의 2배 이상이 되어야 한다. 이런 불합리한 것을 해결한 것이 로드리스 실린더이다. 이것은 운동 거리보다 약간 더 긴 공간만 있으면 설치할 수 있어서 공간을 절약할 수 있다. 로드레스 실린더는 자석 커플링 방식과 기계 커플링 방식이 있다(그림 4.37).

자석 커플링 방식

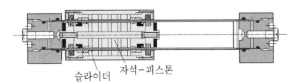

슬라이더 자석-피스톤
자석 커플링 방식의 내부 구조

기계 커플링 방식

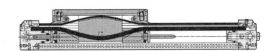

기계 커플링 방식의 내부 구조

그림 4.37 로드레스 실린더(CKD)

- ◆ 자석 커플링 : 실린더의 내부에 강한 자성을 띤 피스톤이 있어서 공압이 들어오는 방향에 따라 피스톤이 움직이게 된다. 실린더의 외부에는 슬라이더가 있는데 이것은 피스톤의 자성을 따라 움직이도록 되어 있다.
- ◆ 기계 커플링 : 실린더 내부에 피스톤이 움직이는 것은 자석 커플링 방식과 같다. 실린더의 일부가 터져 있어서 슬라이더와 피스톤은 직접 연결되어 있다. 그림과 같은 구조의 벨트가 공압이 빠져나가는 것을 방지하고 있다.

4.6.8 요동형 액추에이터

요동형 액추에이터는 공압을 이용하여 축을 일정 각도 회전하고 되돌아오는 것을 반복하는 장치를 말한다. 그림 4.38과 같이 공압에 의하여 날개(베인, vane)를 밀어서 축을 회

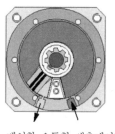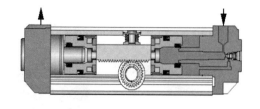

베인형 요동형 액추에이터 | 랙과 피니언형 요동형 액추에이터

그림 4.38 요동형 액추에이터의 구조

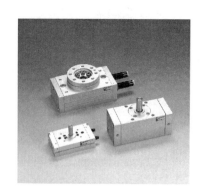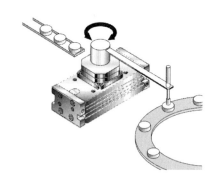

그림 4.39 요동형 액추에이터(랙과 피니언형)와 이용 예(TPC)

전시키는 장치와 랙과 피니언에 의하여 요동시키는 장치가 있다. 그림 4.39는 요동형 액추에이터의 실제 사진과 이용 예를 보이고 있다.

4.6.9 공압 모터

공압 모터는 공압을 이용하여 축을 회전시키는 것으로 전기 모터와 같은 역할을 하는 것을 말한다. 이 모터는 공압 기기 중에도 오랜 역사를 가진 것으로 폭발성 가스나 먼지 등이 많은 화학 플랜트나 광산, 선박 등에서 폭넓게 사용되고 있다. 공장에서는 연삭 공구, 컨베이어, 교반기 등에 많이 사용되고 있다.

공압 모터는 피스톤 타입과 베인 타입이 있다. 피스톤 타입은 공압 실린더 3개를 교대로 작동시켜 크랭크 샤프트에 의하여 축을 회전시키는 것이다. 베인 타입은 그림 4.40과 같이 움직이는 날개(베인)가 있고 이 날개를 공압으로 밀어서 회전하도록 하는 것이다.

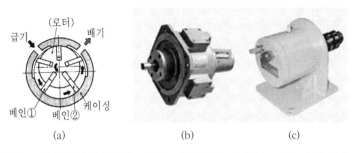

그림 4.40 공압 모터의 작동원리(a)와 피스톤 타입 공압 모터(b), 베인 타입 공압 모터(c)의 예

그림 4.41 공압용 그리퍼의 예(Festo)

4.6.10 공압용 그리퍼

공압은 조립 공정이나 자재의 핸들링(material handling) 공정에서 유용하게 사용할 수 있다. 이런 공정에서는 원하는 부품을 잡는 방법이 있어야 하는데 이때 사용하는 것이 그리퍼(gripper)이다. 산업용 로봇이 조립 공정에 투입된다고 할 때 로봇의 손끝에는 부품을 잡는 장치인 그리퍼를 부착한다[산업용 로봇의 손끝에 부착하는 여러 가지 장치를 엔드 이펙터(end effecter)라고 한다. 용접 토치를 붙이면 용접 로봇으로 사용할 수 있고, 그리퍼를 붙이면 핸들링 로봇으로 사용할 수 있다]. 그림 4.41은 공압용 그리퍼의 예를 보이고 있다. 위쪽은 실제의 모양이고 아래쪽은 내부가 보이도록 한 그림이다.

4.6.11 보조 기기

공압 실린더와 관련 있는 보조 기기는 소음기, 오토 스위치, 스피드 컨트롤러 등이다.

◆ 소음기 : 공압이 빠져나올 때 발생하는 소음을 방지하기 위하여 공압의 출구에 부착한다. 대개는 방향 제어 밸브 이후에 부착한다. 소음기는 합성수지나 구리 등에 미세한 구멍이 뚫린 형태이다. 소음을 완전히 없애주지는 못하고 약화시키기만 한다(그림 4.42).

◆ 오토 스위치 : 그림 4.43과 같은 소형의 스위치로서 피스톤이 움직인 것을 감지하는 센서이다. 피스톤에 자성의 물질을 부착하고 실린더 외부에 리드 스위치를 설치한다. 피스톤이 리드 스위치 근처에 오면 감지할 수 있게 된다.

◆ 스피드 컨트롤러 : 실린더에 들어가는 공압이 크면 피스톤의 속도가 빠르기 때문에 공압을 조정하여 속도를 제어하는 것이 스피드 컨트롤러이다. 실린더의 입구에 직접 부착하기도 하고, 공압 배선의 중간에 달기도 한다(그림 4.44).

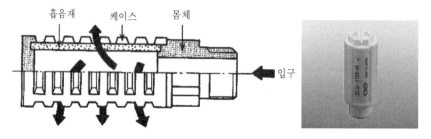

그림 4.42 소음기(CKD)

그림 4.43 오토 스위치(TPC)

◆ 압력계 : 공압 배선을 흐르는 공기의 압력을 측정하는 기기이다. 요즘은 디지털 압력계를 많이 사용한다. 원하는 압력 이하로 떨어진 경우에는 그 신호를 PLC 등에서 받아서 경고등을 켜거나 사이렌을 울려 사고를 미연에 방지한다(그림 4.45).

4.7 공압을 이용한 위치 제어

이론적으로 '원하는 위치에 실린더가 가면 그 위치에서 실린더의 움직임을 멈춘다'고 생각할 수 있다. 이를 이용하여 공압을 이용하여 위치 제어하려는 시도를 하고 있다. 공압 실린더를 이용한 위치 제어에서 근본적인 문제가 되는 것은, 정지하였을 때 공압의 특성 때문에 실린더가 좌우로 밀릴 수 있다는 것이다. 가벼운 물건을 이동시키는 핸들링 로봇의

그림 4.44 스피드 컨트롤러(TPC)

그림 4.45 디지털 압력계(TPC)

한 축으로 사용할 수 있지만 반복 정밀도(repeatability)는 +/- 2 mm 정도이다.

그림 4.46은 엔코더가 내장된 공압 실린더를 보이고 있다. 그림 4.47은 엔코더 내장 공압 실린더를 이용하여 다축 시스템을 구성하는 경우에 컨트롤러와 위치 제어를 위한 비례제어 밸브, 공압 실린더를 어떻게 인터페이스할 수 있는가를 보이고 있다.

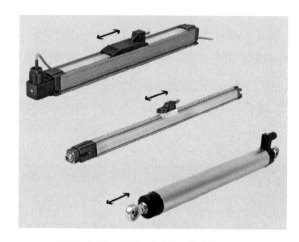

그림 4.46 위치 제어용 실린더(Festo)

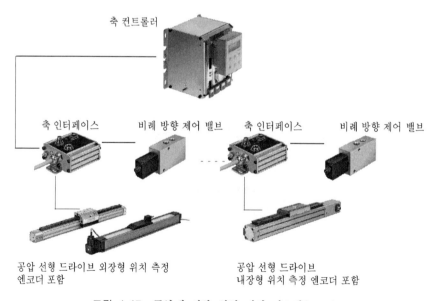

축 컨트롤러

축 인터페이스   비례 방향 제어 밸브   축 인터페이스   비례 방향 제어 밸브

공압 선형 드라이브 외장형 위치 측정   공압 선형 드라이브
엔코더 포함   내장형 위치 측정 엔코더 포함

그림 4.47 공압에 의한 위치 제어 시스템(Festo)

4.8 공압 회로

앞에서 방향 제어 밸브와 공압 실린더를 KS심볼로 어떻게 표시하는가를 알아보았다. 이들 기호들을 이용하여 체계적으로 움직이는 공압 시스템의 회로를 어떻게 작성하는가를 알아보자. 배우지 않은 심볼의 설명은 부록5에 나타나 있으므로 참조하기 바란다. 그림 4.48은 간단한 공압 회로의 예이다.

◆ 맨 아래는 공압이 공급되는 라인이다. 공급된 라인에 공기압 조정유닛이 있다.

◆ 맨 위에는 복동 실린더가 있다.

◆ 중간에는 여러 가지 방향 제어 밸브가 있다. 위에 있는 방향 제어 밸브는 공기압 작동식으로 아래로부터 공급되는 공압에 따라 공압의 방향을 바꾼다.

◆ 아래의 왼쪽에 있는 방향 제어 밸브는 누름버튼식 수동밸브이고 가운데 있는 것은 페달식 밸브인데 이 두 개의 밸브는 위의 셔틀 밸브에 의하여 합쳐진다. 즉 OR회로로 동작된다.

◆ 현재의 상태에서는 공압이 아래에서 위쪽에 있는 방향 제어 밸브를 통하여 복동 실린더의 오른쪽으로 공급된다. 따라서 실린더의 로드는 후진한다.

◆ 아래의 오른쪽에 있는 방향 제어 밸브가 작동되면 실린더는 후진한다. 아래의 왼쪽, 가운데 두 방향 제어 밸브에 의하여 실린더의 전진이 결정된다.

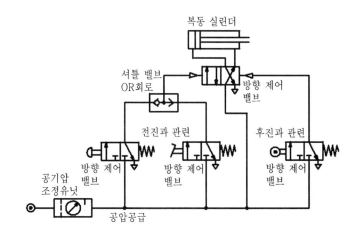

그림 4.48 공압 회로의 예

공압에 의하여 일반적인 논리 회로를 작성할 수 있다. 여기서는 OR회로만 보이고 있는데 AND 회로, 자기유지회로 등 PLC에서 배운 논리회로가 가능하다. 그러나 논리를 바꾸려면 공압 배선을 바꾸어야만 한다. 논리가 복잡한 경우에는 PLC에서 논리를 계산하고 PLC에서 나오는 신호로 방향 제어 밸브의 솔레노이드를 작동시켜서 공압 실린더를 움직이도록 한다.

4.9 공압 기기의 응용

공압의 응용 분야는 날이 갈수록 넓어지고 있다. 농업에서 광산, 화학 공업, 유리 공업, 기계 공업 등에 이르기까지 다양한 응용 분야를 갖고 발전하고 있다. 공압 시스템이 자재 핸들링에 이용되는 경우에 사용되는 모듈들을 미리 제작하여 표준품으로 판매하는 경우도 있다. 그림 4.49와 그림 4.50은 자재 핸들링 로봇/자재 이송시스템을 제작하기 위한 모듈의 예를 보이고 있다.

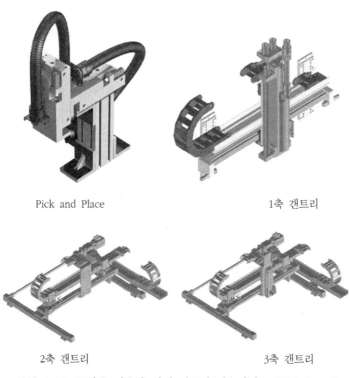

Pick and Place   1축 갠트리

2축 갠트리   3축 갠트리

그림 4.49 공압을 이용한 자재 핸들링 시스템의 모듈(1) (Festo)

이와 같은 모듈을 이용하여 여러 가지 자동화 시스템을 구축할 수 있다. 그림 4.51은 공압을 판재의 이송에 응용하는 예를 보이고 있다.

- ◆ 쌓여진 판넬이 들어오면 센서가 감지하여 오른쪽의 컨베이어 벨트를 멈춘다. 쌓여진 판넬이 모두 이송되면 센서가 꺼져서 다음 판넬 더미가 이송된다.
- ◆ 로드레스 실린더를 움직여 진공흡착 장치가 판넬이 쌓여진 곳으로 이동한다.
- ◆ 진공흡착한 후 공압 실린더를 후퇴시켜 판넬을 위로 올린다.

그림 4.50 공압을 이용한 자재 핸들링 시스템의 모듈(2)(CKD)

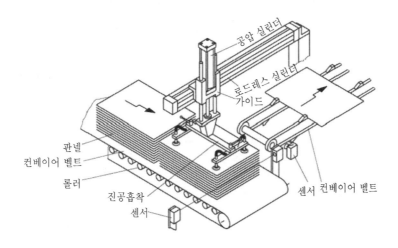

그림 4.51 판넬 이송 자동화 시스템(인터넷에 있는 Festo의 자료를 편집한 것임)

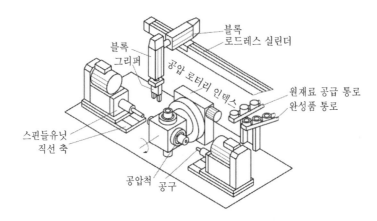

그림 4.52 공압을 이용한 자동 기계가공 시스템(인터넷에 있는 Festo의 자료를 편집한 것임)

◆ 로드레스 실린더를 이동하여 두 번째 컨베어 밸트로 가서 공압 실린더를 전진하고, 진공흡착을 풀어서 판넬을 내려 놓는다.
◆ 이 동작을 반복한다.

그림 4.52는 기계 가공을 자동화한 예이다. 로터리 인덱스가 90° 회전할 때마다 완제품이 1개씩 만들어진다.

◆ 로터리 인덱스를 시계 방향으로 90° 회전한다.
◆ 로터리 인덱스의 위쪽에서 완성된 작업물을 잡아서 완성품 통로에 놓고 공급 통로에서 그리퍼를 이용하여 원재료를 집어서 공압 로터리 인덱스의 위쪽에 이동하여 놓고 공압척으로 그 부품을 잡는다.
◆ loading/unloading이 일어나는 동안에 양쪽의 스핀들 유닛에 의하여 원재료를 가공한다.
◆ 이것을 반복한다.

그림 4.53은 접착제를 작업물에 원형으로 도포하는 시스템이다.

◆ 두 개의 스토퍼 실린더를 후퇴시키고 이송라인을 오른쪽으로 이송한다. 일정시간이 지나면(센서를 사용하여도 됨) 스토퍼를 전진시키고 이송라인을 움직여 작업대가 스토퍼에 의해 서도록 한다.
◆ 리프팅 실린더를 전진시켜 로터리 액추에이터가 작업대를 돌릴 수 있도록 한다.

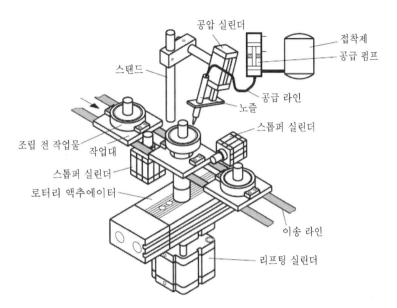

공압 실린더
접착제
공급 펌프
스탠드
공급 라인
노즐
스톱퍼 실린더
조립 전 작업물
작업대
스톱퍼 실린더
로터리 액추에이터
이송 라인
리프팅 실린더

그림 4.53   공압을 이용한 접착제 자동 도포 시스템(인터넷에 있는 Festo의 자료를 편집한 것임)

◆ 노즐을 접근시키기 위한 실린더를 전진시키고, 접착제 공급펌프를 ON한 다음, 로터리 액추에이터를 회전시키면 원하는 부분에 원형으로 접착제가 도포된다.
◆ 한 바퀴 회전하면 로터리 액추에이터를 멈추고 접착제 공급펌프를 OFF하고 노즐을 후퇴시킨다.
◆ 리프팅 실린더를 후퇴시킨다.
◆ 이를 반복한다.

그림 4.54는 팰릿에 (5×5)개를 자동으로 적재하는 시스템이다.

◆ 오른쪽 5개의 스톱퍼를 모두 전진시킨다.
◆ 스톱퍼에 닿을 때까지 롤러 컨베이어를 동작시킨다. 이때 팰릿 가이드롤러가 팰릿의 아랫부분의 홈에 들어간다.
◆ 로드레스 실린더를 왼쪽으로 움직인다.
◆ 진공흡착컵을 켜고 리프팅 유닛을 아래로 내려서 5개의 제품을 잡는다. 리프팅 유닛을 올린다.
◆ 컨베이어 벨트가 움직이고 제품이 스톱퍼에 닿으면 5개를 다시 집어갈 준비가 된다.

- 로드레스 실린더를 오른쪽으로 움직인다.
- 리피팅 유닛을 내리고 진공흡착컵을 꺼서 5개의 제품을 내려놓는다.
- 롤러 컨베이어에 있는 스톱퍼 하나를 후퇴시키면 팰릿이 그만큼 이동한다.
- 이렇게 5개의 제품씩 5번을 이송한 다음 스톱퍼 5개 모두를 후퇴시킨 후 적재된 팰릿을 내보낸다.
- 이를 반복한다.

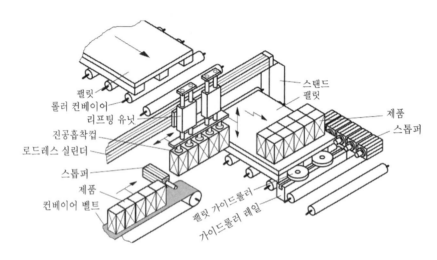

그림 4.54 팰릿에 제품 (5×5)개를 자동으로 적재하는 시스템(인터넷에 있는 Festo의 자료를 편집한 것임)

〈참고 문헌과 인터넷 사이트〉

나까니시 고지(저) 신정식(역), 『공기압 회로도 입문』, 성안당, 1990.

Werner Deppert, Kurt Stoll(저), 한국 훼스토 (역), 『원가 절감을 위한 공압 응용 기술』, 성안당, 1988.

SMC Korea, *Best Pneumatics* (2nd Ed), SMC Korea

김상진(편역), 『제어회로에 의한 자동화 기구』, 성안당, 1990

93공장자동화 기술 세미나, 첨단, 1993

Miura Hirohumi, *Mechatronics Handbook(Japanese)*, Ohmsha, 1996.

www.festo.co.kr

www.comphs.co.kr

www.tpcpage.co.kr

www.ckd.co.jp

www.smc.co.jp

연습 문제

1. 공압 시스템의 구성을 쓰라.
   ① 공압 발생장치
   ② (   )
   ③ (   )
   ④ 제어부
   ⑤ (   )

2. 공압 발생장치의 종류와 장단점을 나열하라.

3. 공압 시스템에서 냉각기가 필요한 이유는 무엇인가?

4. 공압 시스템에서 필터나 루브리케이터가 없다면 어떤 문제가 발생할 수 있겠는가?

5. 컴비네이션 장치의 구성을 쓰라.

6. 방향 제어 밸브에서 '위치'와 '포트'의 의미를 설명하라.

7. 방향 제어 밸브를 구동시키는 작동 동력원을 나열하고 그를 나타내는 심볼을 그려라.

8. 5포트 2위치 방향 제어 밸브를 그림(기호가 아님)으로 그려서 작동원리를 설명하라.
   (P, A, B, R1, R2를 표시할 것)

9. 공압실린더에서 쿠션 효과가 나타나는 원리를 그림을 그려서 설명하라.

10. 절환 밸브의 작동방식인 스풀 방식, 포펫 방식, 슬라이드 방식을 설명하라.

11. 방향 제어 밸브에서 스풀을 움직이는 직접적인 힘이 솔레노이드가 아닌 공압인 것을 파일럿 밸브 방식이라 한다. 이때 스풀이 움직이는 원리를 설명하라.

12. 셔틀 밸브와 체크 밸브의 원리를 설명하라.

13. 메커니컬 밸브는 무엇이고 어떤 종류가 있는지 설명하라.

14. 요동형 액추에이터를 나열하고 설명하라.

15. 한 바퀴 이상을 회전할 수 있는 요동형 액추에이터의 예를 조사하라.

16. 단동 실린더에서 한쪽 방향으로는 공압의 힘에 의하여 움직인다면 다른 한쪽으로 움직이는 힘은 무엇인가?

17. 실린더의 전진 속도를 조절하는 방법은 무엇인가?

18. 무게가 50 Kg인 물체를 공압 실린더로 들어올려야 한다. 이때 사용할 공압이 5 bar 라면 사용할 실린더의 내경은 적어도 얼마 이상이어야 하는가?

19. 실린더를 고정하는 방법을 나열하고 각각 어떤 특징이 있는지를 기술하라.

20. 로드레스 실린더의 작동원리를 설명하라.

21. 공압 모터의 종류를 나열하라.

22. 공압 실린더와 전자식 방향 제어 밸브를 기호로 나타내라.

5장 모터

5.1 개요

공장자동화에서 모터는 공압용 실린더와 함께 많이 사용되는 액추에이터 중의 하나이다. 모터는 단순한 회전을 위한 것에서부터 산업용 로봇이나 공작기계를 움직이기 위한 정밀한 모터까지 다양한 제품이 개발되어 있다. 마이크로프로세서와 파워 일렉트로닉스에 관련한 기술이 발전하면서 모터는 전기뿐만 아니라 전자와도 밀접한 관계를 가지게 되었다. 일상생활에서 볼 수 있는 모터는 다음과 같다.

- 스테핑 모터 : 프린터나 소형 로봇
- DC 모터 : 장난감인 소형 자동차에 사용되는 모터
- BLDC 모터 : 최근의 세탁기나 냉장고, 에어컨용 모터
- 유도전동기 : 정미소, 떡집, 방앗간 등에서 사용하는 저렴한 모터
- 동기모터 : 산업용 로봇이나 NC 공작기계용 모터

이 중에서 제어용으로 사용되는 모터는 흔히 서보모터라고 하는데 다음의 종류가 사용된다.

- 스테핑 모터 : 프린터, 복사기, 팩스 등의 OA기기에 많이 사용
- DC 서보모터 : 유지보수가 반드시 필요하기 때문에 요즘은 좀처럼 사용되지 않음
- AC 서보모터
  - ▶ BLDC 서보모터 : 동기형 서보모터가 보편화되기 전에 사용되던 방법

▶ 유도형 서보모터 : 유도 전동기를 서보모터 같이 제어하는 것으로 대용량의 제
어용 모터, NC선반의 주축 모터 등에 사용됨
▶ 동기형 서보모터 : 산업용 로봇이나 NC 공작기계용 제어용 모터

본 장에서는 각각의 모터의 구동원리와 사용 예를 광범위하게 살펴본다. 이 중에서 제어용으로 사용할 수 있는 모터에 대하여 자세히 다루어 보도록 한다.

5.2 스테핑 모터

5.2.1 개요

스테핑(stepping) 모터는 스텝(step) 모터 또는 펄스(pulse) 모터, 스테퍼(stepper) 모터 등으로도 불린다. 스테핑이라는 말의 뜻에서도 알 수 있는 것과 같이 이 모터는 주어진 신호에 의하여 스텝 각이라는 정해진 각도로 한 단계씩 움직인다. 이 모터의 특징은 주어진 펄스의 수에 대응하여 회전하여 원하는 회전각만큼 회전하고 펄스가 얼마나 빠른 속도로 입력되느냐에 따라서 회전 속도가 결정된다. 스테핑 모터는 위치검출기(encoder)를 이용하지 않아도(open loop control) 높은 정밀도의 신뢰성 있는 운전이 가능하다. 디지털 신호에 의한 직접 제어가 가능하여, 회전각도와 속도를 펄스 신호에 의하여 제어할 수 있다.

스테핑 모터가 펄스 신호에 의하여 회전각도(위치)와 속도를 제어할 수 있음을 살펴보자. 1회전하기 위해서는 500펄스가 필요한 모터를 이용하는 경우에 그림 5.1과 같이 각도 제어를 할 수 있다. 한 펄스가 입력될 때마다 360/500 = 0.72°만큼 회전한다(그림 5.2).

입력 펄스 수	펄스 모양	회전각도(°)
1펄스		0.72°
2펄스	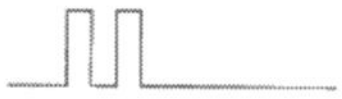	1.44°
500펄스		360°

그림 5.1   500 펄스/rev 스테핑 모터를 사용하는 경우에 입력된 펄스와 회전각도의 관계

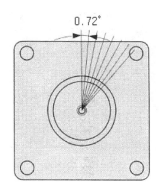

그림 5.2 스테핑 모터의 입력 펄스당 회전각도의 예

초당 입력 펄스 수	펄스 모양	rpm
500 Hz		60 rev/min
1000 Hz		120 rev/min
5000 Hz	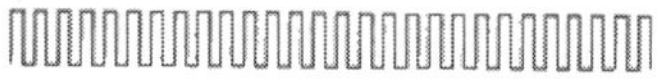	600 rev/min

그림 5.3 500 펄스/rev 스테핑 모터를 사용하는 경우에 입력된 펄스의 Hz와 모터의 회전 속도의 관계

산술적으로 입력된 펄스 수에 0.72를 곱하면 회전한 각도가 나온다. 스테핑 모터의 펄스당 회전각도는 0.72°뿐만 아니라 1.8°, 3.6°, 7.5°, 15° 등이 있다.

  스테핑 모터에서는 속도제어도 아주 간단하게 할 수 있다. 원하는 속도가 빠르면 입력 주파수(Hz, 초당 펄스 수)를 높이면 그만큼 회전 속도가 빨라진다(그림 5.3). 스테핑 모터는 다른 모터와는 다르게 매우 느린 속도의 회전도 가능하다. 예를 들어 1시간에 1회전 또는 1일 1회전과 같은 속도는 유도전동기에서는 감속기를 사용하지 않으면 어려운 것이지만 스테핑 모터에서는 다른 장치 없이도 가능하다.

5.2.2 스테핑 모터의 장단점 및 용도

▷▶ 장단점

스테핑 모터는 다음과 같은 장점을 갖는다.

◆ 용이한 회전각도 제어, 속도 제어 : 앞에서 살펴본 바와 같이 펄스의 개수에 의하여 회전각도 제어가 가능하고, 펄스의 주파수에 의하여 속도를 제어할 수 있다.

◆ 고 토크(torque), 고 응답 : 소형이면서도 큰 토크를 얻을 수 있다. 또한 입력 펄스에 의하여 디지털로 바로 작동하므로 응답이 빠르다.

◆ 피드백이 필요 없어 회로가 간단 : 스테핑 모터는 펄스에 의하여 정확한 위치로 이동하므로 움직인 양을 검출하는 센서(엔코더)가 없다. 그러므로 부하가 큰 경우에는 지령한 대로 움직이지 않을 수 있다(탈조라고 한다). 필요에 따라 엔코더를 장착할 수도 있다.

◆ 고분해능 고정도의 위치 결정 : 펄스에 의하여 움직이므로 1.8°, 0.72°가 정확하게 움직인다. 위치의 정도는 펄스당 움직이는 거리의 +/- 5%이므로 펄스당 0.72°의 모터라면 +/- 0.04°의 오차가 날 수 있다.

◆ 정지 시 자기유지력(정지 토크)이 있음 : 정지하고 있을 때에 자기 유지력을 갖고 있다. 다른 서보모터에 비해 브레이크 장치를 사용하지 않고 간편하게 정지위치를 유지할 수 있다.

◆ 마이크로프로세서와 인터페이스 : 펄스 신호로 움직이고 엔코더의 피드백을 받지 않아도 되므로 간편하게 회로를 구성하여 사용할 수 있다. 스테핑 모터는 마이크로마우스의 구동용으로 많이 사용되고 마이크로프로세서의 예제에 빈번히 등장한다.

이에 비하여 다음과 같은 단점이 있다.

◆ 탈조 현상 : 입력 펄스와 모터의 회전이 맞지 않고, 동기를 벗어나는 것을 탈조 현상이라고 한다. 스테핑 모터는 피드백을 위한 엔코더를 사용하지 않기 때문에 (1) 부하가 크다든가, (2) 입력 펄스가 너무 빠른 경우에는 모터가 입력 펄스를 따라가지 못하는 탈조가 발생할 수 있다.

◆ 에너지 효율이 나쁨 : 다른 모터에 비하여 에너지 효율이 나쁘다. 따라서 고용량의 모터는 스테핑 모터로 만들지 않는 것이 일반적이다. 고용량의 모터는 유도전동기나 AC 서보로 제작한다.

◆ 진동의 발생 : 펄스가 입력될 때마다 일정 각도로 움직이는데 이때마다 단속적인 떨림이 발생한다. 평판 스캐너에서 스캐닝할 때 나는 소음은 펄스에 의한 스테핑 모터의 미세한 떨림에 의하여 발생하는 것이다.

▷▶ **용도**

스테핑 모터는 앞에서 열거한 장점 때문에 다음과 같이 다양한 분야에서 사용되고 있다.

- ◆ 공장자동화 기기 : XY테이블, 방전가공기, NC 기계
- ◆ 반도체 제조설비 : 반도체 검사장비, 웨이퍼 처리 장치, 웨이퍼 이송장치
- ◆ 자동화기기 : 현금지급기, 자동판매기
- ◆ 의료기기 : 혈액펌프, 분광기
- ◆ OA기기 : 복사기, 팩시밀리, 프린터, 스캐너, 광디스크

5.2.3 작동 원리

▷▶ **간단한 예 – PM형 2상**

설명의 편의를 위하여, 스테핑 모터를 간략하게 그리면 그림 5.4와 같다. 내부에서 회전하는 로터(rotor, 회전자)는 영구자석으로 되어 있고(PM형-Permanent Magnet) 외부의 스테이터(stator, 고정자)에는 코일이 감겨 있어 직류 전기가 공급되면 전자석이 된다. (A-B), (C-D)는 서로 짝으로 연결되어 있다. 이것을 2상(2 phase) 모터라고 한다. 이와 같은 모터를 회전하는 방법은 다음의 3가지 방법이 있다.

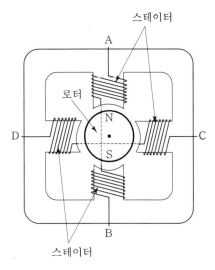

그림 5.4 간단한 스테핑 모터의 예

◆ 첫 번째, 그림 5.5와 같은 순서로 전기를 ON/OFF한다면 로터는 그림과 같이 시계
방향으로 한번에 90°씩 회전하게 될 것이다. 편의상 +가 있는 스테이터는 S극이 되
고 −는 N극, 0은 무극성이라고 하자. (A-B)가 ON된 경우에는 (C-D)는 OFF되고,
(A-B)가 OFF이면 (C-D)는 ON되는 것을 알 수 있다. 그래서 이것을 '1상 여자'(1
phase ON full step 또는 wave drive)라고 한다.

◆ 두 번째로 그림 5.6은 극성을 바꿔가면서 (A-B), (C-D) 짝을 모두 ON시킨 것임을
알 수 있다. 90° 간격으로 시계 방향으로 회전하지만 스테이터와 스테이터의 중간에
로터가 정지한다. 동시에 두 개의 상이 ON되므로 '2상 여자'(2 phase ON full step)
라고 한다. 2쌍의 스테이터가 모두 힘을 받고 있으므로 토크가 가장 세다.

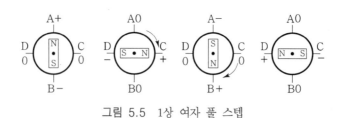

그림 5.5 1상 여자 풀 스텝

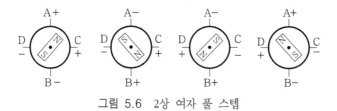

그림 5.6 2상 여자 풀 스텝

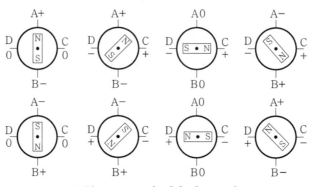

그림 5.7 1-2상 여자 하프 스텝

◆ 마지막 방법은 앞의 1상 여자와 2상 여자를 번갈아 가면서 하는 것이다. 이렇게 하면 모터는 45° 간격으로 회전하게 된다(그림 5.7). 앞의 풀 스텝에 비하여 각도(step angle)의 움직임이 1/2이므로 하프 스텝(half step)이라고 한다. 이것을 '1-2상 여자'(1-2 phase ON half step) 방식이라고 한다.

앞의 예는 시계 방향으로 회전하는 것을 보였는데 만일 반대 방향으로 회전하고 싶으면 전원을 공급하는 시퀀스를 반대의 순서로 하면 된다.

하프 스텝으로 회전시키면 45° 간격이 된다. 그런데 이 간격을 더 좁히고 싶으면 스테이터의 극수를 증가시키면 된다. 그러나 극수를 증가시켜도 앞에서 이야기한 0.72°를 만들어낼 수는 없다. 이렇게 작은 각도로 하려면 스테이터와 로터에 톱니 모양을 파서 제어하는 방법을 써야만 한다. 이에 대한 내용은 뒤에서 다룬다.

▷▶ 3상 모터-VR형

그림 5.8과 같이 코일이 감겨 있는 모터를 보자. 로터는 4개의 톱니 모양의 철심(규소강판)이고 스테이터는 6개의 톱니로 자력을 발생할 수 있는 전자석으로 되어 있다. 로터가 영구자석이 아닌 철심으로 되어 있는 타입을 VR(variable reluctance)형이라 한다. 이 모터는 다음과 같은 스위칭 동작에 의하여 회전한다.

◆ 스위치 Sa에 닫으면 a상에 통전이 되고 그림과 같은 위치로 움직인다.
◆ Sa를 열고 Sb를 닫으면 자력에 의하여 로터는 시계 방향으로 회전한다.
◆ Sb를 열고 Sc를 닫으면 로터는 시계 방향으로 회전한다.

위와 같이 1번에 1상을 ON하는 것을 1상 여자 방식이라 한다. 이때 회전하는 양은 스테이터 톱니 간의 간격과 로터의 톱니의 간격에 의하여 결정된다. 만일 회전 방향을 반대로 하고 싶으면 스위치를 열고 닫는 순서를 거꾸로 하면 된다. 스테핑 모터의 회전하는 속도를 조정하고 싶으면 피드백 신호의 처리 없이 스위치를 열고 닫는 속도를 빨리하면 된다.

2상 여자 방식으로 하려면 AC ⇨ CB ⇨ BA의 순으로 전류를 흘린다. 이 방식은 동시에 2개의 상이 ON되므로 큰 토크를 얻을 수 있다.

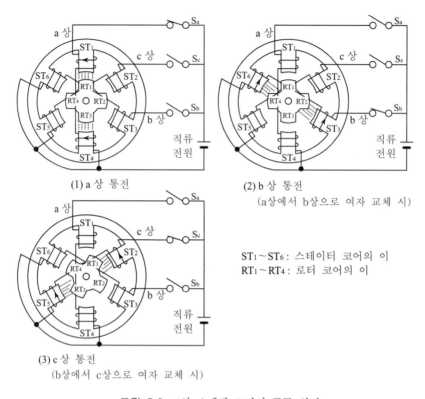

(1) a 상 통전

(2) b 상 통전
(a상에서 b상으로 여자 교체 시)

(3) c 상 통전
(b상에서 c상으로 여자 교체 시)

ST₁~ST₆ : 스테이터 코어의 이
RT₁~RT₄ : 로터 코어의 이

그림 5.8   3상 스테핑 모터의 구동 원리

▷▶ VR형 4상 모터

그림 5.9를 보면 로터가 6개의 톱니가 있는 철심으로 만들어졌음을 알 수 있다. 스테이터는 8개의 톱니로 만들어져 있는데 A에 전기를 공급하면 맞은편도 같이 전자석으로 변한다.

이때 1상 여자 풀 스텝 방식으로 A ⇨ C ⇨ B ⇨ D의 순서로 전류를 흘리면 로터는 시계 방향으로 회전한다. 현재의 그림은 A상이 여자되었을 때이다. 그 다음에 C가 여자된다면 로터는 몇 도가 회전할까? 답은 45°가 아니라 15°이다. 로터의 톱니 수가 6개의 스테이터의 톱니 수가 8개가 있음에 주목하여 생각해 보면 15°라는 답을 얻을 수 있다.

2상 여자 풀 스텝 방식으로 하면 AC ⇨ CB ⇨ BD ⇨ DA의 순서로 전류를 흘린다. 로터는 시계 방향으로 15°의 스텝 각으로 회전한다. 1-2상 여자 하프 스텝 방식으로 여자하면 7.5° 스텝 각을 얻을 수 있다. 기계 방향으로 7.5°의 스텝 각으로 회전하려면 전류를 흘리는 순서는 어떻게 하면 될까? 처음은 A상 여자라고 하자.

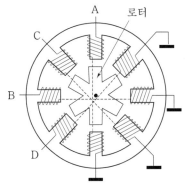

그림 5.9 VR형 4상 모터

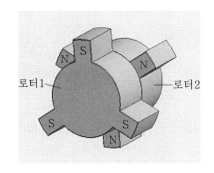

그림 5.10 HB형의 로터의 배열과 자극

▷▶ HB형 스테핑 모터

PM형 모터는 로터와 스테이터가 함께 자력을 가지므로 큰 토크를 얻을 수 있지만 로터의 모양을 다양하게 하지 못하는 단점이 있다. 로터에 톱니 모양을 내기 위하여 철심을 사용하는데 이때는 로터가 자력을 갖지 못하므로 토크는 크지 않지만 스텝 각을 세밀하게 제어할 수 있는 장점이 있다. 이 두 가지의 장점을 결합한 것이 HB(hybrid)형 스테핑 모터이다. 로터의 외부 형태는 철심으로 만들고 로터의 내부에는 영구자석을 심어서 자력를 갖도록 하여 토크를 높이도록 하는 것이다. 영구자석은 PM형과 같이 원주 방향으로 N극 S극이 있는 것이 아니고 길이 방향으로 N극 S극이 있도록 한다(그림 5.10).

그림 5.11은 HB형 2상 모터이다. 그림과 같이 스테이터에 전류가 공급되어 자력을 띠게 되면 로터가 그에 따라 움직인다.

- ◆ (a)에서 스테이터가 자력을 띠게 되면 스테이터의 N극에 의하어 로터의 S극이 당겨지고 S극끼리는 밀어내어 그림과 같이 된다.
- ◆ (b)와 같은 스테이터가 자력을 띠게 되면 뒤쪽의 로터(점선으로 된 것)가 스테이터의 S극과 로터의 N극이 당겨지게 된다.
- ◆ (c)에서는 앞쪽의 로터가 스테이터의 영향을 받아서 회전한다.
- ◆ (d)에서는 뒤쪽의 로터가 스테이터의 영향을 받아서 회전한다.

앞쪽의 로터 1과 뒤쪽의 로터 2가 번갈아 작동하므로 스텝 각을 반으로 줄일 수 있는 장점이 있다.

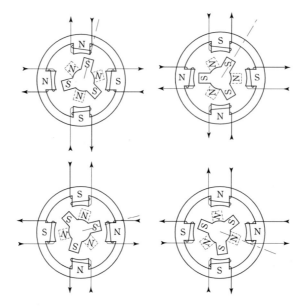

그림 5.11   2극 HB형 스테핑 모터의 회전원리

▷▶ 5상 스테핑 모터

그림 5.12와 같은 HB형의 5상 스테핑 모터의 동작원리를 살펴봄으로써 스텝 각이 0.72°인 경우에 어떻게 그것을 실현할 수 있는가를 알아보자.

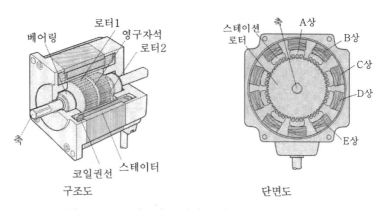

그림 5.12   HB형 5상 스테핑 모터(Oriental)

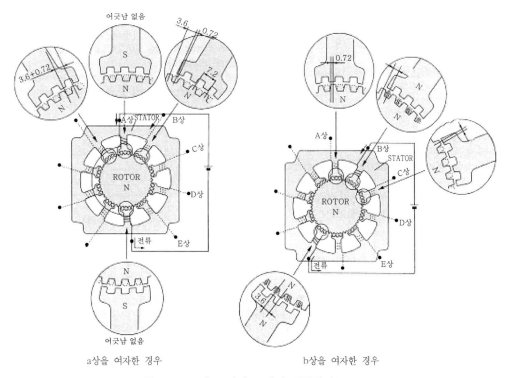

a상을 여자한 경우   b상을 여자한 경우

그림 5.13 5상 스테핑 모터의 구동원리(Oriental)

- 그림 5.13과 같이 a상을 여자하면 자석화되어, N극의 극성을 가진 로터의 톱니와는 서로 끌어당기고, S극의 자성을 가진 로터의 톱니와는 반발하여 정지한다. 이때 여자 되지 않은 b상의 자극의 이(齒)는, S극의 극성을 가지고 있는 로터의 이와 0.72° 어 긋나 있다.
- a상 여자에서 b상 여자로 절환하면, b상의 자극은 N극으로 자석화되어 S극의 극성을 가진 로터와는 서로 끌어당기고, N극의 극성을 가진 로터와는 반발한다. 즉, a상에서 b상으로 여자상을 절환하면 0.72° 로터가 회전한다.
- 이와 같이 a상 ⇨ b상 ⇨ c상 ⇨ d상 ⇨ e상 ⇨ a상으로 절환함에 따라 스테핑 모 터는 0.72°씩 회전한다.

5.2.4 유니폴라와 바이폴라

스테이터에 감긴 코일에 한 방향의 전류를 보내면 철심은 극성을 띤 전자석이 된다. 이

전자석이 로터를 당겨서 회전이 일어나는 것이다. 어느 한 코일에 전류가 흐를 때, 로터의 움직임에 관련이 없는 스테이터 코일에는 전류가 흐르지 않도록 하는 방법이 있고, 로터의 움직임에 관련 없는 스테이터 코일에 반박력이 작용하도록 반대 방향의 전류를 흐르게 하는 방법이 있다. 한쪽에서는 당기고 그 옆에서는 반발력으로 민다면 토크는 증가하게 될 것이다. 이 두 방법의 차이가 유니폴라와 바이폴라 구동이다.

▷▶ 유니폴라 구동

스테이터의 어떤 코일에 전류를 흐르게 할 것인지 아닌지를 결정한다. 전류의 방향은 일정하다. 이를 제어하는 회로는 ON/OFF만을 결정한다. 이 방법은 코일에 들어가는 신호의 ON/OFF만 제어하므로 제어 회로가 간단하다. 그러나 저속으로 움직일 때는 토크를 크게 할 수 없는 단점이 있다. 그림 5.14는 유니폴라(unipolar) 제어를 할 때의 구동 회로의 예이다. 그림에서는 트랜지스터를 4개 사용하였는데, 스테핑 모터의 구동은 일반화되어 있는 기술이라서 전용의 칩을 사용하면 하나의 칩만으로 간단하게 회로를 구성할 수 있다.

유니폴라의 구동방법은 다음의 3가지로 분류할 수 있다. 앞에서 배운 내용이므로 간단히 정리만 한다.

- 1상 여자 풀 스텝 : 1번에 1개의 코일에만 전류가 흐르도록 하는 방식이다.
- 2상 여자 풀 스텝 : 1번에 인접한 2개의 코일에 전류를 흐르도록 하는 방식이다. 동시에 2개의 코일에 전류를 흐르게 하여 로터를 당기고 있으므로 토크가 증가한다.
- 1-2상 여자 하프 스텝 : 1상 여자 방식과 2상 여자 방식을 번갈아 가며 사용하는 방식이다. 이 방법을 사용하면 스텝 각도의 1/2만큼을 제어할 수 있는 장점이 있다.

4상 모터에서 유니폴라 구동의 출력 신호는 그림 5.15와 같다.

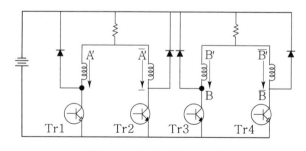

그림 5.14 유니폴라 구동 회로

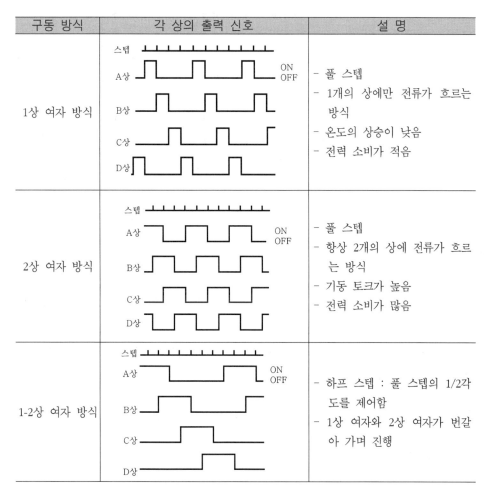

구동 방식	각 상의 출력 신호	설 명
1상 여자 방식		- 풀 스텝 - 1개의 상에만 전류가 흐르는 방식 - 온도의 상승이 낮음 - 전력 소비가 적음
2상 여자 방식		- 풀 스텝 - 항상 2개의 상에 전류가 흐르는 방식 - 기동 토크가 높음 - 전력 소비가 많음
1-2상 여자 방식		- 하프 스텝 : 풀 스텝의 1/2각도를 제어함 - 1상 여자와 2상 여자가 번갈아 가며 진행

그림 5.15 유니폴라 구동의 출력 신호

▷▶ 바이폴라 구동

스테이터의 어떤 코일이 로터의 특정 톱니를 당기고(인력) 있다면 그와 동시에 스테이터의 다른 코일이 로터의 다른 특정 톱니를 밀도록(반발력) 하면 로터는 보다 큰 토크를 유지할 수 있을 것이다. 유니폴라 구동이 코일에 전류를 흐르게 할 것인지 말 것인지를 결정하는 것이라면, 바이폴라(bipolar)는 전류의 방향까지를 결정하여 토크를 높이도록 하는 구동방법이다.

그림 5.16은 바이폴라 구동을 위한 회로의 예이다. 트랜지스터를 8개 사용하였는데 이에 대한 전용칩도 나와 있어서 보다 간단하게 회로를 구성할 수 있다.

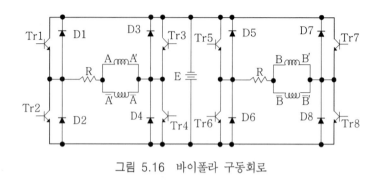

그림 5.16 바이폴라 구동회로

바이폴라의 구동방법도 유니폴라와 같이 다음의 3가지로 분류할 수 있다.

- 1상 여자 풀 스텝 : 1번에 1개 코일이 당기는 힘을 작용하게 하고, 필요하다면 다른 코일은 반발력이 작용하도록 한다.
- 2상 여자 풀 스텝 : 동시에 2개의 코일에서 당기는 힘이 작용하도록 하고 다른 코일 중에 필요하다면 반발력이 작용하도록 한다.
- 1-2상 여자 풀 스텝 : 1상 여자와 2상 여자 방법을 번갈아 가면서 사용하여 스텝 각을 줄이는 방법이다.

4상 모터에서 바이폴라 구동의 출력 신호는 그림 5.17과 같다.

5.2.5 마이크로 스텝

풀 스텝 구동과 하프 스텝 구동은 일정한 각도를 펄스가 들어오는 순간에 움직이므로 진동이 발생한다. 또한 기존의 ON/OFF 구동방식으로는 스텝 각에 의하여 회전 각도의 해상도가 정해지므로 미세한 각도로 움직이는 것은 불가능하다. 그러나 스테이터에 여자하는 전류의 양을 제어하면 해상도를 증가시킬 수 있다. 2상 여자 방식은 스테이터의 인접한 2개의 상에 동일한 양의 전류를 보내는 것이다. 이렇게 하면 로터의 톱니는 그 중간에서 멈춘다. 만일 2개의 상에 보내는 전류의 양을 비례적으로 하면 톱니와 톱니 사이를 부드럽게 넘어갈 것이다. 그림 5.18과 같이 sine 곡선의 형태로 전류를 제어하면 부드러운 동작은 물론 제어할 수 있는 각도도 줄어든다. 이것을 마이크로 스텝(micro step) 모드라고 한다.

흔히 하나의 풀 스텝 사이를 500 마이크로 스텝 정도로 분할한다(이론적으로는 그 이상도 얼마든지 가능하다). 만일 풀 스텝에서 1회전당 200 pulse짜리 모터였다면 500 마이크로 스텝 모드에서는 1회전당 약 100,000 pulse를 제어하게 되는 것이다.

구동 방식	각 상의 출력 신호	설 명
1상 여자 방식	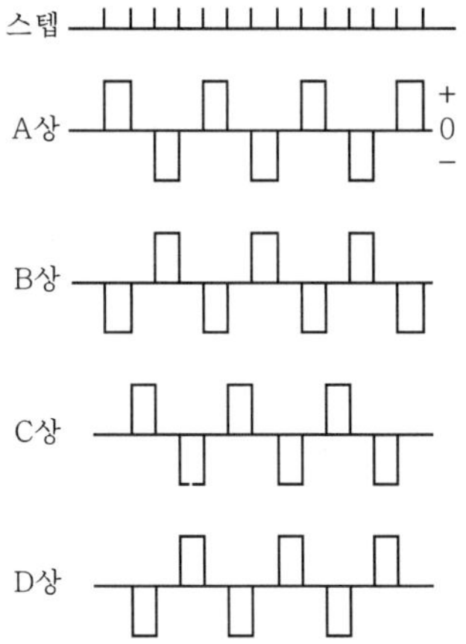	- 풀 스텝 - 1개의 상에만 전류가 흐르는 방식 - 온도의 상승이 낮음 - 전력 소비가 적음
2상 여자 방식	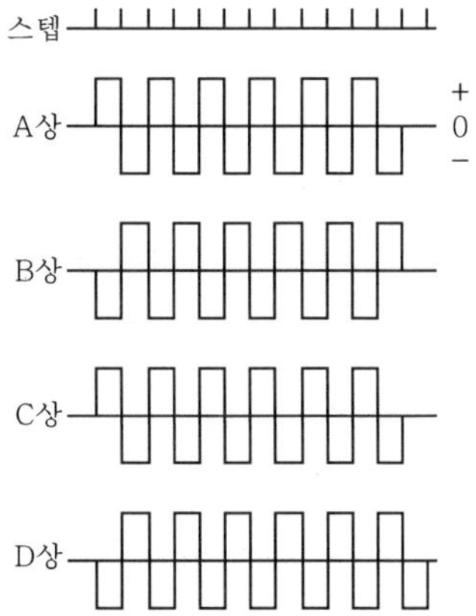	- 풀 스텝 - 항상 2개의 상에 전류가 흐르는 방식 - 기동 토크가 높음 - 전력 소비가 많음
1-2상 여자 방식	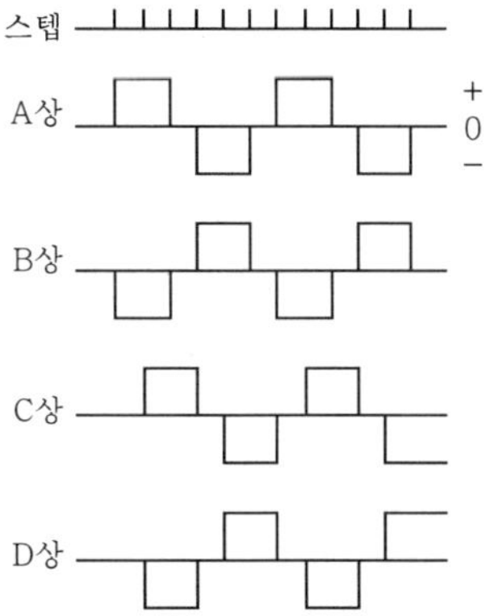	- 하프 스텝 : 풀 스텝의 1/2 각도를 제어함 - 1상 여자와 2상 여자가 번갈아 가며 진행

그림 5.17 바이폴라 구동회로의 출력 신호

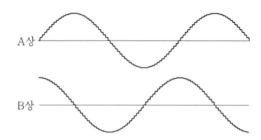

그림 5.18 마이크로 스텝 모드에서 인접한 2상에 흐르는 전류의 양

5.2.6 스테핑 모터의 분류

스테핑 모터는 다음과 같이 분류할 수 있다.

▷▶ 로터의 형태에 따른 분류

- PM형(Permanent Magnet Type) : 로터부를 영구자석으로 하고 스테이터에 구동 코일을 감은 구조로 스테이터에 전류를 흘리면 스테이터에 자계가 발생하여 인력 또는 반발력이 발생하여 회전하는 구조이다. 로터에 작은 톱니를 내기 어려우므로 회전 스텝 각이 90° 또는 45°(풀 스텝 기준)와 같이 크다.
- VR형(Variable Reluctance Type) : 로터부를 톱니 모양의 철심(고 투자율의 재료)으로 만들고 스테이터에 구동 코일을 감은 구조이다. 스테이터 자계로부터 자기저항 (reluctance, 磁氣抵抗)이 최소가 되는 위치까지 움직이게 되어 로터가 회전한다. 로터를 톱니 모양으로 만들 수 있으므로 회전 스텝 각은 0.72°, 0.9°, 1.8°, 3.6° 등과 같이 작은 각도도 만들 수 있다.
- HB형(Hybrid Type) : PM형과 VR형의 장점을 살려 로터부를 기어 모양의 철심으로 만들고 자석과 조립하여 작은 스텝 각을 가지면서도 토크를 증가시킬 수 있도록 만든 구조이다. 회전 스텝 각은 VR형과 같이 작다. 정밀제어용으로 많이 사용하는 구조이다.

▷▶ 구동 권선에 따른 분류

앞에서 2상, 3상 등과 같이 상(phase)에 대한 용어를 사용하였다. 이것은 동시에 전류를 흘려보내는 스테이터의 쌍의 개수라고 생각하면 된다. 3상 스테핑 모터는 스테이터의 권선

(하나의 전자석을 구성)의 수가 6개가 된다(6개의 배수도 될 수 있다). 서로 마주 보는 것은 같은 동작을 하므로 같은 쌍으로 보아서 3개의 쌍이 있는 것이다. 3상의 모터라면 지령을 위한 신호는 A상, B상, C상이 있는 것이다. 지령 순서는 앞에서 살펴본 바와 같이 A ⇨ B ⇨ C ⇨ A ⇨ B ⇨ C ⇨ …로 한다. 방향을 바꾸고 싶으면 지령 순서를 바꾼다.

- ◆ 2상 : A상과 B상에 의하여 스테이터의 권선이 이루어진다.
- ◆ 3상 : A상과 B상, C상에 의하여 스테이터의 권선이 이루어진다.
- ◆ 4상 : A상과 B상, C상, D상에 의하여 스테이터의 권선이 이루어진다.
- ◆ 5상 : A상과 B상, C상, D상, E상에 의하여 스테이터의 권선이 이루어진다.

2상 모터라고 해서 스텝 각이 커지고 5상 모터라고 해서 스텝 각이 작아지는 것은 아니다. 스텝각은 로터와 스테이터의 톱니의 개수와 풀 스텝 지령인가, 하프 스텝 지령인가에 달려 있다. 이론적으로 6상, 7상, … 스테핑 모터도 가능하지만 실제로는 5상 스테핑 모터 정도까지만 만들어서 시판된다.

▷▶ 구동 방법에 따른 분류

스테이터에 감긴 코일을 하나의 극성으로 ON/OFF만 제어할 것인지, 극성을 부여하여 제어할 것인지에 따라 분류하는 방법이다.

❖ 유니폴라(unipolar) 구동
- ◆ 1상 여자 풀 스텝 : 1번에 1개의 코일에만 전류가 흐르도록 하는 방식이다.
- ◆ 2상 여자 풀 스텝 : 1번에 인접한 2개의 코일에 전류를 흐르도록 하는 방식이다. 동시에 2개의 코일에 전류를 흐르게 하여 로터를 당기고 있으므로 토크가 증가한다.
- ◆ 1-2상 여자 하프 스텝 : 1상 여자 방식과 2상 여자 방식을 번갈아 가며 사용하는 방식이다. 이 방법을 사용하면 스텝 각도의 1/2만큼을 제어할 수 있는 장점이 있다.

❖ 바이폴라(bipolar) 구동
- ◆ 1상 여자 풀 스텝 : 1번에 1개 코일이 당기는 힘을 작용하게 하고, 필요하다면 다른 코일은 반발력이 작용하도록 한다.
- ◆ 2상 여자 풀 스텝 : 동시에 2개의 코일에서 당기는 힘이 작용하도록 하고 다른 코일 중에 필요하다면 반발력이 작용하도록 한다.

◆ 1-2상 여자 풀 스텝 : 1상 여자와 2상 여자 방법을 번갈아 가면서 사용하여 스텝
각을 줄이는 방법이다.

❖ 마이크로 스텝(micro step) : 스테이트 코일에 흐르는 전류의 ON/OFF뿐만 아니라
그 양을 제어하여 스텝 각을 분할하여 제어하는 것이다.

▷▷ 운동 형태

❖ 회전형 : 대부분의 스텝 모터는 원형으로 회전하도록 되어 있다. 그림 5.19는 회전
형 모터의 구성 부품을 보인 것이고, 그림 5.20은 시판되는 모터의 예이다.

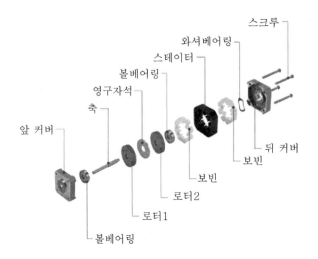

그림 5.19 스테핑 모터의 부품

(a) 2상 스테핑 모터　　　　　(b) 5상 스테핑

그림 5.20 스테핑 모터의 예(Oriental)

❖ 직선형

◆ 리니어 모터 : 회전형 구조를 길이 방향으로 펴서 직선 형태로 만든 모터를 리니어 모터(linear motor)라 한다(그림 5.21)

◆ 기계 구조에 의한 직선형 : 회전 운동을 직선 운동으로 사용하는 경우가 많으므로 직선 형태가 되도록 기계적으로 만든 것을 말한다. 그림 5.22 모터의 회전 축에 나사(스크루 또는 볼 스크루)를 조립하여 스크루와 너트에 의하여 직선운동이 가능하도록 한 것이다. 볼 스크루를 장착하면 미끄럼 마찰이 구름 마찰로 되므로 정도와 수명을 높일 수 있다.

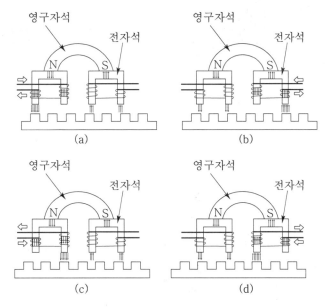

그림 5.21 스테핑 모터 원리를 이용한 리니어 모터의 원리

그림 5.22 스크루가 붙은 스테핑 모터의 예(Haydon)

5.2.7 드라이버와 컨트롤러

스테핑 모터를 사용하려면 드라이버와 함께 구입하여 사용하는 것이 좋다. 스테핑 모터는 구동원리가 간단하여 마이크로프로세서로 간단히 제어 회로를 만들 수도 있고 PLC를 이용하여 구동할 수도 있지만 목적에 맞는 드라이버를 구입하는 것이 필요하다. 그림 5.23은 모터와 드라이버의 예이다.

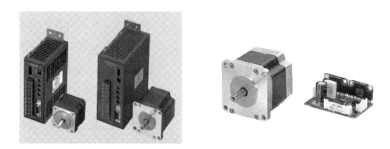

그림 5.23 스테핑 모터와 드라이버의 예(Oriental)

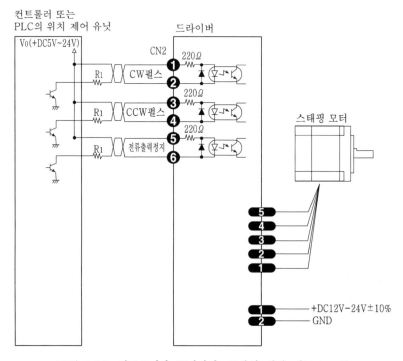

그림 5.24 컨트롤러와 드라이버, 모터의 배선 예(Oriental)

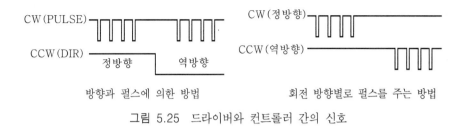

그림 5.25 드라이버와 컨트롤러 간의 신호

그림 5.24에서 드라이버에 대한 입력 신호는 CCW펄스와 CW펄스 두 가지인데, 이것을 이용하여 모터에 정회전과 역회전을 지령할 수 있다. 이 펄스를 이용한 지령 방법은 그림 5.25와 같이 2가지 방법이 있다. 첫 번째 방법은 DIR에 의하여 정회전/역회전을 지령하고, PULSE에 의하여 회전량을 지정하는 것이다. 두 번째 방법은 시계 방향으로 회전하려면 CW 라인으로 펄스를 입력하고, 반시계 방향으로 회전하고 싶으면 CCW라인으로 펄스를 입력하는 것이다.

5.2.8 스테핑 모터의 이용 예

그림 5.26은 스테핑 모터의 이용 예를 보이고 있다. 테이블의 이송을 하는 예와 테이블을 일정 각도씩 회전하는 예이다.

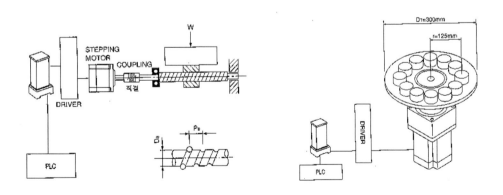

그림 5.26 스테핑 모터의 이용 예

5.3 DC 모터

5.3.1 개요

DC 모터는 가장 처음에 개발된 모터의 형태이고 지금도 가장 간단하게 만들 수 있는 모터의 형태이다. 어린이의 장난감에 있는 건전지로 움직이는 모터는 특별한 경우가 아니면 모두 이 형태의 모터이다.

DC 모터는 다음과 같은 장점이 있다.

- 기동 토크가 크다.
- 속도 제어, 정역전이 쉽고 순시정지가 가능하다.
- 입력된 전압에 대하여 회전 특성이 직선적으로 비례한다.
- 입력 전류에 대하여 출력 토크가 직선적으로 비례한다.
- 같은 출력의 교류 모터에 비해 출력이 크고 동시에 효율이 좋다.
- 가격이 저렴하다.

DC 모터는 브러시와 정류자를 사용하여 기계적으로 마찰을 일으키므로 일정시간을 사용하면 교체해야 한다. 소형 모터에는 구리 브러시를 사용하고 중형 모터에는 흑연 재질의 브러시를 사용한다. DC 모터는 다음과 같은 단점이 있다.

- 브러시가 있어 수명에 한계가 있다.
- 브러시와 정류자에 의해서 노이즈(noise)가 발생한다.
- 코어의 슬롯 때문에, 영구자석의 자기 흡인력에 의해 코깅(cogging, 떨림 현상)이 발생할 수 있고, 저속에서 회전이 원활하지 못하다.
- 교류를 직류로 만들기 위한 정류기가 필요하다.

5.3.2 작동 원리

▷▶ 플레밍의 왼손 법칙

DC 모터의 기본 원리가 되는 것은 플레밍의 왼손 법칙이다. 플레밍의 왼손 법칙은 그림 5.27과 같이 자기장 속에 전류를 흐르게 하면 일정한 방향으로 힘이 발생하는 것을 말하는데 왼손의 엄지손가락부터 FBI의 순서로 놓을 수 있다. F는 힘(force), B는 자속 밀도

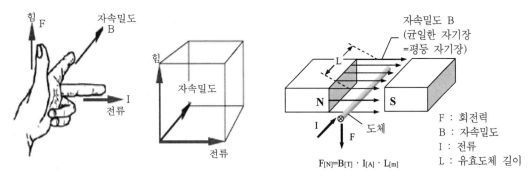

그림 5.27 플레밍의 왼손 법칙(1)   그림 5.28 플레밍의 왼손 법칙(2)

방향(direction of magnetic filed)으로 N극에서 S극으로 향한다. I는 전류의 방향으로 +에서 – 방향이다.

그림 5.28에서 하나의 도체를 자석 N극과 S극 사이를 지나게 하고 전류를 흘리면 어떻게 될까? 답은 도체가 F 방향으로 움직인다는 것이다. 이때 발생하는 힘은 자속밀도(B)와 전류의 양(I), 유효 도체의 길이(L) 등 3개의 물리량을 곱한 것과 같다. 즉 F = BIL이다. 유효 도체의 길이란 자속밀도에 영향을 받는 자기장에 속해 있는 도체의 길이이다.

▷▶ DC 모터의 회전원리

그림 5.29와 같이 코일이 놓여 있고 그 코일에 전류가 흐르는 경우를 상상하여 보자. 자속밀도의 방향은 N극에서 S극으로 흐르므로 그림의 화살표 방향이 될 것이다. 왼쪽에서 I와 B를 플레밍의 왼손 법칙에 적용하면 그 힘 F가 위쪽으로 향하는 것을 알 수 있다. 오른쪽은 전류의 방향 I가 반대인데 플레밍을 왼손 법칙을 적용하면 힘 F가 아래쪽을 향한다. 왼쪽에서는 힘이 위쪽으로, 오른쪽에서는 힘이 아래쪽으로 작용하므로 코일은 회전을 하게 된다. 이것이 가장 기본적인 DC 모터의 회전 원리이다.

그런데 코일이 90° 이상 회전하였을 때 전류의 방향이 바뀌지 않으면 어떻게 될까? 90°를 넘고 전류의 방향이 바뀌지 않으면 힘은 계속 위쪽을 향하게 된다. 이렇게 되면 회전하지 않고 정회전과 역회전을 반복한다. 이것을 막기 위하여 브러시와 정류자가 필요하다. 직류전원은 브러시 ⇨ 정류자를 통하여 코일에 전달되는데 90°를 넘어서면 정류자가 바뀌게 되므로 공급되는 전류의 방향이 바뀌게 된다. 이렇게 되면 회전하게 되는 것이다.

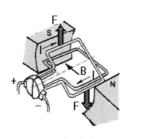 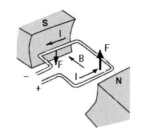

회전 원리   전류의 방향이 바뀌지 않은 경우

그림 5.29 DC 모터의 회전 원리

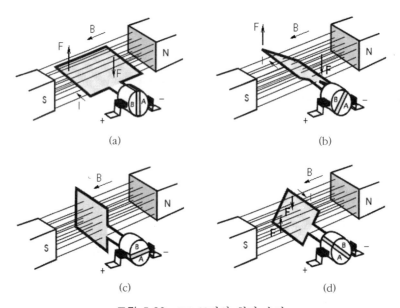

그림 5.30 DC 모터의 회전 순서

그림 5.30은 회전이 일어나는 과정을 순서대로 표시한 것이다.

♦ 그림 5.30(a)에서 힘은 화살표의 방향으로 작용되어 시계 방향으로 회전하기 시작한다.

♦ (b)에서도 힘의 방향은 (a)와 같아서 계속 같은 방향으로 회전한다.

♦ (c)에서는 브러시와 정류자가 만나지 않으므로 코일에 전기가 흐르지 않는다.

♦ (d)에서는 전류의 방향이 바뀌어 120° 정도 회전한 위치에서 힘의 방향이 아래를 향한다. 따라서 시계 방향으로 계속 회전한다.

이와 같이 정류자와 브러시가 필요한 위치에서 전류의 방향을 바꾸므로 계속 한 방향으로 회전하게 되는 것이다. 만일 회전의 방향을 바꾸려면 브러시에 공급되는 DC 전원의 극성을 바꾸면 된다.

5.3.3 구조

DC 모터는 크게 스테이터와 로터, 정류자, 브러시로 나뉜다. 스테이터는 모터의 내부에 일정한 전기장을 만드는 것으로 영구자석이나 전자석을 이용한다. 로터는 외부에서 전류를 공급받아 전자석을 만들고 스스로 회전하는 것인데 철심에 코일을 감은 구동 권선을 사용한다. 로터는 연속적으로 회전하면서 회전 위치에 따라 전류의 방향을 바꾸어야 하는데 이를 위하여 정류자와 브러시가 필요하다. 그림 5.31은 장난감 모터의 구조를 보인다. DC 전원연결에 +/− 극을 연결하면 브러시와 정류자를 통하여 로터의 코일에 전기가 공급되어 회전한다. 그림 5.31의 오른쪽은 철심에 감기는 권선의 슬롯(slot)이 3개인 로터를 보이고 있다.

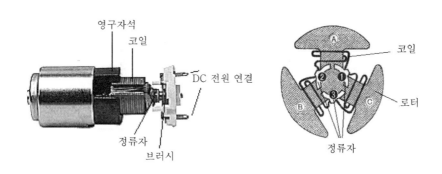

장난감 DC 모터의 구조　　　　　3슬롯 로터

그림 5.31　장난감에 쓰이는 DC 모터의 부품들

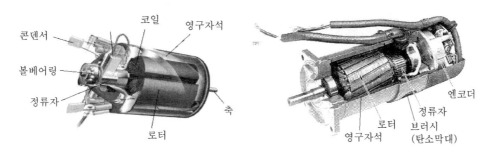

그림 5.32　DC 모터의 구조　　　　그림 5.33　DC 서보모터의 내부 단면도

그림 5.32는 산업용에 쓰이는 DC 모터의 구조이다. 볼베어링을 사용하여 장기간 부드러운 운전을 할 수 있도록 하고 있다. 브러시는 구리 막대를 사용한 것을 보이고 있다. 장기간 사용하면 브러시가 닳아서 반드시 교체하여야 한다. 구리막대 대신에 흑연막대를 사용하기도 한다. 콘덴서는 브러시와 정류자에서 발생하는 노이즈를 감쇄시키기 위한 것이다.

그림 5.33은 DC 서보모터의 내부 단면도이다. 로터는 철심에 감기는 권선의 슬롯 수에 따라 3슬롯, 7슬롯, 9슬롯, … 등으로 나뉘는데 슬롯의 수가 많을수록 토크의 맥동도 작고, 회전이 부드럽다. 따라서 저속에서도 토크의 변동이나 회전의 변동이 작은 모터가 필요한 경우에는 슬롯의 수가 많은 모터를 사용한다. 서보모터는 부드러운 운전을 하여야 하기 때문에 슬롯의 수가 많이 필요하다.

5.3.4   제어

DC 모터의 제어 방법은 여러 가지가 있지만 그 중에 대표적인 것이 PWM(Pulse Width Modulation) 제어법이 있다. 말 그대로 펄스의 폭을 변조하여 모터로 입력되는 전기의 양을 제어하는 방법이다.

앞에서 회전력은 F = BIL로 표현되었다. 힘 F가 크면 회전을 빨리하게 된다. 모터가 결정되면 B와 L은 고정된다. 따라서 DC 모터의 회전수는 전류 I에 비례한다는 것을 알 수 있다.

그림 5.34는 PWM 제어의 개념을 나타내는 파형도인데 그림 5.34의 ①은 모터에 입력되는 에너지가 가장 크며 회전수도 그에 비례하여 높다. ③은 입력되는 전기에너지가 적고 회전수도 낮다. 또한 ②는 ①과 ③의 중간이다. 이에 의하여 간단하게 DC 모터의 속도

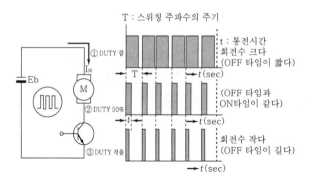

그림 5.34 PWM 제어

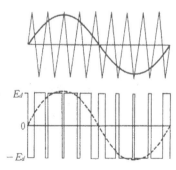

그림 3.35 PWM에 의한 근사 사인파

제어를 할 수 있게 된다. 즉 빨리 회전하고 싶으면 듀티비를 크게 하고, 천천히 회전하려면 듀티비를 낮춘다.

그림 5.35는 PWM 제어에 의하여 근사 사인(sine)파를 만드는 예를 보이고 있다.

5.3.5 DC 모터의 예

그림 5.36은 시판되는 DC 모터의 예이다.

◆ DC 모터는 소형이고 고속이므로 저속의 높은 토크를 얻고 싶을 때는 그림과 같이 출력축에 감속기가 붙은 기어드(geared) 모터를 사용한다.
◆ DC 모터의 회전운동을 직선운동으로 바꾸고 싶으면 스크루가 장착된 모터를 사용하면 편리하다.
◆ 직선운동 거리가 긴 경우에는 직선 가이드(guide)가 장착된 모터를 사용하기도 한다.

기어드 DC 모터　　　스크루를 장착한 DC 모터　　　직선 가이드를 장착한 DC 모터

그림 5.36 DC 모터의 예

그림 5.37   DC 서보모터의 예(구 LG산전)

그림 5.37은 DC 서보모터의 예이다. 정밀한 제어를 위하여 뒤쪽에 엔코더를 장착하여 정확한 위치제어가 가능하게 한다. 앞에서 이야기한 바와 같이 DC 모터는 브러시를 교체해야 하는 불편이 있기 때문에 요즘은 많이 사용하지 않는다. 대신에 DC 브러시리스(BLDC) 모터나 AC 서보모터를 많이 사용한다.

5.4 BLDC 모터

5.4.1 개요

DC 모터의 가장 큰 단점은 정류자가 기계적으로 브러시와 닿기 때문에 많이 사용하면 브러시가 닳아 정기적으로 이를 교체하지 않으면 안 된다는 것이다. 그래서 고안된 것이 브러시리스 DC(BLDC, Brushless DC) 모터이다. 이것은 말 그대로 DC 모터에서 브러시와 정류자를 없애고 그 대신에 전자적인 스위칭 장치를 만들어 넣은 모터이다. 따라서 BLDC 모터는 특성은 DC 모터와 같으면서, 노이즈가 발생하지 않고 초저속, 초고속, 다극, 긴 수명의 모터를 간단하게 만들 수 있다는 장점이 있다.

❖ 장점

BLDC 모터의 장점은 다음과 같다.

- 신뢰성이 높고, 브러시를 사용하지 않으므로 유지보수가 필요 없다.
- 전기적, 기계적 노이즈가 작다.
- 고속화가 용이하다.
- 소형화가 가능하다.
- 속도 제어를 실현할 수 있다.

❖ 용도

BLDC 모터의 주요 용도는 다음과 같다. 일반적으로 높은 회전 성능, 긴 수명이 요구되는 곳에 쓰인다. 산업용으로는 기존의 DC 모터의 응용분야에 사용할 수 있다. 최근에는 유도 전동기가 사용되던 분야를 대체하는 경향이 있다.

- OA : VTR의 실린더, FDD, CD 플레이어용
- 가전제품 : 세탁기, 에어컨용
- 공장자동화 : 서보모터가 필요한 공장자동화 분야

5.4.2 회전 원리

　DC 모터의 정류자와 브러시를 없애기 위하여 영구자석인 스테이터를 로터로, 구동 코일이 감긴 로터를 스테이터로 바꾸었다. 그림 5.38과 같이 로터는 영구자석이고 스테이터는 구동 코일이 감긴 구조이다. DC 모터의 정류자의 역할은 로터가 정해진 각도에 왔을 때 공급되는 전원의 +/−를 스위칭하여 주는 것이다. 따라서 BLDC 모터에서는 센서에 의하여 로터의 각도를 검출하여 스위칭을 하는 방법을 강구해야 한다. 초기에 사용하던 센서는 홀(hall)센서이다. 홀센서는 주변의 자기의 양에 따라 저항이 변하는 센서인데, 스테이터에 붙어 있는 홀센서는 회전자의 특정한 극성이 오면 반응하도록 되어 있다. 센서가 감지한 값으로 로터의 위치를 추정하여 전류를 스위칭하는 것이다.

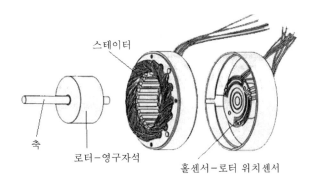

그림 5.38 BLDC 모터의 구조

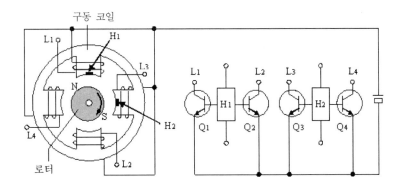

$L_1 \rightarrow L_3$
$L_4 \leftarrow L_2$

H_1 : 홀소자(자극센서)
$Q_1 \sim Q_4$: 트랜지스터
$L_1 \sim L_4$: 구동 코일

그림 5.39 BLDC 모터에서 구동 코일의 스위칭 순서

로터의 위치를 검출하기 위하여 사용하는 센서는 홀센서뿐만 아니라 광센서와 회전판을 사용하는 경우, 엔코더를 사용하는 경우, 리졸버를 사용하는 경우 등이 있다. 코일에 걸리는 전류의 양을 피드백 받아서 사용하면 센서가 없어도 되는데 이것을 센서리스(sensor-less)라고 한다. 홀센서를 이용한 BLDC 모터의 구동 순서는 다음과 같다(그림 5.39).

- N극이 H_1 홀센서 근처에 오면(현재의 위치) H_1의 오른쪽 스위치가 ON되고, H_2는 자극에서 멀어지게 되어 H_2는 OFF된다.
- H_1의 오른쪽 스위치가 ON되면 L_1에 통전되어 자력이 생긴다. 로터와 인력이 발생하여 시계 방향으로 회전한다.
- N극이 H_2 근처에 가면 H_2의 오른쪽 스위치가 ON된다.
- H_2의 오른쪽 스위치가 ON되면 L_3가 통전되어 자력이 생긴다.
- S극이 H_1 홀센서 근처에 오면 H_1의 왼쪽 스위치가 ON된다.
- H_1의 왼쪽 스위치가 ON되면 L_2가 통전되어 자력이 생긴다.
- S극이 H_2 근처에 가면 H_2의 왼쪽 스위치가 ON된다.
- H_2의 왼쪽 스위치가 ON되면 L_4가 통전되어 자력이 생긴다.
- 이와 같은 과정을 반복한다.

위의 과정을 계속하면 $L_1 \Rightarrow L_3 \Rightarrow L_2 \Rightarrow L_4 \Rightarrow L_1$ …의 순서로 스위칭되어 로터는 시계 방향으로 회전한다. 회전 방향을 바꾸려면 스위칭 순서를 거꾸로 하면 된다. 모터에 인가되는 전류는 DC 모터에서와 같이 PWM으로 출력한다.

조금 더 생각해 보면 L_1이 ON되어 S극이 될 때, L_2는 반대 극성의 전자석이 되어 N극이 된다면 두 곳에서 당기는 힘이 작용하므로 토크가 2배가 될 수 있다. 정밀한 제어를 하는 경우는 단순히 ON/OFF만을 컨트롤하는 것이 아니라 로터의 위치에 따라 전류의 양과 방향을 제어하는 방법을 사용한다. 각 구동 코일에 인가되는 전류는 사인곡선의 형태이다. 디지털로 제어하기 때문에 전류는 PWM 형태로 출력된다.

▷▶ BLDC의 서보 제어

BLDC 모터를 서보모터로 사용하는 경우에는 전류제어가 필요하다. DC 모터에서 토크가 전류와 비례한다는 것을 알았다. 일정한 토크를 위해서는 전류를 일정하게 제어하는 것이 필요하다. 모터에 인가된 전류의 양과 모터에서 검출된 전류의 양을 비교하여 모터가 일정한 전류를 갖도록 PID 제어를 한다. 서보 드라이버는 DC 전원을 입력 받아서, 피드백 받은 전류를 고려하여 모터에 인가할 전류를 계산하고 그에 해당하는 PWM을 만들어 모터에 공급한다. 모터에 공급되는 전류에 의하여 모터에서 발생하는 토크를 제어할 수 있다. 이것을 전류 루프(loop)라고 한다.

5.4.3 DC 모터와 BLDC 모터의 비교

앞에서 배운 것을 정리하여 DC 모터와 BLDC 모터를 정리하면 표 5.1과 같다.

표 5.1 DC 모터와 BLDC 모터의 비교

	DC 모터	BLDC 모터
구 조	- 스테이터 : 영구자석 또는 고정식 전자석 - 로터 : 구동 코일	- 스테이터 : 구동 코일 - 로터 : 영구자석
특 징	- 빠른 응답 - 탁월한 제어 - 브러시의 정기 교체	- 빠른 응답 - 탁월한 제어 - 브러시 교체의 불필요
스위칭 방법	- 브러시와 정류자의 기계적 접점에 의하여 스위칭	- 센서에 의한 위치 검출과 스위칭 소자(IGBT 등)에 의한 전자적 스위칭
정역회전	- 브러시에 공급되는 전류의 방향을 바꿈	- 스위칭 순서를 반대로 함
토크 제어	- 전류제어	- 전류제어

5.4.4 BLDC의 예

그림 5.40은 BLDC 모터의 예이다. 다양한 분야에 사용되고 있으며 세탁기와 에어컨 등의 모터에 점차 많이 사용되고 있다.

5.5 유도전동기

5.5.1 개요

▷▶ 아라고 원판

그림 5.41과 같이 자유롭게 회전할 수 있는 알루미늄 또는 동으로 만들어진 원판이 있

다고 하자. 여기에 말굽자석을 끼우고 자석이 원판에는 닿지 않으면서 화살표 방향으로 움직이면 원판도 같은 방향으로 회전하는 현상이 일어난다. 이 현상은 1824년 프랑스의 물리학자 아라고에 의하여 발견되었으므로 아라고의 원판(Arago's disk)이라고 한다. 이 현상은

BLDC 모터와 드라이버   감속기 달린 BLDC 모터

세탁기용 모터   BLDC 서보모터

그림 5.40   BLDC 모터의 예(세우, SPG, Oriental 등)

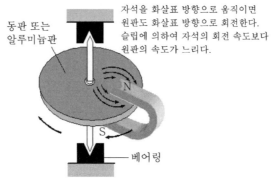

동판 또는
알루미늄판

자석을 화살표 방향으로 움직이면
원판도 화살표 방향으로 회전한다.
슬립에 의하여 자석의 회전 속도보다
원판의 속도가 느리다.

베어링

그림 5.41   아라고의 원판

원판 내에 유도 전류(맴돌이 전류)가 흐르기 때문에 발생하는 것으로 뒤에 푸코(Foucault)에 의하여 해명되었다. 아라고 원판을 근원으로 인덕션 모터(유도 전동기)가 만들어졌으나 이것을 실용화한 것은 세르비아 태생의 미국인 테슬라(전기장에 대한 특허를 900여 개를 가진 천재)이다.

아라고 원판을 전기적으로 설명하여 보자. 자석에 의한 자속이 자석과 함께 이동하므로 원판(도체)은 자속을 자르고 원판 내에는 기전력에 의해 나선형 전류가 흐르며 이 나선형 전류(유도 전류)와 자속과의 관계에서 전자력 F가 생기고, 이것은 자석의 이동 방향과 같은 방향이 되는 것이다. 원판의 회전은 말굽자석의 이동보다 약간 느린데 이것은 슬립(slip) 현상이라고 한다.

▷▶ 교류와 유도 전동기

아라고의 원판에서 말굽자석에 의한 자속의 회전은 모터에서는 스테이터에서 만들어진다. 스테이터의 코일이 자속을 형성하고 여러 개의 코일에 순서대로 전원이 ON되면 그에 의하여 자속이 회전하게 된다. 원주 방향으로 놓인 스테이터 코일에 순서대로 N극이 형성된다면 그 안쪽에 있는 알루미늄 로터는 그 자계의 회전에 따라서 회전하게 되는 것이다(그림 5.42).

스테이터 코일에 전류가 공급되는 것은 교류를 바로 연결하여서 사용하면 된다. 이웃하는 스테이터 코일과 전류를 공급하는 시간적인 차이만 있다면 교류를 그대로 사용하면 된다. 일반적으로 3개의 상(phase)이 동시에 입력되는 3상 교류를 사용하면 첫 번째 코일은 U상을 사용하고, 두 번째 코일은 V상, 세 번째 코일은 W상을 사용한다. 이렇게 하면 옆의 코일과

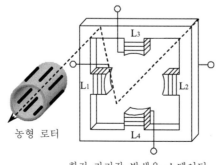

농형 로터

회전 자기장 발생용 스테이터

그림 5.42 농형 유도 전동기의 원리와 구조

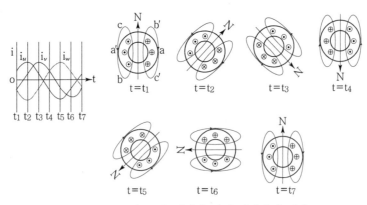

그림 5.43 3상 교류 전원과 회전 자기장의 발생

시간적 차이가 있으면서 자계가 회전하는(rotating magnetic field) 것과 같은 효과(회전 자기장)가 생긴다. 자계가 회전하면 로터에는 토크가 발생하여 회전하게 된다(그림 5.43). 그러나 단상 교류를 이용하는 경우는 스테이터에 교류가 흐르면서 교번자기장(alternating magnetic filed)만이 발생하고 로터는 회전하지 않는다. 옆의 코일과의 시간적 차이를 만들기 위해 콘덴서 등을 사용하거나 별도의 기동장치를 사용한다.

❖ 특징

유도전동기는 다음과 같은 특징이 있다.

- 가장 많이 사용하는 전동기이다.
- 구조가 간단하고 견고하다.
- 가격이 싸고 취급이 용이하다.
- 유도전동기는 교류에 직접 연결하여 사용한다.
- 일정 속도로 움직이는 전동기이지만 입력되는 교류의 주파수를 변경하면 속도의 변경도 가능하다.
- 슬립이 있다. 스테이터 자계의 회전보다 로터의 회전이 약간 느리다.

5.5.2 회전 원리

앞에서 이야기하였듯이 유도전동기는 일종의 AC 모터이다. 그림 5.44와 같이 스테이터의 권선에 흐르는 교번하는 전류(교류)에 의하여 발생하는 회전 자기장과 로터부에 발생하

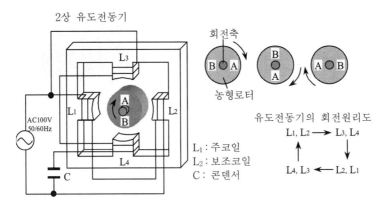

그림 5.44 2상 유도전동기의 작동 원리

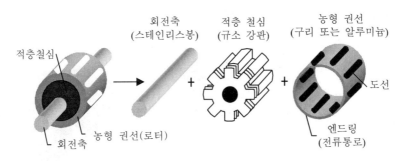

그림 5.45 유도전동기의 농형 로터

는 유도전류와의 상호작용에 의하여 생기는 회전력을 이용한 것이다. 로터부는 구리나 알루미늄 등으로 만든 농형을 사용한다(그림 5.45). 대형 모터인 경우는 권선형을 사용한다.

　교류 전원의 주파수에 따라 정속성이 있으므로 엄밀한 정속성을 요구하지 않는 동력용 모터로 널리 사용하고 있다. 최근에는 파워 반도체 소자와 마이크로프로세서가 발전하여 교류의 주파수를 임의로 변경하는 인버터의 기술에 의하여 유도전동기의 속도를 제어할 수 있다.

❖ 구조

　유도전동기는 그림 5.46과 같이 로터와 스테이터, 그것들을 지지하는 케이스가 있으면 된다. 실제로 소형 모터는 팬이 없이 위쪽 그림에 있는 것과 같은 구조이다. 수 마력의 유도전동기는 일반적으로 아래 그림과 같은 구조를 가지고 있다. 열을 식히기 위한 팬이 부착되어 있고, 기동 코일용 콘덴서와 스위치가 달려 있다. 위아래 전동기 모두 농형 모터이다.

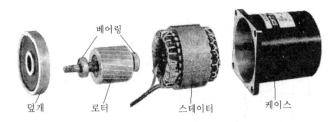

덮개   로터   스테이터   케이스

소형 유도전동기의 구조 : 냉각 팬이 없고, 콘덴서는 따로 부착하기 때문에 보이지 않는다.

범용 유도전동기의 구조

그림 5.46   유도전동기의 구조(Oriental, Leeson)

▷▶ 회전속도의 변경

이론적으로 유도전동기의 회전수 N은 다음과 같이 구할 수 있다.

N(RPM) = 120 f (1-s)/p

　　　f : 전원의 주파수(Hz)

　　　s : 슬립 계수

　　　p : 폴(pole)의 수[자극(磁極)의 수]

주파수가 60 Hz이고, 모터의 폴수가 2이고 슬립 계수가 0.05이면 회전수는 120*60*0.95/2

= 3420(RPM)이다. 폴수는 스테이터 코일을 어떻게 분할하는가에 대한 기준으로 폴수가 작을수록 회전속도는 빨라진다. 2, 4, 6, 8, …과 같이 사용한다. 속도를 낮추고 토크를 높이고 싶으면 폴수를 증가시킨다.

유도전동기의 회전속도를 제어하는 방법은 주파수의 조정과 폴수의 변경이다. 주파수는 인버터에 의하여 변경할 수 있다. 최근에 인버터에 관한 기술이 발전하여 저가의 인버터가 많이 생산되고 있다. 인버터를 사용하면 원하는 속도를 무단으로 변경할 수 있다.

폴수의 변경에 의하여 속도를 제어하는 방법을 알아보자. 유도전동기의 스테이터 코일을 2폴 방식, 4폴 방식, 6폴 방식 등을 동시에 감아 놓고 필요에 따라 2폴로 연결하여 고속 회전, 6폴로 연결하여 저속 회전을 하게 할 수 있다. 이 방법은 코일을 감은 방법에 따라 속도를 단속적으로 변경할 수 있는 것이다. 그 외에 교류전원의 파형을 조작하는 방법이 있는데 어느 방법도 인버터에서 주파수를 변경하는 것보다 우수한 방법은 없다.

인버터 중에는 단순히 주파수만을 변경하지 않고 모터에서 전류를 피드백 받아서 전류제어를 하는 고급기능의 인버터(벡터 인버터)도 있다. 이를 사용하면 유도전동기를 보다 정밀하게 제어할 수 있다.

5.5.3 유도전동기의 분류

유도전동기는 다음과 같이 분류할 수 있다.

+ 단상 유도전동기(single phase induction motor)
+ 분상 기동형(split phase motor)
+ 콘덴서 기동형(capacitor start motor)
+ 영구 콘덴서형(PSC motor, Permanent Split Capacitor motor)
+ 세이딩 코일형(shaded pole motor)
+ 콘덴서 기동-콘덴서 운전형(capacitor start-capacitor run motor)
+ 삼상 유도전동기
+ 농형 유도전동기(squirrel cage induction motor)
+ 권선형 유도전동기(wound-rotor induction motor)

▷▶ 단상 유도전동기

단상 전원은 가정용으로 공급되는 전원인데 1개의 상으로 되어 있다. 이 전원으로는 유

도전동기가 회전하지 않으므로 여러 가지 보조적 방법으로 기동이 되도록 한다. 단상 유도
전동기의 분류에 있는 여러 전동기는 모두 초기 기동을 어떻게 할 것인가에 대한 것이다.
단상 전동기는 자력기동을 할 수 없으므로 기동권선(starting winding)이 필요하고 이것을
이용하여 기동하는 방법은 표 5.2에 있다.

표 5.2 단상 유도전동기의 기동방법

분 류	설 명	특 징
분상 기동형	- 운전권선과 기동권선을 병렬로 연결한다(그림 5.47). - 단상전원이 입력되면 운동권선과 기동권선의 리액턴스 차이에 의하여 위상차가 발생한다. - 회전 자기장이 발생하여 회전을 시작한다. - 기준 회전속도(75%)에 도달하면 원심력 스위치에 의하여 기동권선에 공급되는 전류가 차단된다.	- 저가이다. - 기동전류가 크다. - 원심력 스위치 때문에 크기가 크다. - 펌프, 냉장고, 세탁기 등에 쓰인다.
콘덴서 기동형	- 분상 기동형에 기동권선과 콘덴서를 직렬로 연결한다. - 콘덴서에 의한 리액턴스에 의하여 위상차가 발생한다. - 기준 회전속도(75%)에 도달하면 원심력 스위치에 의하여 기동권선에 공급되는 전류가 차단된다.	- 분상 기동형보다 기동 토크가 크다. - 펌프, 냉장고, 세탁기에 쓰인다.
영구 콘덴서형	- 콘덴서 기동형과 같은 방법으로 기동하는데 정상운전 중에도 기동코일에 계속 전원을 공급한다(그림 5.48).	- 원심력 스위치가 없어서 구조가 간단하다. - 큰 기동 토크가 필요 없는 선풍기, 공장자동화형 소형 모터 등에 사용한다.
세이딩 코일형	- 스테이터 자극의 일부분을 파내고 shading coil인 구리 고리를 끼운 것으로 이에 의하여 회전 자기장이 발생한다(그림 5.49).	- 구조가 간단하다. - 기동 토크가 작다. - 회전 방향을 변경할 수 없다. - 레코드판을 돌리는 모터 등에 사용된다.
콘덴서 기동-콘덴서 운전형	- 콘덴서 기동형에 운전권선에도 콘덴서를 추가하여 운전효율을 높인 것이다.	- 운전 효율이 좋다. - 고가이다.

➲ 리액턴스(reactance) : 콘덴서나 코일은 이러한 성질을 나타내는 대표적인 것이다. 전압에 대해서 전류
의 위상이 뒤지는 것을 양(陽) 또는 유도성(誘導性) 리액턴스, 앞서는 것을 음(陰) 또는 용량성(容量
性) 리액턴스라고 한다. 리액턴스에서는, 전력은 전기장 또는 자기장의 에너지로 축적·방출되어 저항
에서와는 달리 손실이 생기지 않으므로 무효전력(無效電力)이라고 한다.

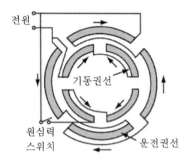

그림 5.47 기동권선의 이용

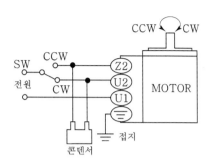

그림 5.48 유도기동을 위한 콘덴서 접속의 예

그림 5.49 쉐이드 모터의 예(감속기 붙음)

▷▶ 3상 유도전동기

3상 유도전동기는 3상전원을 이용하기 때문에 단상에 비하여 효율이 좋다. 따라서 같은 마력수로 비교하면 3상 유도전동기가 단상 유도전동기보다 크기가 작다. 대부분의 공장용 모터는 3상 유도전동기인데 1마력 이하에서 수천 마력까지의 다양한 용량의 모터가 생산된 다. 3상 유도전동기는 로터의 구조에 따라 농형(squirrel cage)과 권선형(wound-rotor)으로 구 분한다. 소용량은 대개 농형이 사용되고 기동 전류에 문제가 있는 것은 권선형을 사용한다.

❖ 농형 유도전동기

농형 유도전동기는 구리나 알루미늄 환봉을 도체 철심(규소강판) 속에 넣어서 그 양쪽 을 원형 측판(shorting ring)에 의하여 단락시킨 것이다. 철심을 제외한 로터가 다람쥐 쳇 바퀴와 같이 생겨서 영어로는 squirrel cage이고 한자로는 새장의 뜻인 농(籠)자를 쓴다. 농형 유도전동기는 다음의 특징이 있다.

- ◆ 회전자의 구조가 간단하고 견고하다.
- ◆ 기동할 때 많은 전류가 필요하여(전부하 전류의 500~650 %) 권선이 타기 쉽다.
- ◆ 기동 토크는 전부하 토크의 100~150 %이다.

❖ 권선형 유도전동기

권선형 유도전동기는 로터에도 3상의 권선을 감고 각각의 단자를 슬립링을 통해서 저항과 연결한다. 저항값은 기동 특성에 맞추어 조정한다.

- ◆ 회전자의 구조가 농형에 비하여 복잡하다.
- ◆ 기동전류가 전부하 전류의 100~150 % 정도이므로 적은 양의 전원으로도 기동할 수 있다.
- ◆ 기동이 빈번한 경우와 대용량 모터에 많이 사용한다.

▷▶ 유도전동기의 기동

유도전동기는 전원만 연결하면 회전한다. 그러나 보다 부드러운 운전을 원하면 그에 맞는 여러 장치를 쓸 수 있다. 다음은 유도전동기를 기동시키는 방법들이다.

❖ 전전압 기동 : 처음부터 전전압을 부여한다. 기동 토크가 커서 기동시간이 짧다. 기동전류가 커서 전압강하가 일어난다.
❖ 리액터 기동 : 1차측에 리액터를 넣어서 전압강하를 시켜 낮은 전압에서 기동한다.
❖ 1차 저항 기동 : 리액터 역할을 저항이 하도록 한다.
❖ 소프트 스타터 : SCR 소자에 의하여 저전압을 정전압으로 증가시킨다. 과부하 시 트립(trip : 과전류보호기가 작동되어 전원 공급이 끊어지는 것)이 일어난다.

5.5.4 유도전동기의 예

유도전동기는 실로 다양한 형태로 사용되고 있는데 그림 5.50과 같다. 소형 모터는 수 W에서 수십 W의 모터를 말하는 것으로 감속기를 붙이면 속도는 느리지만 증가된 토크를 얻을 수 있다. 중대형 모터는 수 KW에서 수천 KW까지 있다.

표준형	플랜지형	플랜지형 기어드 모터
바닥고정형 기어드 모터	소형 인덕션 모터	소형 기어드 모터

그림 5.50 유도전동기의 예

5.6 동기 모터

5.6.1 개요

유도전동기는 유도기전력에 로터가 회전하므로 스테이터가 형성하는 회전자계의 움직임에 비하여 약간 늦은 속도로 회전한다. 이것을 슬립 현상이라 하였다. 만일 로터가 영구자석으로 되어 있다면 회전 자기장이 형성하는 N/S극을 따라 로터가 회전하게 될 것이다. 로터의 영구자석과 스테이터가 만드는 자계가 직접적인 인력이 작용할 것이므로 슬립은 0이 된다. 이런 모터를 동기모터(synchronous motor)라고 한다. 즉 로터가 영구자석으로 구성되고 스테이터가 권선코일로 이루어진 모터이다.

스테이터가 3상 전원에 의하여 회전자계를 형성하는 것은 유도전동기와 같다. 로터는 그 회전자계와 동기되어 회전하는데 만일 로터의 회전이 회전자계와 동기되지 않는다면 진동이 일어나게 되고 정지되거나 불안정하게 회전한다(시계 방향/반시계 방향을 크게 반복한다). 또한 모터의 최대 토크 이상의 힘을 가하여도 같은 현상이 일어난다. 이와 같은 현상을 탈조라고 부르는데 스테핑 모터에서도 이와 비슷한 일이 일어난다.

▷▶ 회전수

동기 모터의 회전수는 다음과 같이 구할 수 있다.

$$N(RPM) = 120 \ f/p$$

    f : 전원의 주파수(Hz)

    p : 폴(pole)의 수[자극(磁極)의 수]

예를 들어 4폴의 동기 모터에 60Hz의 전원을 가하면 1800 RPM으로 회전하게 되는 것이다. 동기모터의 회전 수 변경은 인버터에 의한 주파수 가변에 의하여 이루어지는 것이 일반적이다.

5.6.2 서보모터

산업용 로봇을 움직이거나 CNC 공작기계 위치결정에 사용되는 모터를 서보모터라 한다. 서보는 물체의 위치, 방위, 자세 등을 제어하여 목표치를 추종하도록 하는 시스템이다. 서보모터의 제어 방법에는 위치 제어와 속도 제어가 있다. 위치 제어는 지령된 위치를 신속하고 정확히 도달하도록 제어하는 것이고, 속도 제어는 모터의 속도를 제어하여 원하는 속도로 추종하도록 제어하는 것이다.

서보모터는 일반 모터와는 달리 빈번하게 변화하는 위치나 속도의 명령에 신속하고 정확하게 추종할 수 있도록 설계된 모터이다. 서보모터는 급가속 및 급감속에 대응할 수 있어야 한다. 이것을 모터의 특성으로 표시하면 (1) 토크가 클 것, (2) 로터의 관성 모멘트가 작을 것이다.

이 조건을 만족하는 모터 중 하나가 DC 모터이다. 따라서 DC 모터는 오랫동안 서보모터로 사용되어 왔다. 토크를 크게 하고 로터의 관성을 줄이기 위하여 직경이 작고 길이가 긴 로터를 사용하기도 하였다. 그러나 DC 모터는 정류자와 브러시의 마찰에 의하여 노이즈가 많이 발생하고 브러시가 마모되기 때문에 정기적으로 브러시를 교체하여야 하는 단점이 있다. 현재는 AC 서보 기술이 많이 발전하여 DC 서보모터는 거의 사용하지 않고 AC 서보모터를 사용한다.

AC 서보모터는 다음의 두 가지로 구분한다.

❖ 동기형 AC 서보모터
- 로터가 영구자석
- 스테이터가 코일 권선
- 동기형이므로 유지 보수 간편

- ◆ 위치 제어와 속도 제어에 적용
- ◆ 소용량 모터에 주로 적용(수 KW 이하)

❖ 유도형 AC 서보모터

- ◆ 유도 전동기용 로터
- ◆ 스테이터는 코일권선
- ◆ 슬립 발생을 제어기에서 예측하여 제어함
- ◆ 빈번한 정역회전에는 사용하지 않음
- ◆ 한 방향으로 회전하고 정역회전이 거의 없는 스핀들 모터에 적합
- ◆ 대용량 서보 장치에 사용(수 KW 이상)

동기형 서보모터는 AC 동기모터에 서보 기술을 적용한 것이고 유도형 AC 서보모터는 유도전동기를 기본으로 하는 것이다.

▷▶ AC 서보모터의 구조와 특징

AC 서보모터(AC Servo motor)의 구조는 앞에서 설명한 바와 같이 로터가 영구자석이고 스테이터에 코일이 감겨 있는 구조이다. 그림 5.51과 같이 기계적 지지를 의한 프레임과 프레임 안쪽에 스테이터 코어(stator core)가 있고 코어에 코일 권선이 감겨 있다. 로터는 회전축에 원통형의 로터 프레임이 있고 그 외경에 영구 자석이 붙어 있다. 축은 모터의 회전을 다른 장치에 전달하는 것인데 오른쪽 끝에는 모터의 회전을 감지하는 엔코더가 달려 있다. 리졸버를 사용하기도 하는데 요즘은 광학식 엔코더 기술이 발전하여 대부분 엔코더를 장착한다. 현재의 AC 서보모터는 다음과 같은 특징이 있다.

그림 5.51 AC 서보모터의 내부 단면도

- 기계적 구조가 간단하다.
- 구조가 밀폐형으로 환경이 나쁜 곳에서도 신뢰성이 높다.
- 유지 보수가 용이하고 기계적 마찰이 없어 소음이 작다.
- IGBT 등의 전력제어 파워소자의 발달에 의하여 제어기가 소형화, 저가격화되고 있다.
- 소프트웨어와 하드웨어적 제어기술이 이루어졌다.
- 질 좋은 영구자석 재료가 개발되어 모터가 소형화된다.

▷▶ AC 서보모터의 구동 원리

AC 서보모터의 드라이버는 그림 5.52와 같이 컨버터, 인버터, 제어기 등으로 구성되어 있다. 컨버터는 교류전원을 직류전원으로 변환하는 장치이다. 제어기는 상위 시스템에서 명령을 받으면 모터에 지령하고자 하는 주파수와 전류값을 계산한다. 이 주파수와 전류값을 이용하여 인버터는 직류전원(컨버터)을 교류로 만들어서 서보모터로 보낸다. 그에 따라 서보모터는 회전하게 된다. 서보모터와 인버터 사이에 흐르는 전류는 전류제어를 위하여 컨트롤러에 피드백된다. 엔코더가 감지한 속도와 위치는 컨트롤러로 피드백된다.

컨트롤러는 마이크로프로세서에 소프트웨어 프로그램을 장착한 것이다. 마이크로프로세서로는 DSP(Digital Signal Processing)를 많이 사용하고 있다. 서보 드라이버의 하드웨어는 시중에서 구입할 수 있는 부품으로 이루어져 있어서 현재의 서보 드라이버 기술은 DSP에 작성하는 소프트웨어의 기술에 의하여 그 성능이 좌우된다.

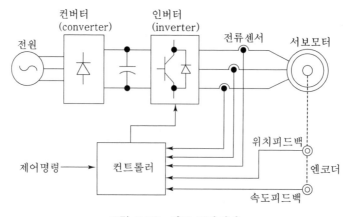

그림 5.52 서보 드라이버

앞의 드라이버의 구성 요소 중에서 인버터는 중요한 역할을 한다. 인버터는 컨트롤러가 계산한 값에 의하여 직류전원을 U, V, W의 3상의 교류로 변환하는 것이다. 그에 대한 간략한 회로도는 그림 5.53에 나타나 있다. 6개의 전력 스위칭 소자로 구성된 것을 볼 수 있는데 이것은 IGBT라는 전력 소자 1개에 의하여 역할을 수행하고 있다. 이 부품이 소형화되면서 드라이버도 함께 소형화되고 있다.

▷▶ 이용 예

그림 5.54는 시판되는 서보 드라이버와 모터의 예이다. 그림 5.55는 서보 드라이버 배선의 예를 보이고 있다. 상위에는 PLC 등의 제어기에서 원하는 위치, 속도를 지령하여 모

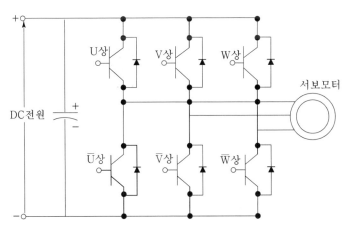

그림 5.53 서보 드라이버 내의 인버터 회로

그림 5.54 다양한 용량의 서보모터와 드라이버(Yaskawa)

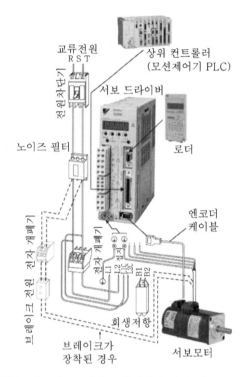

그림 5.55 서보모터와 드라이버의 배선 예(Yaskawa)

터가 움직이도록 하고 있다. 상위 컨트롤러에서 지령을 받으면 서보 드라이버는 그 지령에 따라 위치/속도를 컨트롤하고 결과를 상위 컨트롤러에 계속 피드백한다.

- ◆ 노이즈 필터 : 입력되는 전원의 노이즈를 최대한 줄이는 장치이다.
- ◆ 브레이크 전원 : 교류 전원을 브레이크 작동을 위해 직류 전원으로 바꾸는 장치이다.
- ◆ 로더 : 서보 드라이버의 운전 조건을 세팅하기 위한 기기이다.
- ◆ 회생저항 : 모터가 잦은 정역회전을 계속하게 되면 모터의 영구자석 로터와 스테이터 사이에서 전류가 발생한다. 이것은 발전기의 원리와 같다. 이때 발생된 전원을 저항을 통하여 방전시키는 장치가 회생저항이다.

그림 5.56은 동기 모터의 이용 예이다. 고정밀의 AC 모터는 공작기계의 핵심부품으로 이용되는데 그림 5.57이 그 예이다.

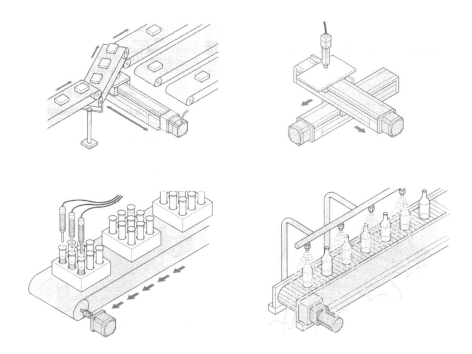

그림 5.56 소형 모터를 이용한 자동화

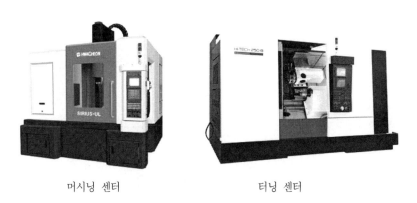

머시닝 센터   터닝 센터

그림 5.57 서보모터를 이용한 공작기계(화천)

5.6.3 인버터

유도전동기와 동기 모터는 전원의 주파수에 의하여 그 회전수가 결정된다. 만일 가정에 공급되는 전원을 사용한다면 주파수가 일정하기 때문에 그 회전수를 바꾸는 것은 불가능하다. AC 모터의 회전수를 변경하는 것은 여러 가지 방법이 있지만(폴 체인지, 전압 제어, 위상 제어) 가장 널리 사용하는 것은 주파수를 바꾸는 것이다.

인버터는 이러한 목적에 맞게 고안된 가변 주파수 발생기이다. 이것을 이용하면 저속과 고속 회전을 위한 주파수를 얻을 수 있다. 그림 5.58과 같이 교류 전원을 임의의 주파수로 만들기 위해서 일단 직류로 정류한 다음에 이것을 전기/전자 회로에 의하여 임의의 주파수로 만들게 된다. 사용 목적에 따라 단상, 2상, 3상의 교류를 생성할 수 있다. 그림 5.59는 시판되는 인버터의 예이다.

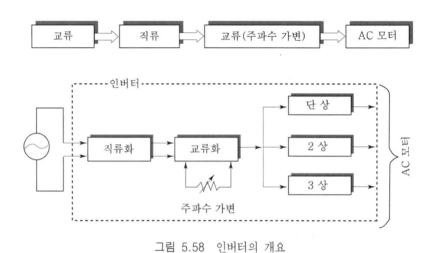

그림 5.58 인버터의 개요

그림 5.59 인버터의 예

5.7 리니어 모터

5.7.1 개요

산업 현장에서는 모터의 회전 운동뿐만이 아니고 직선 이동도 많이 필요하다. 직선 운동이 필요한 경우에는 (1) 벨트, (2) 스크루와 너트, (3) 랙과 피니언 등에 의하여 회전 운동을 직선 운동으로 변환하여 사용하였다. 이런 변환과정을 통하면 백래시와 마모 등에 의하여 정밀도가 떨어지고 가속력과 이송속도에 한계가 있게 된다. 앞에서 말한 부가장치 없이 직접 직선 운동을 하는 모터를 리니어 모터라고 한다. 1980년대 초 휘트스톤(Wheatstone)에 의하여 리니어 유도 모터가 개발되었다. 그 후 리니어 모터의 정의 및 이론은 영국의 레이스웨이트(Laithwaite) 교수가 처음으로 발표하였다.

그림 5.60은 리니어 모터의 원리를 나타내는 것이다. 로터와 스테이터를 그림과 같이 펼치고 로터의 위치를 알기 위하여 필요에 따라 리니어 엔코더를 장착한다. 리니어 모터는 회전형 모터인 스테핑 모터, 동기 모터, 유도전동기 등의 회전 원리를 그대로 이용한 것이다. 그림 5.61은 영구자석이 바닥에 고정되고 움직이는 슬라이드에 코일 감긴 형태이다. 이것은 동기모터를 직선형으로 만든 것이다.

그림 5.60 회전형 모터에서 리니어 모터로 변화되는 과정

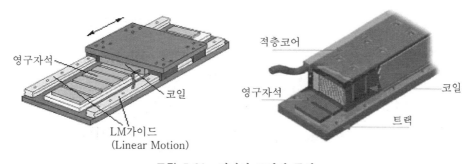

그림 5.61 리니어 모터의 구성

5.7.2 장단점

리니어 모터는 다음과 같은 장점이 있다.

- 회전 모터와 볼스크루, 벨트, 랙피니언 등이 필요 없는 직접 구동식이므로 기구부가 간단하고, 소형화가 가능하다.
- 빠른 이동 속도, 강한 추력 및 정확한 위치 제어가 동시에 가능하다.
- 백래시가 없어 고정밀 위치 제어가 가능하다.
- 여러 개를 서로 연결하여 사용할 수 있으므로 이동거리에 제한이 없으며, 변형이 적다.
- 제어응답성이 우수하고 폐루프 제어가 가능하다.
- 구동부에서 마찰에 의한 마모가 없으므로 소음이 적고 반영구적이다.

리니어 모터의 단점은 다음과 같다.

- 모터와 볼스크루를 사용하는 것과 리니어 모터를 사용하는 것을 비교하면 아직까지는 리니어 모터가 가격이 비싸다.
- 코일에서 발생하는 열이 장비의 정밀도에 직접적인 영향을 미친다. 따라서 냉각장치가 필요하다.

5.7.3 리니어 모터의 분류

리니어 모터를 분류하는 가장 일반적인 방법은 구동방식에 따라 분류하는 것이다.

❖ 동기모터 방식

- 가장 많이 사용하는 구동방식이다.

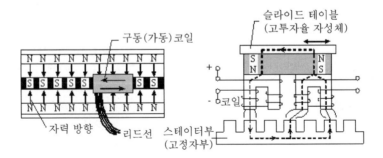

그림 5.62 스테핑 모터 방식의 리니어 모터의 구동원리

- ◆ 비교적 소형으로 강한 추력을 발생할 수 있다.
- ◆ 제어 특성이 우수하고 정밀하고 고속 운전이 가능하다.
- ◆ 가격이 비싸다.

❖ 스테핑 모터 방식(그림 5.62)

- ◆ 가격이 싸다.
- ◆ 비교적 정밀한 위치 제어가 가능하다.
- ◆ 고속 운전이 어렵고 탈조 현상이 발생할 수 있다.

❖ 유도 모터 방식

- ◆ 저렴한 가격으로 강한 추력을 발생할 수 있다.
- ◆ 열발생이 많고 크기가 크다.

어떤 방식이든지 코일에 전류를 흘려 구동하게 되므로 열이 발생한다. 발생한 열은 특히 구동부의 기계적 정도에 영향을 주게 된다. 이러한 열을 냉각하는 방식은 다음과 같은 것이다.

❖ 자연 공기 냉각 방식

- ◆ 냉각 핀(fin)을 설치하여 자연 냉각하는 방식이다.
- ◆ 냉각 효율은 낮지만 크린룸에서 사용하기에 적당하다.
- ◆ 대부분의 반도체 장비에 사용하는 방식이다.

❖ 강제 공기 방식

- ◆ 압축공기나 팬을 돌려서 냉각하는 방식이다.
- ◆ 분출된 공기 때문에 크린룸의 공기 흐름을 방해할 수 있다.
- ◆ 크린룸에서는 데워진 공기를 별도로 모아서 배기하여야 한다.

❖ 강제 유체 냉각

- ◆ 냉각된 물이나 기름을 파이프를 통하여 순환하여 냉각시킨다.
- ◆ 누수나 누유의 염려 때문에 반도체 공정에서는 사용하지 않는다.
- ◆ 공작기계나 물류장치와 같이 대용량이 추력을 사용하는 곳에서는 꼭 필요하다.

5.7.4 리니어 모터의 이용

그림 5.63은 시판되는 리니어 모터와 드라이버의 예이다.

현재 리니어 모터는 고가이기 때문에 반도체 제조장비나 액정 제조 장비, 공작기계(그림 5.64), 계측 장비와 같은 고부가가치의 장비에 주로 사용되고 있다.

그림 5.63 리니어 모터(Yaskawa)

반도체 장비의 프레임   머시닝 센터(DMG)

그림 5.64 리니어 모터의 이용 예

⟨참고 문헌 & 인터넷 사이트⟩

www.inaom.co.kr

www.autonics.co.kr

www.japanservo.com

www.inaom.co.kr

www.hlm.com.cn

www.sewoomotor.com

www.leeson.com

www.yaskawa.co.jp

www.fanuc.co.jp

www.dmgkorea.com

www.hwacheon.co.kr

연습 문제

1. 5상 스테핑 모터는 통상 스테이터 코일이 36° 간격으로 10개 위치에 감겨 있다. 이와 같은 경우에 스테이터 코일 간격에 의해서만 회전각이 결정된다면 로터의 회전은 36° 간격이 될 것이다. 그러나 VR형인 경우에 1.8°, 0.9°의 스텝 각도를 갖게 된다. 이렇게 작은 스텝 간격을 갖게 되는 이유는 무엇인가?

2. 스테핑 모터에서 1상 여자 풀 스텝, 2상 여자 풀 스텝, 1-2상 여자 하프 스텝을 비교 설명하라.

3. 스테핑 모터의 마이크로 스텝에서 작은 각도를 컨트롤하는 원리는 무엇인가?

4. 스테핑 모터의 유니폴라와 바이폴라의 의미가 무엇인지 설명하고 정지 토크가 큰 것은 둘 중에 어떤 것인가? 그 이유는 무엇인가?

5. PM형 스테핑 모터는 스텝 각이 HB형에 비하여 크다. 그 이유는 무엇인가?

6. 마이크로 마우스에서는 구동용으로 스테핑 모터를 많이 사용한다. 이때의 스테핑 모터의 사양과 배선 방법, 제어 방법 등을 조사하여 상세히 기술하라.

7. 다음 각 모터의 탈조 현상을 설명하라.

모터의 종류	탈조 현상이 있다/없다	있다면 탈조가 생기는 원인
스테핑 모터		
DC 모터		
BLDC 모터		
유도전동기		
동기 모터		

8. 플레밍의 왼손 법칙에 의하여 DC 모터가 회전하는 원리를 설명하라.

9. DC 모터의 브러시와 정류자의 역할을, 브러시리스 DC 모터에서는 무엇이 대신하는가?

10. 다음의 각 모터에 대하여 속도를 제어하는 방법과 방향을 바꾸는 방법을 설명하라.
    ① DC 모터
    ② BLDC 모터
    ③ 스테핑 모터
    ④ 유도전동기
    ⑤ 동기 모터

11. 유도전동기에 대한 질문이다.
    ① 회전 원리를 설명하라.
    ② 회전수 N(RPM)을 식으로 나타내라.
    ③ 회전수를 바꿀 수 있는 방법은 무엇이 있는가 쓰고 설명하라.

12. 유도전동기에서 슬립이 생기는 원인은 무엇인가?

13. 아라고 원판에서는 말굽자석이 회전한다. 유도전동기에서 아라고 원판의 말굽자석의 역할을 하는 것은 무엇이고 말굽자석이 회전하는 효과를 어떻게 내고 있는 것인가 설명하라.

14. DC 모터의 속도 제어 방법을 플레밍의 왼손 법칙으로 설명하라.

15. 단상 유도전동기의 기동 방법을 설명하라.

16. 권선형 유도전동기와 농형 유도전동기를 비교 설명하라.

17. 동기 모터와 BLDC의 제어상의 차이점은 무엇인가?

18. AC 서보모터와 동기 모터의 차이점은 무엇인가?

19. 인버터의 원리를 설명하라.

20. 인버터에서 디지털 제어 방법에 의하여 교류를 생성할 수 있는 방법은 무엇인가?

21. 리니어 모터의 냉각 방법을 나열하고 설명하라.

22. 자기 부상 열차와 리니어 모터의 차이점을 기술하라.

23. 공작기계(NC 선반과 머시닝 센터)에서 사용되는 리니어 모터를 조사하고 어디에 사용되는지 기술하라.

6장 구조물과 기구 장치

6.1 구조물

자동화 시스템을 만들기 위해서는 컴퓨터나 컨트롤러, 액추에이터, 파워 서플라이, 센서 등이 있어야 한다. 이런 부품들이 모였을 때 전체 시스템을 구성하고 액추에이터를 배열하기 위해서는 뼈대가 되는 구조물이 있어야 한다. 구조물을 만드는 방법은 다음과 같은 것이 있다.

- ❖ 기계 조립에 의한 방법
  - ◆ 알루미늄 프로파일
  - ◆ 철판을 절단하여 기계 조립하는 방법
- ❖ 용접에 의한 방법
- ❖ 주조에 의한 방법

기계의 정밀도가 중요하지 않은 경우에는 알루미늄 프로파일을 조립하여 사용한다. 반면에 정밀도가 중요한 경우에는 주조 또는 용접을 한 후에 기계 가공하여 사용한다. 알루미늄 프로파일을 이용하는 방법은 표준부품을 이용하기 때문에 매우 손쉽게 구조물을 만들수 있는 장점이 있다. 주조를 하는 방법은 주조 공정을 위해 목형이 필요하여 납기가 많이 소요된다. 목형이 만들어지면 대량 생산을 할 수 있는 장점이 있다. 용접에 의한 방법은 소량 생산을 할 때는 경제성이 있지만 대량 생산을 할 경우는 목형을 만드는 것과 비교하여 경제성을 따져봐야 한다. 알루미늄 프로파일을 이용하는 방법, 용접에 의한 방법, 주조에 의한 방법 등에 대하여 살펴보겠다.

6.1.1 알루미늄 프로파일

알루미늄 프로파일은 그림 6.1과 같이 다양한 단면 모양을 가진 긴 부품이다. 5 m 정도의 길이까지 만들어진다. 알루미늄 프로파일을 이용하여 기구의 구조물을 만들면 다음의 장점이 있다.

* 다양한 단면의 제품이 기성품으로 있어서 선택하여 사용하면 된다.
* 조립하기 위한 부품은 기성품으로 나와 있다.
* 설계와 조립이 신속하다.
* 설계를 변경할 경우 해체가 간편하다.
* 업체로부터 구조물 설계를 위한 소프트웨어가 제공된다.

알루미늄 프로파일을 이용하면 다음과 같은 단점이 있다.

* 무게가 무거운 중량물을 다루는 시스템에서는 사용하기 어렵다.
* 구조물 자체가 정밀도를 보장하기 어렵다.

그림 6.2는 알루미늄 프로파일을 조립하는 다양한 방법을 보이고 있다. 이때 사용된 부품들은 기성품이므로 용도에 맞게 선택하여 사용한다.

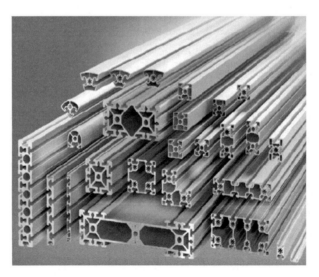

그림 6.1 다양한 알루미늄 프로파일의 예

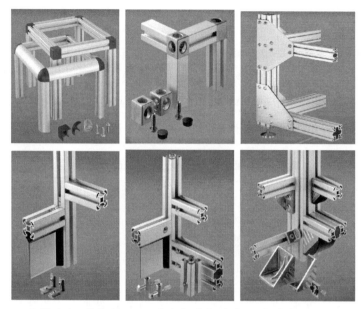

그림 6.2 알루미늄 프로파일의 여러 가지 조립 방법(Rexroth)

그림 6.3 알루미늄 프로파일에 의한 자동화 장비의 구조물 구축의 예(Rexroth)

그림 6.3은 알루미늄 프로파일을 이용한 자동화 장비의 프로파일을 제작한 예를 보이고 있다. 무게가 무거운 중량물을 다루는 것이 아니고 구조물 자체가 정밀성을 보장해야 하는 것이 아니라면 매우 경제적으로 사용할 수 있는 것이 알루미늄 프로파일이다.

6.1.2 용접

정밀하고 견고한 구조물을 위해서는 용접이나 주물을 사용한다. 용접에 의하여 구조물을 만드는 경우는 제작하려는 제품이 소량이라서 주물을 만드는 것이 경제적이지 않은 경우(경제성은 주물을 다룰 때 공부한다)이거나 구조물이 매우 커서 주조물을 만들기가 곤란한 경우이다. 용접에 의하여 구조물을 만드는 공정 순서는 다음과 같다.

* 구조물의 설계도를 판재의 형태로 전개하여 분리한다.
* 강판을 절단한다.
* 용접한다.
* 열처리(풀림, annealing, 소둔)한다.
* 기계 가공한다.

구조물의 설계도는 최종 제품에 대한 것이므로 이것을 판재로 분리하여 강판을 절단하기 위한 부품도를 만들고 이를 절단하고 용접하여 구조물을 만드는 것이다. 이렇게 만들어진 구조물은 (1) 강판의 압연 (2) 절단 (3) 용접에 의하여 잔류 응력이 있으므로 그것을 그대로 사용하면 필연적으로 변형이 생긴다. 이 잔류 응력을 제거하기 위하여 열처리를 한다. 이런 열처리를 풀림(annealing)이라고 한다.

그림 6.4는 용접에 의하여 기계 프레임을 만든 예를 보이고 있다. 사람의 몇 배가 되는 크기이기 때문에 용접에 의하여 구조물을 제작한 것이다. 선박용 엔진도 용접에 의하여 구조물을 만든다.

그림 6.4 용접에 의하여 만들어진 구조물의 예

6.1.3 주물

대부분의 공작기계와 산업용 로봇의 구조물은 주물에 의하여 제작된다. 주물에 의하여 구조물을 만드는 제작 공정은 다음과 같다.

- ◆ 목형을 제작한다.
- ◆ 주형을 제작한다.
- ◆ 용융된 쇳물을 주형에 붓는다.
- ◆ 냉각시키고 후처리한다.

만일 한 개 이상의 주물을 만드는 경우라면 목형을 계속 사용하는 것이므로 목형을 제작하는 공정은 처음에만 필요하고 두 번째부터는 주형부터 제작하면 된다. 동일한 기계를 10대 정도를 만들 것이라면 그 구조물을 용접 구조물로 할 것인지 주물로 제작할 것인지를 결정하여야 한다. 경제성을 고려하여 보자.

- ◆ 용접에 의한 방법은 초기 비용은 없지만 제작 비용(변동비)이 크다.
- ◆ 주조에 의한 방법은 목형을 만들어야 하기 때문에 초기비용이 있다. 하지만 변동비인 대당 제작비용은 용접에 의한 방법보다 적다.

따라서 경제성은 그림 6.5와 같이 될 것이다. N*대를 초과하는 경우에는 주조에 의한 방법이 경제적이고 N*대 미만의 경우에는 용접에 의한 방법이 경제적이다.

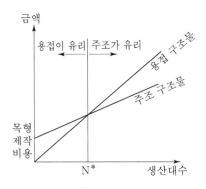

그림 6.5 주조와 용접의 경제성

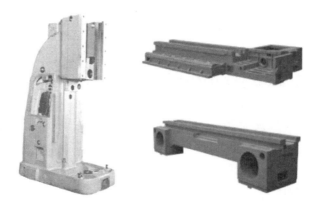

그림 6.6 주조로 만든 공작기계 구조물의 예

그림 6.6은 주조로 만든 공작기계 부품의 예이다.

6.2 직선 가이드

자동화 장치에서 직선 운동을 하는 경우는 매우 많다. 다음은 직선 운동하도록 가이드 하는 방법이다.

- ◆ 안내면(安內面, guide way) : 기계 구조물에 직선의 안내면을 만들고 상대편에는 그 안내면을 따라가는 형상으로 만들어서 직선 운동을 하도록 한 것이다.
- ◆ LM가이드 : LM(Linear Motion)레일과 그것을 따라 움직이는 LM블록에 의하여 직선 운동을 하도록 한 것이다. 움직일 부품은 LM블록에 고정한다.
- ◆ 샤프트와 부시 : 비교적 제작이 용이한 원통형 샤프트(shaft)와 그를 따라 움직이는 부시(bush)에 의하여 직선 운동을 하도록 한 것이다.

위의 순서는 정밀도가 높은 순서대로 나열된 것이다. 제작을 하는 비용은 아래가 저렴 하고 위쪽이 비싸다. LM가이드의 기술이 발전하고 가격도 경쟁력이 생기면서 안내면을 가 공하여 사용하는 기계가 줄어들고 있다.

6.2.1 안내면

안내면은 전통적으로 직선 운동을 하는 장비에 사용되는 방법이다. LM가이드가 보편화

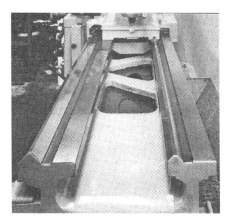

그림 6.7 수작업에 의해 가공된 선반의 안내면

되기까지는 모든 공작기계에서 사용하던 방법이다. 정밀도를 좋게 할 수 있을 뿐만 아니라 중량물을 움직이는 경우에도 견고하게 견디므로 대형 공작기계나 가공 절삭력이 많이 소요되는 기계에서는 현재도 많이 사용한다. 안내면을 만드는 방법은, 밀링가공으로 면을 가공한 후에 수작업 연마로 원하는 정밀도를 달성한다. 그림 6.7은 수작업 연마로 완성한 선반의 안내면을 보이고 있다.

6.2.2 LM가이드

LM가이드(linear motion guide)는 안내면을 수작업으로 제작하는 것을 표준화하기 위하여 발명된 것이다(그림 6.8). 직선 운동을 하는 구조를 만들기 위해서 단순히 LM레일을 평편한 면에 깔고 볼트로 조이면 끝이 나도록 한 것이다. LM레일을 따라서 그림과 같이 LM블록이 움직이게 되는 것이다. LM블록과 레일은 그 사이에 볼이 있고 구름 마찰로 움직이도록 설계되어 있으므로 부드럽게 움직이고 장시간 사용할 수 있다.

그림 6.9는 LM가이드와 볼스크루가 함께 조립된 형상을 보이고 있다. 모터에 의하여 직선 운동을 하는 대표적인 형태이다. LM가이드에 의하여 직선성을 보장하도록 하고 볼스크루에 의하여 모터의 회전 운동을 직선 운동으로 바꾸도록 하는 것이다. 그림과 같은 구조를 만들기 위해서는 LM가이드와 볼스크루가 조립될 부분의 평면을 가공하고 구멍을 뚫은 다음 조립만 하면 된다. 5000 mm에 대한 주행 평행도는 초정밀급 LM가이드인 경우 0.014 mm 정도이다.

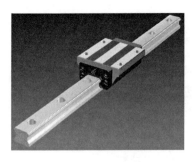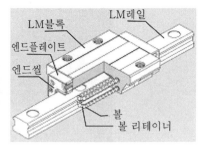

그림 6.8 LM가이드와 그 구조(THK)

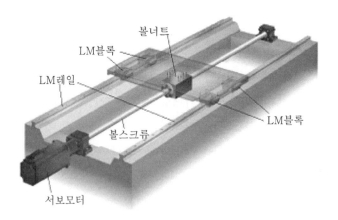

그림 6.9 LM가이드와 볼스크루가 함께 조립된 예(Rexroth)

LM가이드의 장점은 다음과 같다.

* 정밀한 직선운동을 하는 구조를 손쉽게 만들 수 있다.
* 볼 또는 원통에 의한 구름 마찰이므로 움직임이 부드럽다.
* 위치 및 주행 정밀도를 내기 쉽다.
* 안내면 가공을 위한 숙련공이 불필요하다.
* 차지하는 면적이 작아서 소형화가 가능하다.
* 고속성이 우수하다.
* 전체 비용이 저렴하다.

LM가이드의 단점은 다음과 같다.

♦ 오래 사용하면 볼의 마모에 의하여 정밀도가 떨어진다.

♦ 충격에 의하여 레일의 변형이 쉽게 올 수 있다.

무거운 작업물이나 강한 충격에도 견딜 수 있는 강력한 제품이 시장에 나오고 있어서, 수작업 연마로 안내면을 가공하던 것이 점차 LM가이드를 사용하는 것으로 바뀌고 있는 추세이다.

6.2.3 샤프트와 부시

환봉을 정밀하게 만든 것은 다른 형상보다는 용이하다. 진직도(眞直度)가 우수한 환봉을 만들고 그 환봉을 따라가는 부시(bush)를 이용하여 직선 운동을 하도록 하면 가격이 저렴한 직선 운동 기구를 만들 수 있다. 그림 6.10은 시판되는 샤프트(shaft)와 부시를 이용하여 간단하게 직선 운동 기구를 만든 예를 보이고 있다.

샤프트와 부시를 이용한 방법은 LM가이드를 이용한 방법에 비하여 샤프트의 수직 방향 (radial)으로 고하중을 견디는 것이 곤란하고 높은 정밀도를 내기 어렵다. 그러나 간단히 직선 운동을 구현할 수 있어서 큰 힘이 필요하지 않은 기구에 많이 사용된다.

그림 6.11은 샤프트와 부시의 직선 운동과 볼스크루 또는 타이밍 벨트의 동력전달을 이용하여 모터의 회전 운동을 직선축 구동에 이용한 예를 보이고 있다.

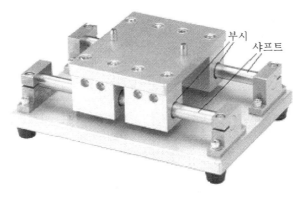

부시

샤프트

그림 6.10 샤프트와 부시에 의한 직선 운동 기구

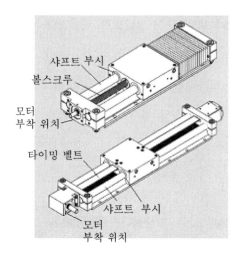

샤프트 부시
볼스크루
모터
부착 위치
타이밍 벨트
샤프트 부시
모터
부착 위치

그림 6.11 샤프트와 부시를 이용한 직선축 구동 모듈의 예(Rexroth)

6.3 직선구동

직선구동을 하는 방법은 다음과 같이 구분할 수 있다.

❖ 직선 운동하는 액추에이터

 ◆ 공압 실린더

 ◆ 유압 실린더

 ◆ 솔레노이드

❖ 회전 운동하는 액추에이터

 ◆ 스크루와 너트를 이용하는 방법

 ◆ 랙과 피니언을 이용하는 방법

 ◆ 타이밍 벨트를 이용하는 방법

원래부터 직선 운동을 하는 액추에이터는 그 자체가 직선 운동을 하므로 그대로 사용할 수 있다. 그러나 더 정밀한 직선 운동을 하기 위해서는 앞에서 배운 LM가이드나 샤프트 & 부시 등의 직선가이드와 함께 사용할 수 있다. 회전형 액추에이터의 가장 대표적인 것은 모터이다. 모터의 회전을 직선형으로 변경하는 방법은 앞의 3가지 방법이 있다. 스크루와 너트를 이용하는 방법으로는 현재 볼스크루와 너트를 많이 사용한다.

6.3.1   볼스크루 & 너트

스크루와 너트를 이용하는 방법은 선반이나 밀링에서 사용하던 방법이다. 기존의 스크루와 너트는 미끄럼 마찰이므로 마모가 일어나기 쉽다. 이것을 방지하기 위하여 개발된 것이 볼스크루이다. 볼스크루는 스크루와 너트 사이에 그림 6.12와 같이 볼을 넣어서 구름

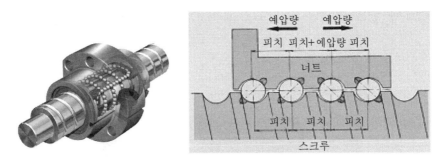

그림 6.12   볼스크루의 구조와 예압의 원리(THK)

그림 6.13   볼스크루를 이용한 직선 구동의 예-1(Rexroth)

마찰이 되도록 한 것이다. 볼에 예압을 주면 백래시를 최소화하는 구조를 만들 수 있다. 예압은 그림의 오른쪽과 같이 너트의 바깥쪽으로 예압을 주면 그것에 의하여 볼이 스크루와 너트의 홈에 밀착되므로 백래시가 거의 발생하지 않는 것이다.

그림 6.13과 그림 6.14는 볼스크루를 이용한 직선 운동 기구를 표시한 것이다. 그림 6.14는 기성품으로 만들어져 직선 구동이 필요한 곳에 장착하여 간단히 사용할 수 있도록 한 것이다.

그림 6.15는 LM가이드와 볼스크루를 머시닝 센터에 어떻게 사용하는가를 보이는 그림이다. 구조물만 만들어진다면 직선 구동 축은 LM가이드와 볼스크루를 조립하면 만들어진다.

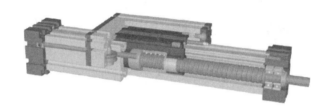

그림 6.14 볼스크루를 이용한 직선 구동의 예-2(Bahr modultechnik)

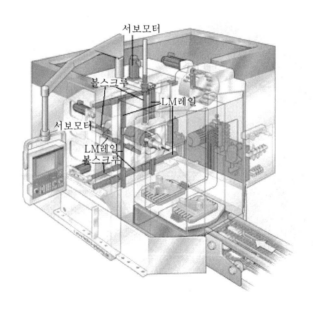

그림 6.15 LM가이드와 볼스크루를 이용한 공작기계의 예(Rexroth)

6.3.2 랙과 피니언

랙(rack)과 피니언(pinion)은 모터에 의하여 피니언을 회전시키고 피니언이 랙 위를 따라가면서 직선구동하는 것이다. 피니언과 랙으로는 자체적으로 직선 운동 가이드를 하지 못하므로 LM가이드나 샤프트와 부시에 의하여 직선 운동을 할 수 있도록 가이드를 만들어 놓아야 한다(그림 6.16).

랙과 피니언에 의한 직선 구동은 다음의 특징을 갖는다.

◆ 랙을 계속 연결하여 장착할 수 있으므로 몇 10 m 이상의 긴 구간의 구동도 가능하다.
◆ 랙 자체는 직선 운동 가이드를 할 수 없으므로 LM가이드나 샤프트 등의 가이드가 반드시 필요하다.
◆ 이동속도는 피니언의 원주속도와 같으므로 모터의 회전을 그대로 사용하면 직선 운동 속도가 빠르고 모터의 용량도 큰 것을 사용해야 한다. 따라서 모터를 작은 것을 쓰고 감속을 하는 방법을 사용한다.
◆ 랙과 피니언 사이의 백래시를 줄이기가 어렵다.
◆ 랙과 직선 가이드의 얼라인언트가 맞지 않으면 백래시가 구간별로 달라진다.

그림 6.17은 랙과 피니언을 이용한 직선구동 모듈이다.

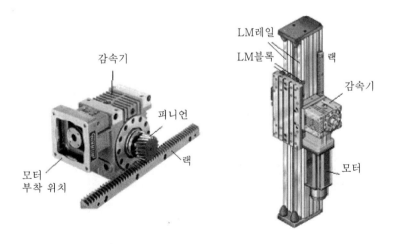

그림 6.16 랙과 피니언에 의한 직선구동(Rexroth)

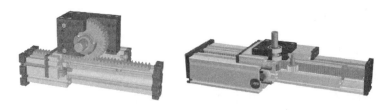

그림 6.17 랙과 피니언에 의한 직선구동 모듈(Bahr modultechnik)

6.3.3 타이밍 벨트

타이밍 벨트는 두 개의 풀리(pulley)에 벨트를 걸어서 회전하도록 하는 일반적인 구조를 이용하는 것으로, 바퀴와 벨트에 톱니를 만들어 놓아 미끌림이 생기지 않도록 한 것이다. 바퀴와 벨트가 정확히 동기를 이루며 회전하게 되는데 이에 의하여 타이밍 벨트라는 이름이 붙었다. 타이밍 벨트만으로는 견고하게 직선 운동을 하기 어려워서 대개는 가이드를 붙여서 함께 사용한다. 앞에서 배운 LM가이드나 샤프트와 부시를 사용하거나 그림 6.18과 같이 샤프트를 롤러가 따라가도록 하는 구조를 사용한다.

타이밍 벨트를 이용한 방법은 다음의 특징을 갖는다.

◆ 저렴한 가격으로 직선구동 축을 만들 수 있다.
◆ 조립이 간단하다.
◆ 직선 운동을 위한 가이드가 필요하다.

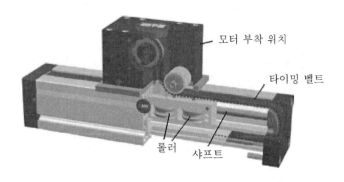

그림 6.18 타이밍 벨트에 의한 직선구동(Bahr modultechnik)

◆ 이동속도는 모터에 붙은 풀리의 원주속도와 같으므로 모터의 회전을 그대로 사용하면 직선 운동 속도가 빠르다. 모터의 용량도 큰 것을 사용해야 한다. 따라서 모터를 작은 것을 쓰고 감속을 하는 방법을 사용한다.

그림 6.19는 샤프트와 부시에 의해 직선가이드를 하고 타이밍 벨트에 의하여 직선구동을 하는 모듈의 예이다.

6.4 감속기

6.4.1 평기어 감속기

평기어나 헤리컬 기어를 사용하는 감속기이다. 그림 6.20은 평기어로 제작된 감속기이다. 설계와 제작이 쉬워서 저렴한 가격으로 생산할 수 있다. 감속비가 낮아질수록 기어의 수가 증가하고 백래시가 커진다. 정밀 감속기로 사용하기가 어렵다.

그림 6.19   샤프트와 부시에 의한 직선가이드를 이용한 타이밍 벨트 직선구동(Bahr modultechnik)

그림 6.20   기어드 모터에 장착된 평기어 감속기

6.4.2 웜 감속기

웜 감속기는 웜과 웜휠을 이용하여 감속하는 것으로 다른 기어에 비하여 큰 감속비를 얻을 수 있다(그림 6.21). 감속비가 일정비율 이상이 되면 역회전이 되지 않는 셀프 록 (self-locking) 기능이 자동으로 이루어진다. 고층 엘리베이터나 대형 프로펠러 구동, 공작 기계의 정밀 이송장치, 섬유기계, 운반 기계, 각종 방위산업 기계, 절단기 등에 사용된다.

웜 감속기는 다음과 같은 장점을 갖는다.

◆ 다른 기어에 비하여 소형으로 큰 감속비를 낼 수 있다.
◆ 미끄럼 접촉에 의하여 동력이 전달되므로, 소음이나 진동이 적다.
◆ 역전(웜휠이 웜을 회전시키는 것) 방지 기능이 있다. 웜의 진입각이 접촉각보다 작으면 역전이 불가능하다.

단점은 다음과 같다.

◆ 동력 전달 과정에서 마찰 손실이 크기 때문에, 전달 효율이 낮다.
◆ 치면의 접촉 과정에서 윤활막이 파괴되어, 치면 융착이 발생하기 쉽다.
◆ 스퍼, 헬리컬 기어와 달리 웜과 웜휠의 교환성이 없다.
◆ 웜과 웜휠의 재질 조합이 제한되며, 가공비가 비싸다.
◆ 웜휠은 연삭할 수 없으며, 가공 시에 특수한 공구가 요구된다.

그림 6.21 웜기어 감속기

6.4.3 유성기어 감속기

유성기어는 그림 6.22와 같이 태양기어 주위를 유성기어가 돌게 되는데 유성기어가 이탈하지 않도록 내접기어가 유성기어들을 감싸고 있는 구조를 가지고 있다. 즉 다음의 부품으로 이루어져 있다.

◆ 태양기어
◆ 내접기어
◆ 유성기어와 캐리어

유성기어 감속기는 이들 중 1개가 고정되고 하나는 입력축, 다른 하나는 출력축으로 한 것이다. 내접기어를 고정하고 태양기어를 입력축으로 하고 유성기어를 서로 연결하는 캐리어를 출력축으로 하는 방식이 많이 사용된다. 이것을 유성 방식(planetary type)이라 한다. 이 방식에 의하면 감속비＝Nr/Ns ＋ 1이다. Nr은 내접기어의 잇수이고, Ns는 태양기어의 잇수이다. 감속비를 크게 하려면 내접기어와 태양기어의 잇수의 비가 커져야 하는데 그 비율은 3~12 정도가 된다. 일반적으로 12 : 1을 초과하는 감속비를 얻고 싶은 경우에는 2, 3단으로 감속기를 구성한다.

유성기어 감속기는 다음과 같은 특징을 갖고 있다.

◆ 여러 유성기어에 하중이 배분되어 기어의 크기가 줄어들어 베어링 선정과 하우징 설계에 유리하다.
◆ 튼튼하고 수명이 길다.

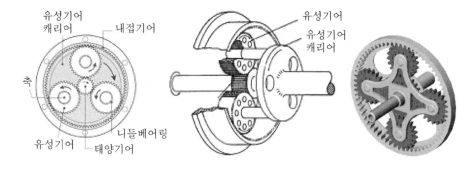

그림 6.22 유성기어 감속기의 구조

유성기어 감속기의 내부

정밀 유성기어 감속기

그림 6.23 유성기어 감속기의 예

- ◆ 운전이 부드럽고 소음이 적다.
- ◆ 에너지 전달효율이 좋다.
- ◆ 분해조립이 쉽다.
- ◆ 입·출력축이 동일 선상에 놓인다.
- ◆ 감속기의 입출력축을 서로 바꾸면 증속기가 된다.
- ◆ 일반 기어 감속기에 비하여 설계와 제작이 어렵다.

유성기어 감속기는 소형 정밀감속기로 제작하기에 적합하다. 산업용 로봇, 항공기 트랜스미션, 차량용 자동변속기, 풍력 발전기용 증속기, 공작기계의 서보모터용 감속기(그림 6.23) 등으로 사용된다.

6.4.4 하모닉 드라이브

하모닉 드라이브는 1955년 미국인 Walter Musser가 발명하여 특허를 낸 개념을 이용한 감속기이다.

하모닉 드라이브에는 3개의 주요 부품이 조립되어 있다(그림 6.24, 그림 6.25).

- ◆ 서큘러 스플라인(circular spline)
- ◆ 웨이브 제너레이터(wave generator)
- ◆ 플렉스 스플라인(flex-spline)

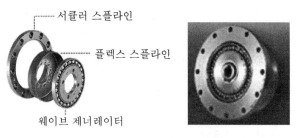

서큘러 스플라인

플렉스 스플라인

웨이브 제너레이터

그림 6.24 하모닉 드라이브의 주요 부품과 조립품

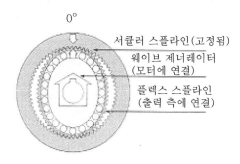

0°

서큘러 스플라인(고정됨)

웨이브 제너레이터
(모터에 연결)

플렉스 스플라인
(출력 측에 연결)

그림 6.25 하모닉 드라이브의 부품 배열

웨이브 제너레이터는 타원 형상이고 플렉스 스플라인과 밀착되어 있다. 이 두 부품은 서로 미끌어진다. 서큘러 스플라인은 고정되어 있고 웨이브 제너레이터는 모터축에 연결되어 회전한다. 모터가 1회전하면 타원형인 웨이브 제너레이터도 1회전한다. 이때 서큘러 스플라인의 잇수와 플렉스 스플라인의 잇수가 2개 정도 차이가 나므로 웨이브 제너레이터가 1회전하면 플렉스 스플라인은 그 반대 방향으로 차이가 나는 잇수만큼 회전한다. 플렉스 스플라인은 출력축과 연결되어 있다. 따라서 모터가 1회전하면 서큘러 스플라인의 잇수와 플렉스 스플라인의 잇수의 차이만큼 회전하여 감속이 이루어지는 것이다(그림 6.26).

그림 6.26 하모닉 드라이브의 감속원리

감속비에 따라 두 스플라인의 잇수를 결정한다. 하모닉 드라이버용으로 기어를 너무 크게 만들거나 작게 만드는 것은 제한이 있다. 따라서 시판되는 하모닉 드라이버의 감속비는 30 ~ 320 정도이다. 감속비 $i = (Zf - Zc)/Zf$이다. 플렉스 스플라인의 잇수가 200이고 서큘러 스플라인의 잇수가 202인 경우 감속비는 $(200-202)/200 = -1/100$이다. 부호가 음수인 것은 입력축의 방향과 반대 방향으로 출력이 나오기 때문이다.

하모닉 드라이브의 장점은 다음과 같다.

◆ 감속비가 높다.
◆ 백래시가 작고 정도가 높다.
◆ 부품 수가 적고 조립이 간단하다.
◆ 소형으로 만들 수 있다.
◆ 소음이 적다.
◆ 입력축과 출력축이 동일 축상에 있다.

하모닉 드라이버의 단점은 다음과 같다.

◆ 대용량의 감속기를 만들기 어렵다.
◆ 가격이 비싸다.

하모닉 드라이브는 반도체 장비의 회전축, 로터리 테이블, 로봇 관절의 감속기 등으로 사용된다.

6.5 브레이크

모터는 회전하다가 전기가 끊어지면 토크가 없어진다. 만일 모터가 물건을 들어올리거나 내리는 상태에서 전원이 끊어진다면 위험한 상황에 처할 것이다. 이런 경우에 사용할 수 있는 것이 전자브레이크이다(그림 6.27). 전자브레이크는 전원이 끊어진 상태에서는 붙어 있으므로 모터가 회전하지 않는다. 모터에 전원이 공급되어 모터가 토크를 얻은 다음에 브레이크를 열면 모터가 회전한다. 전원이 갑자기 나가도 브레이크가 작동되므로 모터는 바로 정지하게 된다. 전기가 마그네틱 코일에 인가되면 아마추어를 당겨서 아마추어와 분리된다. 따라서 모터의 축과 연결된 브레이크 라이닝이 자유롭게 되어 모터가 회전하게 된다.

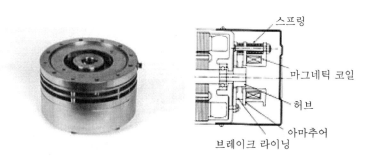

그림 6.27   전자브레이크

6.6   모듈화된 시스템

앞에서 직선 운동을 하는 다양한 모듈들을 살펴보았다. 이들은 다양한 형태로 조립하여 사용할 수 있다. 이들은 기성품으로 만들어져 있으므로 상황에 맞추어 구매하여 사용할 수 있다. 그림 6.28은 이들 시스템을 이용하여 기구를 제작하는 개념도이다. 이를 이용하여 실제로 만든 사진은 그림 6.29에 나타나 있다.

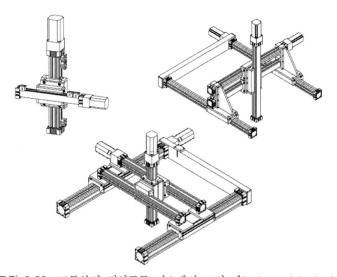

그림 6.28   모듈화된 직선구동 시스템의 조립 예(Bahr-modultechnik)

그림 6.29 모듈화 시스템의 실제 조립 예(Bahr-modultechnik)

〈참고 문헌 및 인터넷 사이트〉

www.boschrexroth.com

www.misumi.co.kr

www.samickthk.co.kr

www.leeson.com/literature/tech_info/index.html

www.gear-box.com

www.bahr-modultechnik.de

www.dmtech.net

www.harmonicdrive.de

www.hds.co.jp

1. 구조물을 만드는 방법 중에서 알루미늄 프로파일에 의한 방법의 장단점을 쓰라.

2. 공작기계의 구조물을 만드는 방법 중에서 용접에 의한 방법과 주조에 의한 방법의 경제성에 대하여 설명하라.

3. 용접으로 공작기계의 구조물을 만드는 공정을 쓰라.

4. 용접으로 구조물을 만든 경우에 아닐링이 필요한 이유는 무엇이고, 아닐링을 하지 않았을 때는 어떤 문제가 발생하는가?

5. 주조에 의하여 구조물을 만드는 경우 초기 비용이 많이 소요되는 이유는 무엇인가?

6. LM가이드의 장단점을 논하라.

7. 샤프트와 부시에 의한 방법이 LM가이드보다 단점이라고 지적되는 것은 무엇인가?

8. LM가이드의 등급에 따른 정도를 조사하라.

9. 모터의 회전 운동을 직선 운동으로 바꾸는 방법 3가지를 쓰고 원리를 설명하라.

10. 랙과 피니언에 의한 직선 구동 방법에서 감속기를 많이 사용하는 이유는 무엇인가?

11. 볼스크루에 의한 직선 구동 방법의 정도에 대하여 조사하라.

12. 타이밍 벨트에 의한 직선 구동 방법의 예를 OA기기에서 찾아보라.

13. 볼스크루에서 백래시를 줄이는 방법은 무엇인가?

14. 유성기어 감속기에서 감속비를 계산하는 방법을 설명하라.

15. 유성기어 감속기의 특징을 쓰라.

16. 하모닉 드라이브의 원리를 설명하라.

17. 하모닉 드라이브의 감속비를 계산하는 방법을 설명하라.

18. 주변에 있는 물건 중에서 직선 축으로 이동하는 것을 선정하여 내부의 구조와 구동 방법 등을 기술하라.

7장 PC와 자동화

7.1 개요

PC의 사용이 일반화됨에 따라 PC를 공장자동화에 이용하려는 시도가 날로 증가하고 있다. 이에 관련한 PC 인터페이스 보드도 많이 생산되고 있으며 신뢰성과 정확성도 좋아지고 있다. 단순한 ON/OFF 신호의 제어에서부터 모터를 이용한 복잡한 모션 컨트롤(motion control)까지 다양하게 이용되고 있다. 특히 CNC 컨트롤러를 PC를 이용하여 구현하고 있는데 이것을 PC-NC[Personal Computer (based) Numerical Control]라 부른다. PC-NC는 PLC의 기능은 물론 서보모터의 컨트롤, 사용자의 키 입력 등을 PC를 이용하도록 한 것이다. 이러한 기능들은 공장자동화에서 필요한 기능을 총 결집한 것이다. PC를 이용하여 외부 기기와 인터페이스할 수 있는 기능을 표시하면 다음과 같다(그림 7.1 참조).

- 데이터 수집 : 신호가 켜져 있는가 꺼져 있는가(ON/OFF)를 읽어 들일 수 있다. DI(Digital Input)라고 한다.

- 접점 신호의 출력 : 컴퓨터가 계산하거나 판단한 결과로 기기를 작동하려고 할 때 출력 신호를 보낼 수 있다. 릴레이를 작동시키거나 SSR(Solid State Relay)을 작동시켜서 전기적으로 ON/OFF한다. DO(Digital Output)라고 한다. DI와 합쳐서 DIO라고 한다.

- 아날로그 정보 입력 : 아날로그 데이터(온도 측정기, 로드셀 등으로부터의 출력)를 읽어 들여 컴퓨터에서 사용할 수 있는 디지털 값으로 변환하여 준다. ADC(Analog Digital Converter)라고 한다.

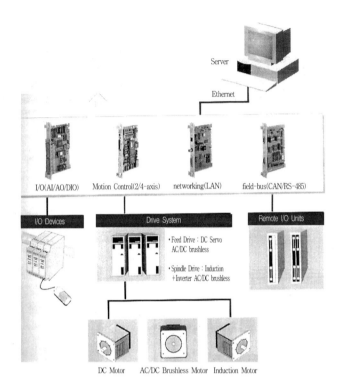

그림 7.1 PC를 이용한 공장자동화의 구성도

- ◆ 아날로그 신호 출력 : 모터의 속도와 같이 연속적으로 변하는 정보를 출력하는 것을 말한다. 신호는 전압이거나 전류를 통하여 전달한다. DAC(Digital Analog Converter)라고 한다.
- ◆ 카운터, 타이머 : 사건이 일어난 횟수를 세는 것을 카운터라고 하고 정해진 시간에 신호를 보내도록 하는 것을 타이머 보드라고 한다.

위의 기능을 처리하기 위하여 필요한 하드웨어는 PC의 슬롯(slot)에 꽂는 보드 형태로 개발되는 것이 일반적이다. 각각의 기능에 대하여 하나의 보드가 만들어지기도 하고 여러 기능을 조합하여 하나의 기능을 만들기도 한다.

하드웨어가 준비되어 있다면 소프트웨어는 그 하드웨어의 데이터를 액세스하여 데이터를 읽거나 쓰지 않으면 안 된다. 특정한 하드웨어를 소프트웨어적으로 인터페이스하는 방법은 통상 두 가지 방법이 쓰인다. 하나는 하드웨어 제작사가 만든 라이브러리를 통하여 데이터를 주고받는 방법이고 다른 하나는 포트(port)를 통하여 하드웨어와 직접 인터페이스하는 방법이다. 제어 과정이 복잡한 경우는 전자(라이브러리를 통하는 방법)를 많이 사용하지만 간단한 DIO의 경우는 후자(포트를 통한 인터페이스)를 사용한다.

7.2 하드웨어

공장에서 사용할 PC는 먼지나 진동, 기름에 강한 컴퓨터여야 한다. 가정이나 사무실에서 사용하는 PC는 비교적 좋은 환경에서 사용할 수 있도록 만들어진 컴퓨터(통상 OA용 컴퓨터라고 한다)이다. OA컴퓨터를 열악한 공장의 환경에서 사용한다면 얼마 사용하지 않아서 컴퓨터가 고장이 난다.

기계에 부착되어 컴퓨터가 진동을 받게 되면 보드상의 납땜 부위가 떨어지거나 슬롯에 꽂힌 보드가 빠져서 접촉 불량이 되는 경우가 많다. 진동을 막는 대책은 보드가 마더보드에 확실히 부착될 수 있도록 나사를 이용하여 고정하는 것이다. 또한 진동이 컴퓨터에 전달되지 않도록 방진 용구를 사용하여 컴퓨터를 보호하기도 한다.

먼지와 기름이 보드에 묻게 되면 절연이 나빠지고, 슬롯이 접촉 부위에 끼게 되면 역시 접촉 불량이 된다. 먼지와 기름은 냉각 팬이 불어넣는 공기를 통하여 전달되므로 필터를 이용하여 깨끗한 공기가 전달되도록 한다.

이와 같은 목적에 쓸 수 있도록 만든 컴퓨터를 산업용 PC(Industrial PC)라고 한다.

7.2.1 샤시 & 백 플레인

우리가 사무실이나 집에서 사용하는 PC는 마더보드(mother board)가 있고 그곳에 원하는 보드를 꽂아서 컴퓨터 시스템을 구성한다. 마더보드에는 CPU를 비롯한 컴퓨터의 기본 기능을 하는 부품들이 꽂혀 있다. 그러나 대부분의 산업용 컴퓨터는 마더보드가 있지 않고, 보드를 꽂을 수 있는 백 플레인이 있고 그곳에 CPU보드를 장착한다. 백 플레인은 단순히 버스라인만 있고 실제의 기능은 그곳에 꽂히는 보드들이 하게 한다. 산업용 컴퓨터에서 사용하는 버스의 종류는 다음과 같다.

- PCI
- ISA
- PC104
- Compact PCI

PCI는 OA 컴퓨터에 많이 사용하는 방식이고, ISA는 오래전부터 OA용 컴퓨터에서 사용하던 방식인데 산업용으로도 사용한다. 그림 7.2는 ISA와 PCI 방식의 백 플레인이다.

PC104는 ISA와 같은 신호를 주고받지만 연결하는 방식을 달리하여 그림 7.3과 같이 주변 기기를 백 플레인에 꽂는 것이 아니고 쌓는(stackable) 방식으로 시스템을 구축한다.

Compact PCI는 PCI 버스를 좀더 튼튼하게 장착되는 구조로 개선한 것이다. 산업용으로 사용하여 사용 도중에 보드와 백 플레인이 분리되는 것을 개선하였다. 그림 7.4는 Compact PCI를 사용한 보드와 그를 장착하는 샤시를 보인 것이다.

그림 7.2 백 플레인 : 왼쪽은 ISA 버스가 8개인 백 플레인, 오른쪽은 7개의 PCI 버스와 2개의 ISA 버스의 백 플레인

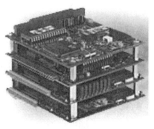

그림 7.3 PC104용 CPU 카드와 PC104에 의하여 구성된 시스템의 예

그림 7.4 Compact PCI를 이용한 보드와 샤시(Advantech)

그림 7.5는 백 플레인을 장착하고 여러 주변 기기를 장착한 산업용 PC의 예이다. 이 산업용 PC의 케이스를 샤시라고 하는데, 냉각을 위한 팬과 파워 서플라이 등을 신뢰성이 좋은 것으로 사용한다. 이들이 고장이 난 경우에 쉽게 교체할 수 있도록 착탈식으로 시스템이 구성한다. 장착된 보드는 기계적으로 잘 고정시키도록 여러 장치가 있다. 산업용 컴퓨터 샤시는 OA 컴퓨터용에 비하여 가격이 훨씬 고가이다.

예를 들어, 이동통신기지국의 시스템을 컨트롤하기 위해 산업용 PC가 필요하다고 하자. 이 산업용 PC는 다른 장치와 같이 기기를 구성하기 때문에 캐비닛에 장착하는 것이 좋다. 이런 경우에 필요한 것이 랙마운트(rack mount) 샤시이다. 랙마운트 샤시는 그림 7.6과 그림 7.7과 같이 바로 랙에 나사로 고정할 수 있도록 되어 있다. 샤시의 높이에 따라 1U, 2U, 3U, … 등으로 불린다. 그림 7.6은 1U의 샤시인데, 높이가 44 mm 정도이다. 넓은 면적에 주변 기기를 장착한 것을 볼 수 있다. 그림 7.7은 4U의 샤시인데 높이가 177 mm이다. 좀더 공간이 넉넉하여 냉각이 쉽고, 파워 서플라이도 2개를 사용하여 안정성을 높였다.

그림 7.5 산업용 샤시(Advantech)

그림 7.6 랙마운트 샤시(IU)(Advantech)

그림 7.7 랙마운트 샤시(4U)(Advantech)

7.2.2 판넬 PC

그림 7.8은 산업용 판넬 PC의 예이다. 키보드는 물이나 기름이 들어가지 않도록 얇은 막(멤브레인, membrane)으로 싸여진 키보드를 이용하였고, 문자의 입력이 없이 간단한 메뉴 선택만으로 기계를 동작시키고 싶은 경우에는, 그림 7.9와 같이 키보드를 사용하지 않고 스크린 위의 메뉴를 손으로 눌러 선택할 수 있는 터치스크린(touch screen)을 이용한다. 모니터는 과거에는 일반 CRT 모니터를 사용하였지만 지금은 공간을 적게 차지하는 LCD 모니터를 많이 사용한다.

그림 7.8 멤브레인 키보드를 사용한 판넬 PC(XYCOM)

그림 7.9 터치스크린을 사용한 판넬 PC(Advantech)

그림 7.10 팬리스 컴퓨터(Advantech)   그림 7.11   POS 터미널(Axiomtek)

산업용 컴퓨터를 사용할 때 가장 고장이 많이 나는 부분이 CPU의 열을 식혀 주는 팬이
다. 기계적으로 회전을 하기 때문에 먼지와 진동에 의하여 고장이 나기 쉬운 것이다. 이것
을 방지하기 위하여 팬을 없애고 방열판에 의하여 열을 식히도록 하면 고장을 확실히 줄
일 수 있다. 팬을 없애면 먼지가 컴퓨터 안으로 들어가는 것을 구조적으로 막을 수 있으
므로 신뢰성이 향상된다. 그림 7.10은 팬리스(fanless) 컴퓨터의 예이다. 위쪽의 핀(fin)들이
열을 방출하는 알루미늄 날개이다.

산업용 컴퓨터의 가장 보편적인 예가 POS 터미널이다(그림 7.11). 신뢰성을 확보하여야
하기 때문에 산업용 컴퓨터를 사용한다. 주변 기기를 많이 연결하기 위하여 RS232C를 4개
정도를 구비하고 있다. 오른쪽 위에는 신용카드 리더기가 장착된 것을 볼 수 있다.

7.2.3 CPU보드(SBC)

산업용 컴퓨터는 CPU보드 1개에 필요한 대부분의 기능을 모두 넣도록 하기 때문에
Single Board Computer(SBC)라고 한다. 또는 백 플레인에 장착된다고 하여 슬롯(slot) PC
라고도 한다. 일반 컴퓨터의 확장 슬롯에 꽂히는 최대 크기와 같은 것을 그림 7.12와 같이
풀 사이즈(full size)라고 하고, 그림 7.13과 같이 풀 사이즈의 1/2인 것을 하프(half) 사이즈

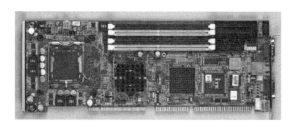

그림 7.12 풀 사이즈 SBC

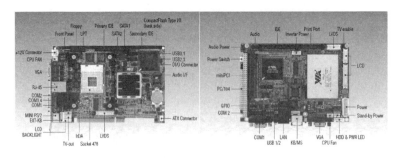

그림 7.13 하프 사이즈 SBC

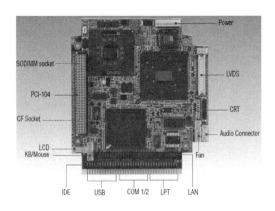

그림 7.14 PC104 버스용 SBC

라고 한다. 그림 7.13의 오른쪽 SBC는 CPU가 이미 내장된 것이고 왼쪽은 CPU를 장착해야 하는 소켓이 있는 것이다. 그림 7.14는 PC104 버스용 SBC이다. 이 SBC에는 VGA 기능은 물론, RS232C, RS422 등의 통신, LAN의 기능이 모두 내장되어 있다. 내장되지 않은 기능은 백 플레인 등에 그 기능을 하는 보드를 장착하여 사용한다.

7.2.4 디지털 입출력

디지털 입력은 스위치의 ON/OFF 상태를 감시하거나 각종 센서의 상태를 감시하는 데 사용된다. 출력은 모터, 공압이나 유압을 열고 닫는 솔레노이드 밸브등을 켜거나 끄는 데 사용한다. 이와 같은 디지털 입출력(Digital Input/Output)을 DIO라고 한다. 출력은 릴레이 또는 SSR(Solid State Relay)을 통하여 밸브 작동을 위한 전원을 ON/OFF하게 된다. 외부의 전기가 컴퓨터로 직접 들어가는 것을 막기 위하여 포토 커플러(photo-coupler)를

그림 7.15 PCI 버스에서 사용하는 DIO 보드 : 16개의 직사각형은 소형 릴레이로서 16출력, 16입력인 보드

그림 7.16 PC104 버스를 사용하는 DIO 보드 : 20개의 Optically Isolated 입력, 20개의 릴레이 출력

통하여 신호가 입력되도록 하는 것이 일반적이다. 그림 7.15와 그림 7.16은 시판되는 DIO 보드의 예이다. 그림 7.15는 PCI 버스용이고 그림 7.16은 PC104 버스용이다.

보드의 사양은 처리하는 접점의 수에 의하여 결정되고 입력과 출력은 8-bits 단위로 절환하여 사용하는 것이 가능하다. 다음과 같은 스펙이 DIO보드를 선택할 때의 기준이 된다.

- ◆ 입력 접점은 대개 포토 커플러에 의해 아이솔레이트(optically isolated)되고 있다. AC/DC 입력이 가능하다.
- ◆ 출력 접점은 릴레이 출력 또는 TR출력이다.
- ◆ 입/출력 상황은 LED로 보여준다.
- ◆ 출력된 상황은 입력으로 읽어 들일 수 있다.
- ◆ Visual C, Visual Basic에 의하여 프로그램을 할 수 있다.

7.2.5 아날로그 입출력

ADC는 온도, 무게, 속도 등과 같은 아날로그 전압이나 전류를 디지털 데이터로 바꾸어 주는 것이다. 컴퓨터에서 처리하는 것은 디지털 데이터이기 때문에 외부의 아날로그 신호를 컴퓨터에 보내기 위해서 이 방법을 사용한다. 그림 7.17은 아날로그 신호를 16-bits의 디지털 데이터로 바꾸어 주는 것을 보이고 있다.

DAC는 ADC와 반대로 컴퓨터 내부의 디지털 데이터를 아날로그 데이터로 변환하는 것을 말한다. 모터의 속도를 컨트롤하거나 전구의 밝기를 컨트롤하는 데 사용한다. 그림

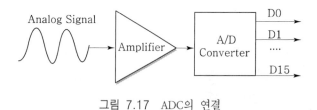

그림 7.17 ADC의 연결

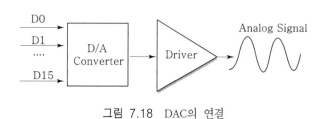

그림 7.18 DAC의 연결

7.18은 16-bits의 디지털 데이터를 아날로그 신호로 변환하는 DAC 작동을 보이고 있다.
PC에 사용되는 ADC 또는 DAC 보드는 다음과 같은 기준에 의하여 선택된다.

- ◆ 입출력 채널(channel)의 수
- ◆ 초당 샘플링 횟수(sampling rate)
- ◆ 아날로그 입력값이 변경되면 인터럽트 발생
- ◆ 정도(resolution)
- ◆ 입력 범위, 전압/전류의 범위
- ◆ 노이즈, 직선성 등의 특성
- ◆ Visual C, Visual Basic에 의하여 프로그램 가능

샘플링 횟수는 아날로그 신호를 디지털 신호로 또는 디지털 신호를 아날로그 신호로 바꾸어 주는 시간 간격을 말한다. 수십 KHz에서 수백 KHz가 쓰인다. 정도는 아날로그 신호를 표현하는 해상도를 말하는데 12 bits, 16 bits, 24 bits 등이 사용되고 있다.

그림 7.19는 시판되는 DAC, ADC 보드의 예를 보이고 있다.

7.2.6 카운터/타이머

카운터는 사건이 일어난 횟수를 세는 일을 한다. DIO에 의하여 데이터를 읽고 소프트

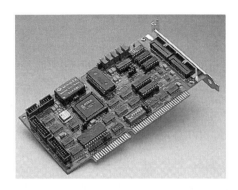 

그림 7.19 시판되는 DAC, ADC 보드   그림 7.20 카운터/타이머 보드

웨어적으로 값을 세는 방법을 사용할 수도 있지만 이렇게 하면 빠르게 입력되는 사건의 경우에는 정보를 잃어버릴 염려가 있으므로 하드웨어적으로 수를 세고 소프트웨어에서는 저장된 데이터를 단순히 읽어오기만 한다. 또한 엔코더 신호와 같이 빠르게 변화하는 신호를 읽기 위해서는 전용의 카운터 사용이 필수적이다.

타이머는 정해진 시간에 원하는 신호를 내보내는 동작을 한다. 타이머도 컴퓨터에 있는 타이머 기능을 이용하여 소프트웨어로 처리할 수 있지만 매우 짧은 시간간격에 대하여 타이머 처리를 하는 경우에는 하드웨어적으로 처리하는 것이 확실하다.

요즘은 타이머 처리를 컴퓨터에서 확실하게 하기 위하여 리얼타임 OS를 사용하기도 한다. 대개 Windows NT 계열에서 작동하도록 되어 있는데 μsec 단위로 이벤트를 발생시킬 수 있다. 이것을 사용하는 경우에는 타이머의 기능을 충분히 사용할 수 있지만 소프트웨어에 대한 가격 부담이 있어서 오히려 간단하게 하드웨어를 구입하여 사용하는 것이 간편할 수 있다. 그림 7.20은 시판되는 카운터/타이머 보드의 예이다. 이 보드의 스펙은 다음과 같다.

- 8 아날로그 입력, 16비트 해상도, 250K sampling/sec
- 4 아날로그 출력, 16비트 해상도, 500K sampling/sec
- 6 디지털 입력, 4디지털 출력
- 2 counter/timer, 32bit resolution 80MHz

7.2.7 모션 제어

서보모터나 스테핑 모터의 움직임을 제어하기 위해서는 별도의 보드가 필요하다. 이것을 모션 제어 보드(motion control board)라고 한다. 이들 보드는 2축에서 8축까지(또는 그 이상)의 모터를 동시에 제어할 수 있도록 고안되어 있어서 산업용 로봇이나 조각기, NC 기계의 제어장치로 충분히 사용될 수 있다. 로봇이나 NC 기계는 기존에 전용의 제어장치로 만들어졌지만 요즘은 PC를 이용하여 제어를 하려는 시도가 활발히 진행되고 있다. 이것을 PC-NC라고 하는데 전 세계적으로 많은 공작 기계 업체가 컨소시엄을 구성하여 연구를 진행하고 있다.

모션 제어 보드는 라이브러리와 함께 제공되어 직선 보간이나 원호 보간 등의 동작 제어를 하나의 함수에 의하여 실행되도록 하고 있다. 그림 7.21은 시판되는 모션 제어 보드의 예이다. 이 보드는 다음의 스펙을 갖고 있다.

- 8채널의 아날로그 입력
- 12-bit A/D 컨버터, 100KHz sampling/sec
- 4 K FIFO 버퍼
- 2개의 12 bit 아날로그 출력 채널
- 16 디지털 입력, 16 디지털 출력
- 프로그래밍 카운터

그림 7.22는 스테핑 모터 모션 제어 보드이다. 그림 7.23은 서보모터 모션 제어가 내장된 보드이다. 이 보드를 사용하면 리얼타임성이 중요한(time-critical) 계산은 DSP(Digital Signal Processing) 칩에서 수행한다. 따라서 Windows 시스템은 HMI를 위하여 충분히 사용할 수 있게 된다.

그림 7.21 아날로그 출력에 의한 속도 제어 모션 제어 보드

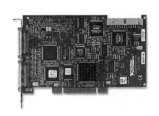

그림 7.22 스테핑 모터용 모션 제어 보드

그림 7.23 DSP가 내장된 모션 제어 보드(MEI 사)

7.2.8 통신

산업용으로 사용하는 통신은 다음과 같은 것이 있다.

◆ RS232C, RS422, RS485 : RS232C는 PC의 표준으로 붙어 있는 통신라인이다. RS232C 를 산업용으로 사용하면 노이즈 때문에 데이터가 유실되는 경우가 많아서 산업용으 로 사용하려면 RS422나 RS485를 사용한다.

◆ FieldBus : 산업용 통신라인을 필드 버스라고 한다. DeviceNet과 Profibus가 있다.

◆ CAN : CAN(Controller Area Network)은 PLC와 같은 접점의 통신을 위하여 특별히 고안된 것이다. 1 Mbps의 속도로 통신한다.

◆ Ethernet : 사무용 통신으로 사용하는 Ethernet을 산업용으로도 사용한다.

◆ USB 장치 : USB 통신을 이용하여 접점 제어를 하거나 외부 장치를 모니터링하는 것이다.

그림 7.24 ProfiBus에 의한 장치 연결

그림 7.25 RS422/485 보드

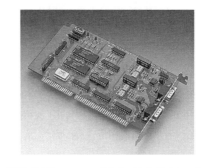

그림 7.26 CAN 버스용 인터페이스 카드

그림 7.24는 ProfiBus를 이용하여 여러 가지 장치와 인터페이스한 것을 보이고 있다.

그림 7.25에서 그림 7.29까지는 통신용 인터페이스 장치를 보이고 있다. 그림 7.29는 RS485 통신에 의하여 많은 접점의 정보를 PC로 읽어 들이는 장치이다.

그림 7.30은 USB 인터페이스에 의하여 장치를 연결하는 장치를 보이고 있다. 디지털 I/O뿐만이 아니라 아날로그 입출력도 할 수 있다. 특히 그림 7.31은 USB로 인터페이스 되는 측정기를 이용하여 오실로스코프를 구현한 예를 보이고 있다.

그림 7.27 PC104용 ProfiBus 인터페이스 카드

그림 7.28 RS-485 네트워크 통신 장치

그림 7.29 RS-485로 통신을 하면서 산업현장의
장치를 모니터링하고 제어하는 장치

그림 7.30 USB 인터페이스

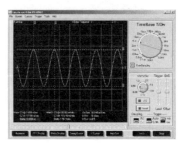

그림 7.31 USB 인터페이스에 의한 오실로스코프 구현

7.2.9 응용 예

그림 7.32는 철강회사의 데이터 집계와 컨트롤을 PC 기반으로 한 예를 보이고 있다. 디지털/아날로그 정보를 읽어서 산업용 PC에서 집계한 다음, 그 정보를 데이터베이스에 저장한다. 인버터와 카본 컨트롤러를 PC에서 필드 버스를 통하여 제어한다.

그림 7.33은 컴퓨터 비전 시스템의 예이다. 컴퓨터 비전 헤드를 서보모터가 구동하고, 서보모터는 PC에 장착된 모션제어 보드에 의하여 제어된다. 컴퓨터 비전 시스템의 영상 정보는 PC로 직접 읽어 들일 수 있다.

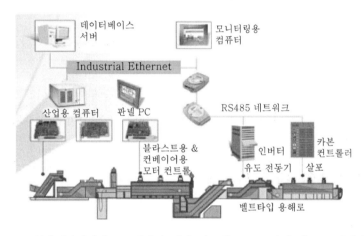

그림 7.32 철강회사에서의 PC 기반의 제어 시스템(Axiom 사의 자료를 편집한 것임)

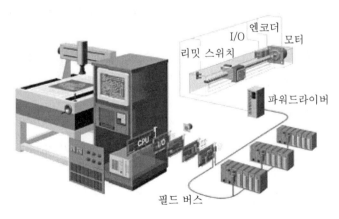

그림 7.33 PC와 각종 인터페이스 보드를 이용한 컴퓨터 비전 시스템(Advantech의 자료를 편집한 것임)

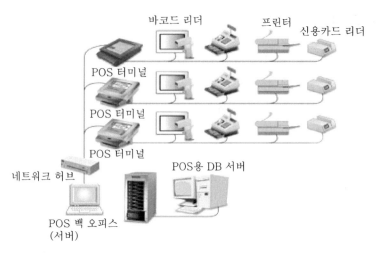

바코드 리더   프린터   신용카드 리더

POS 터미널

POS 터미널

POS 터미널

네트워크 허브   POS용 DB 서버

POS 백 오피스
(서버)

그림 7.34 POS 시스템의 구성(Axiom 사의 자료를 편집한 것임)

그림 7.34는 우리가 흔히 보는 POS 시스템의 예이다. 판매원이 데이터를 입력하는 POS 터미널이 있다. 여기서 입력하는 데이터는 POS 데이터베이스 서버로 연결되어 저장된다.

7.3 PC를 이용한 제어 시스템

7.3.1 개요

PC를 이용한 제어 시스템이란, 산업용 컴퓨터와 주변 기기를 이용하고 Windows 시스템(대부분의 경우 MS-Windows를 지칭함)에서 수행되는 소프트웨어에 의하여 PLC와 CNC 등을 동작시키는 것이다.

공장자동화를 위해 PLC를 사용하거나 마이크로프로세서를 이용하여 전용 시스템을 제작하여 사용할 수 있다. 이들과 PC를 이용하는 것이 어떤 차이가 있는지 알아보자.

우선 PLC의 장점을 살펴보자.

- 대기업에서 만들기 때문에 제품이 쉽게 공급 중단될 염려가 없다.
- 하드웨어가 매우 신뢰성이 있다.
- 사용자가 쉽게 프로그래밍할 수 있다.
- 중소형 시스템을 구성하는 경우 가격이 매우 싸다.

단점은 다음과 같다.

 ◆ 전용 하드웨어를 사용한다.
 ◆ 사용자 프로그램을 다른 기기로 이식하기가 어렵다.
 ◆ 유연성이 없다.
 ◆ 대형 시스템을 구성하는 경우 가격이 비싸다.

마이크로프로세서를 이용하여 전용 시스템을 만드는 경우를 생각하여 보자. 우선 장점은 다음과 같다.

 ◆ 하드웨어 비용이 매우 싸다.
 ◆ C 유사 언어로 프로그램할 수 있어서 프로그램 개발이 쉽다.

단점은 다음과 같다.

 ◆ 가격은 싸지만 하드웨어의 성능이 좋지 않은 경우가 많다.
 ◆ 하드웨어 성능이 좋은 프로세서는 응용 시스템을 구축하는 것이 쉽지 않다.
 ◆ 전용의 OS를 사용하여야 한다.
 ◆ 프로그램의 수정은 개발자의 도움이 없으면 힘들다.
 ◆ 다른 시스템과의 인터페이스가 쉽지 않다.

이에 반하여 PC를 이용하여 자동화 시스템을 구성하는 경우의 장점을 살펴보면 다음과 같다.

 ◆ 대형 시스템을 구축하는 경우에 하드웨어 가격이 상대적으로 싸다.
 ◆ PC용 그래픽 툴을 이용하여 품질 좋은 UI를 작성할 수 있다.
 ◆ I/O는 FieldBus를 이용하여 모듈화할 수 있다.
 ◆ VB와 C, C++ 등의 프로그램 언어를 이용하여 어려운 시스템을 쉽게 개발할 수 있다.
 ◆ 전용 시스템을 만들기 쉽다.

단점은 다음과 같다.

 ◆ 시스템 개발에 숙련자가 필요하다.
 ◆ 디버깅과 시뮬레이션이 어렵다.

- RTOS를 구축하는 비용이 비싸다.

앞에서 살펴본 바와 같이 산업용 PC와 DIO, 모션 제어 보드를 이용하면 공장자동화에 관련한 많은 부분을 커버할 수 있다. 그 중에서 보편적으로 활용되고 있는 영역은 다음과 같다.

- 소프트웨어 PLC
- 소프트웨어 Servo Control
- 소프트웨어 Motion Control

소프트웨어라는 말이 붙어 있지만 실제로는 접점 제어나 모터 제어를 위한 하드웨어를 사용하기는 한다. 여기서 소프트웨어라는 말을 쓴 것은 이들 시스템이 별도의 CPU가 아니라 Windows가 사용하는 CPU를 같이 이용한다는 것이다. 주변 기기와는 최소한의 하드웨어(DIO, DAC, 카운터 등)만으로 PLC와 서보 제어, 모션 제어 등을 구현한다.

보다 큰 시스템으로는 SCADA(Supervisory Control And Data Acquisition system)를 들 수 있다. 이 시스템은 지역적으로 멀리 떨어진 시설로부터 센서의 측정자료를 받아 중앙집중식 처리 장치로 보내고 문제 발생 시 지시를 내려 처리하도록 하는 시스템이다. 발전소 관리, 전력 관리, 홍수 관리에 이용된다.

7.3.2 리얼타임 OS(RTOS)

RTOS는 리얼타임(hard-real-time)이 보장되는 OS를 말한다. 1 msec의 시간 간격으로 I/O 카드의 접점을 체크하여야 하는 경우에는 정확히 1 msec마다 접점을 체크하는 프로그램이 수행되는 것을 말한다. 즉 정확한 시간 간격에 지정된 프로그램이 수행되도록 하는 것이다. PC를 이용한 PLC나 모션 제어는 리얼타임을 준수하는 것이 매우 중요하다. 이 리얼타임을 지키지 못하면 기계의 동작을 제대로 제어할 수 없기 때문이다. PC에서 사용하는 OS 중에서 리얼타임의 기능을 하는 시스템은 다음과 같다.

❖ MS Window OS

- Windows 2000이나 Windows XP는 HMI의 디자인에는 매우 우수하다.
- 타이머를 위한 윈도우의 API 함수가 있지만, 이것은 CPU에 부하가 많이 걸린 경우에는 리얼타임을 보장하지 못한다.

- MS Windows 시스템에서 리얼타임을 보장받기 위해서는 그에 관련한 소프트웨어
  인 RTOS를 설치하여야 한다. 아이러니하게도 MS Windows 시스템의 가격보다
  RTOS를 위하여 설치하는 프로그램의 가격이 더 비싼 경우도 있다.
- RTOS가 설치되지 않는 경우, 리얼타임이 그리 중요하지 않는 소프트웨어 PLC는
  수행할 수 있지만 서보모터의 제어나 모션 제어는 하기 어렵다.

❖ RTOS

- 이 소프트웨어는 Windows에 설치하는 소프트웨어인데, 신기하게도 hard-real-time
  을 약 +/-5% 내에서 보장한다.
- 리얼타임이 보장되므로 소프트웨어 PLC와 소프트웨어 모션 컨트롤을 완벽하게 실
  현할 수 있다.
- 시간이 중요한 부분만 RTOS를 통하고, HMI는 보통의 Windows API를 이용하여
  작성할 수 있다.
- 라이센스 비용이 매우 비싸다. Windows 가격보다 RTOS의 가격이 더 비싼 경우가 많다.

❖ RealTime LINUX

- hard-real-time이 잘 구현된다.
- 소프트웨어 PLC와 소프트웨어 모션 컨트롤을 완벽하게 실현할 수 있다.
- HMI를 GUI를 통해 쉽게 구현할 수 있다.
- 시간이 중요한 부분만 RTOS를 통하고, HMI는 보통의 Linux API를 이용하여 작성
  할 수 있다.

❖ Windows CE

- 비교적 hard-real-time이 잘 구현된다.
- 소프트웨어 PLC와 소프트웨어 모션 컨트롤을 완벽하게 실현할 수 있다.
- MS Windows와 유사한 API를 이용하여 HMI를 쉽게 구현할 수 있다.
- hard-real-time과 soft-real-time을 동시에 구현할 수 있다.
- 라이센스 비용이 매우 저렴하다.
- 프로세스 모니터링에 이용할 수 있다.
- 네트워크를 통한 기기의 모니터링에 이용할 수 있다.
- Open 아키텍처 프로그래밍이 가능하다.
- Peer-to-Peer 커뮤니케이션에 이용할 수 있다.

7.3.3 소프트웨어 PLC

소프트웨어 PLC는 PC에서 실행되는 제어 프로그램이다. 공정 감시와 데이터 처리를 PC에서 실행하는 것이 목적이다. 기존에 PLC에서 처리하는 자동화 관련의 일만 처리한다면 소프트웨어 PLC는 장점이 별로 없다고 할 수 있다. 자동화 관련 일뿐만 아니라 데이터의 수집과 통합 등의 PC에서 해야 할 일을 동시에 처리하기 때문에 이것이 의미가 있다. 소프트웨어 PLC에서는 다음의 일들을 통합 처리하는 것이 가능하다.

- PLC 제어 프로그램 처리
- 공정 모니터링/조업 데이터 처리
- TCP/IP에 의한 통신
- ERP와의 통합
- 필드 버스에 의한 여러 디바이스 통합

1990년대 초반에 IEC 61131-3이 제정되어 PLC에 관한 스펙을 개방화하기 시작하였다. 개방화의 중심에 있는 것이 PLC의 플랫폼을 PC로 하여, PC 기술의 빠른 진보와 보급을 공장자동화에 이용하도록 하는 것이다. 소프트웨어 PLC는 지금까지 제각기 개발된 다양한 시스템의 구성요소를 PC상에서 통합하고자 하는 것이다. 소프트웨어 PLC는 다음과 같은 특징이 있다.

- OS 환경 : MS Windows 시스템에서 동작한다.
- PLC 제어 엔진 : PLC를 실행시켜 주는 엔진이다. 리얼타임 OS를 기반으로 한 소프트웨어로 개발된 것이 있고, 리얼타임 부분을 별도의 프로세서에 맡기는 경우도 있다. 별도의 프로세서가 담당하는 경우는 그림 7.35와 같이 PLC 기능을 하는 보드를 PC 슬롯에 장착한다.
- I/O 카드 : 공정의 정보를 읽어 들이고 제어할 정보를 출력하기 위해서는 디지털/아날로 입출력 접점 기능을 수행하는 하드웨어 보드가 필요하다.
- 통신 인터페이스 : 하부의 디바이스와 통합을 위하여 필드 버스로 통신한다.
- PLC 프로그래밍 : PLC 프로그래밍은 PC 환경하에서 제공되는 소프트웨어에 의하여 간단하게 프로그램할 수 있다. 표준화된 IEC 61131-3을 따라 프로그램할 수 있도록 지원한다(그림 7.36).

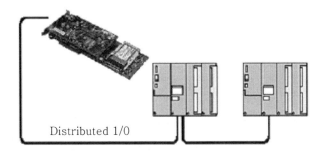

그림 7.35   PLC용 프로세서가 장착된 보드와 다른 디바이스와의 통신(SIMTAC)

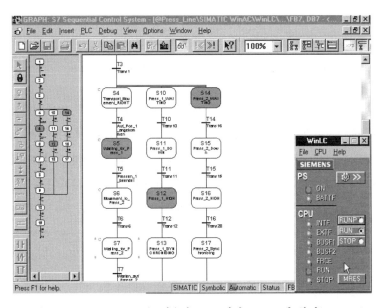

그림 7.36   IEC 61131-3을 이용한 PLC 제어 프로그램 환경(SIMTAC)

소프트웨어 PLC의 장점은 다음과 같다.

◆ 개방된 아키텍처(architecture)

◆ 표준(IEC 61131-3) 채택

◆ 사용이 편리하고 간단

◆ 초기 도입 시간 및 초기 투자비용 절감

◆ 유지 보수비용 절감

◆ 향상된 진단 기능으로 장비 운휴 시간 단축
◆ 유연성, 확장성

7.3.4 PCNC

PCNC(PC based Numerical Control)는 PC를 이용하여 서보모터를 제어하여 원하는 일
을 하는 것을 말한다. 서보모터를 제어한다는 말의 뜻을 살펴보자. 그림 7.37은 NC 코드
에 의하여 NC 기계가 동작하는 순서를 나타낸 것이다.
PCNC에서 서보모터를 제어하는 수준을 살펴보면 다음과 같다.

(1) PC에서는 경로 제어와 위치 제어를 하고 속도 제어와 전류 제어는 서보모터 드라이
버에서 담당하는 경우
(2) PC에서 경로 제어에서 전류 제어까지 모두 담당하는 경우

위의 (1)과 (2) 중에서 PCNC에서 흔히 사용하는 방법은 (1)의 방법이다. (2)의 방법을
사용하는 상용 시스템이 있는데, 이 경우에는 속도 제어와 전류 제어를 위한 CPU를 별도로
사용한다. 즉 경로 제어 위치 제어를 위하여 한 개의 CPU를 사용하고 속도 제어와 전류 제
어를 위하여 다른 하나의 CPU를 더 사용한다. CPU끼리는 통신에 의하여 동기를 맞춘다.
PCNC는 리얼타임이 서보모터의 움직임에 매우 중요한 역할을 하기 때문에 조금이라도
지켜지지 않으면 모터가 오동작을 한다. 따라서 하드 리얼타임 OS를 사용하여야 한다.

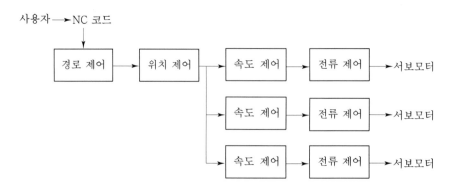

그림 7.37 NC 코드에 의하여 NC 기계가 동작하는 순서

그림 7.38은 속도 제어와 전류 제어를 서보 드라이버가 하도록 하고, 상위의 경로 제어와 위치 제어는 PC에서 하도록 한 경우의 예이다. 위 그림은 NC 밀링의 예이고, 아래 그림은 NC 선반의 예이다. NC 컨트롤러에 대한 내용은 8.4절에서 자세히 다룬다.

그림 7.39는 파낙의 오픈 시스템으로 Windows CE를 이용한 CNC 시스템이다.

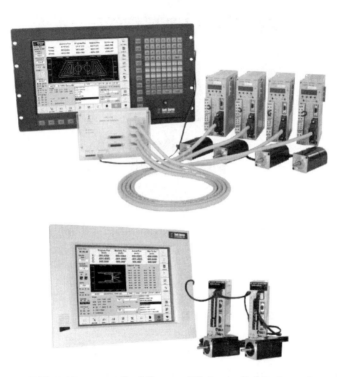

그림 7.38 PCNC에 의한 NC 밀링과 NC 선반(SoftServo)

그림 7.39 Windows CE를 이용한 CNC 시스템(Fanuc 160i)

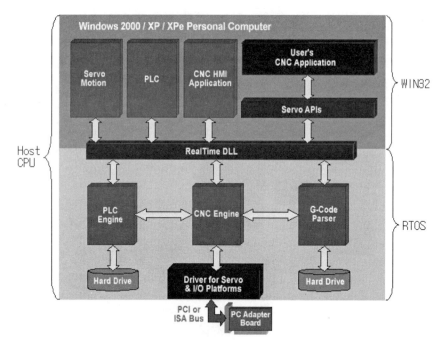

그림 7.40 PCNC의 소프트웨어 구조 : RTOS에서 처리할 것과 Windows OS에서 처리할 수
있는 것(SoftServo의 자료를 편집한 것임)

PCNC는 다음과 같은 3개의 레이어로 구성된다(그림 7.40).

❖ 제1 레이어 : 리얼타임 OS에 의하여 제어되는 레이어이다. 서보모터를 제어하기
위한 경로 및 위치 제어 모듈이 포함되고, 수행시간이 중요한(time critical) PLC 모
듈이 포함된다. NC 코드를 해석하는 모듈은 여기에 속하는 경우도 있고, HMI에 속
하는 경우도 있다.

❖ 제2 레이어 : 급하지 않은 PLC 모듈이 여기에서 수행된다. 제1 레이어를 우선 처
리하고 남은 시간에 나머지의 PLC를 수행한다.

❖ 제3 레이어 : HMI(Human-Machine Interface) 소프트웨어가 처리되는 레이어이다.
서보 및 기계의 운전 상태를 화면에 표시하고 작업자의 명령을 받아 모션 제어와
PLC 제어에 전달하는 역할을 한다. 이 기능은 Windows의 GUI를 그대로 이용, 개발
하여서 PCNC 시스템을 Windows 시스템과 같이 보이도록 한다.

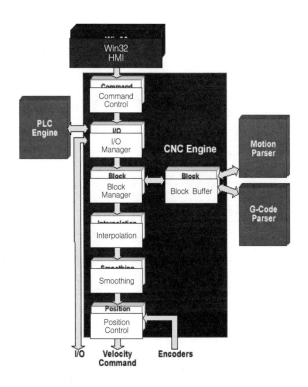

그림 7.41 PCNC의 데이터 흐름도(SoftServo 자료를 편집한 것임)

다음과 같은 모듈이 수행된다(그림 7.41).

❖ OS

  ◆ 대부분 MS Windows 2000, Windows XP, Windows NT 등을 사용한다. 리얼타임 커널은 별도로 구입하여 인스톨하여야 한다.

  ◆ Linux를 사용하는 PCNC는 Linux OS와 리얼타임 OS의 라이센스가 무료이기 때문에 경쟁력이 있긴 하지만 OS가 널리 알려지지 않았기 때문에 생각만큼 보급되지는 못하고 있다.

❖ 리얼타임 커널

  ◆ 서보 제어와 PLC 제어를 위해서는 반드시 리얼타임 커널이 필요하다.

  ◆ Windows 등 범용 OS에 선점형 멀티태스킹(preemptive multi-tasking) 리얼타임 커널을 추가하여 리얼타임 기능을 수행하도록 한다.

❖ 모션 제어 모듈

- ◆ 리얼타임이 중요한 소프트웨어 모듈이다. 고속의 위치 피드백과 가감속 지령, 위치 제어가 실행된다.
- ◆ HMI에 의하여 공작기계의 상태를 화면에 표시하고, 작업자의 지령을 받아 공작기계를 제어한다.

❖ PLC 모듈

- ◆ 기본적으로 래더 다이어그램(LD)에 의하여 동작하고 IL(instruction list)과 SFC(sequential flow control) 등의 IEC 61131-3 표준을 따르는 PLC를 탑재하는 경우가 많다.
- ◆ 실행 주기(scan time)가 중요한 것은 리얼타임 커널에서 실행하고 그렇지 않은 것은 프라이어러티(priority)를 낮추어 리얼타임 커널이 수행되고 남은 시간에 수행되도록 한다. PC에서 실행시키면 1 msec의 스캔 타임을 사용할 수 있다. 명령이 많은 경우는 5~10 msec의 스캔 타임을 사용하는 것이 보통이다.
- ◆ PLC는 서보 제어와 통합되어 운영되도록 하여야 한다.

❖ NC 코트 파서

- ◆ 기계를 동작하기 위한 NC 코드를 해석하는 기능이다. 기계별로 다른 해석기가 필요한데, NC 밀링 계열과 NC 선반 계열로 구분할 수 있다.

7.3.5   SCADA

SCADA는 Supervisory Control And Data Acquisition의 약자로서, 여러 곳에 분산 설치되어 있는 원격지의 RTU(Remote Terminal Unit)가 실시간으로 수집한 기기의 상태, 아날로그 데이터를 유선 또는 무선 통신을 통하여 수집하여 중앙 제어 시스템으로 보내는 것을 말한다. 중앙 제어 시스템은 수집된 데이터를 통합하여 의사결정을 하고 그 결과를 RTU에 보내어 원격 제어 감시하는 시스템이다. SCADA 시스템은 1960년대부터 사용되기 시작하였는데 근래에 와서는 하드웨어, 통신, 소프트웨어 기술의 발전에 힘입어 비약적으로 발전하고 있다.

예를 들어 송유시설에 SCADA 시스템을 구축하였다면, 파이프라인 어디에서 기름이 새고 있는지에 대한 정보를 RTU가 수집하고 이 정보를 중앙 컴퓨터에 전달하도록 한다. 전달된 정보를 분석하고 그 결과가 심각하다면 그 정보를 모니터에 표시하여 조치를 취하도록 한다. 만일 자동적으로 조치를 취할 수 있는 것이면 자동제어 시스템에 의하여 사람의 개입 없이 자동적으로 처리하도록 한다.

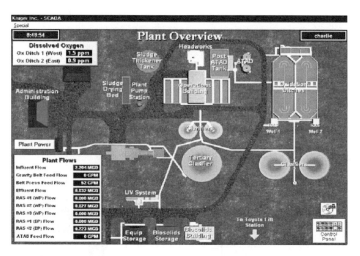

그림 7.42 하수처리 시스템

국내에서는 전력 사용량이 일정 규모 이상인 공장과 빌딩의 검침은 RTU에서 송신하여 SCADA 시스템으로 집계한다.

❖ SCADA 시스템의 구성과 역할

SCADA는 다음의 시스템으로 구성된다.

◆ SCADA 시스템(중앙 제어 시스템)

▶ RTU에서 데이터를 수집

▶ 주기적(예, 5분마다)으로 데이터를 데이터베이스에 보관

▶ 현장 상태를 그래픽으로 화면에 표시(그림 7.42)

▶ 경보 발생/휴대용 전화에 메시지 발송

▶ 주어진 로직에 따라 자동제어

▶ 수동제어 가능

▶ 멀리 떨어진 RTU를 원격제어

▶ 보고서 작성(일간, 주간, 월간, 연간)

▶ 트렌드(trend) 그래프 작성

◆ RTU

▶ 현장 기기로부터 데이터를 수집

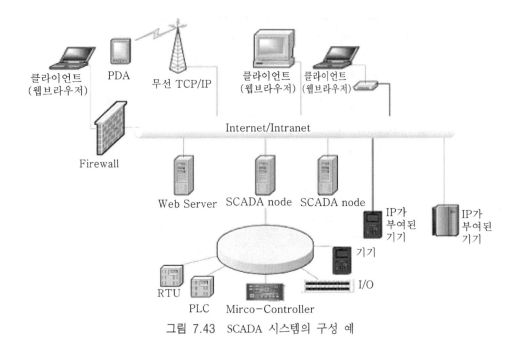

그림 7.43 SCADA 시스템의 구성 예

- ▶ 중앙 제어 시스템과 통신하여 데이터를 송신
- ▶ 중앙 제어 시스템이 보내온 제어 명령으로 현장 기기를 제어
- ▶ PLC가 RTU의 역할을 할 수 있음
- ▶ 인터넷과 직접 연결될 수 있는 기기는 직접 중앙 제어 시스템에 직접 데이터를 전송할 수 있음

- ◆ 클라이언트

  - ▶ 인터넷 또는 인트라넷 등의 네트워크가 연결된 어느 곳에서나 SCADA 시스템을 감시
  - ▶ 필요에 따라 원격제어

그림 7.43은 SCADA 시스템의 구성 예이다. 모든 시스템은 인터넷이나 인트라넷에 의하여 연결되고, 하나의 SCADA 노드에는 여러 개의 RTU가 물려 있다. RTU는 현장의 기기에서 상태 데이터를 입력 받고 시스템의 제어 정보로 현장 기기를 제어한다. SCADA 시스템은 이들 데이터를 데이터베이스에 저장한다. 모든 정보는 인터넷/인트라넷을 통하여 공유한다.

그림 7.44는 외부 기기의 상태 데이터, 접점들의 흐름을 나타낸다. 여기서는 PLC가 하나의 RTU의 역할을 하는 것으로 생각하면 된다.

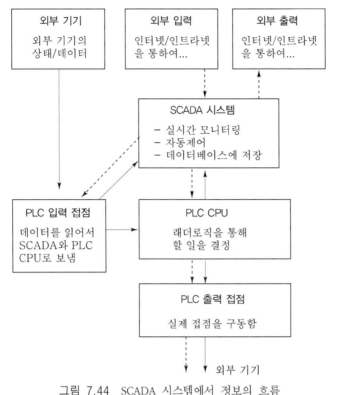

그림 7.44 SCADA 시스템에서 정보의 흐름

- ◆ 외부 기기의 상태 정보는 PLC의 입력 접점을 통하여 PLC에 입력된다.
- ◆ PLC의 CPU는 래더로직을 통하여 필요한 제어를 결정하여 출력 접점에 명령을 내린다.
- ◆ SCADA 시스템에서는 RTU(PLC)들에서 입력된 정보뿐만이 아니라 네트워크를 통하여 다른 시스템(또는 SCADA subsystem)에서 온 데이터를 종합하여 PLC에 제어 명령을 보낸다.
- ◆ SCADA에서 온 명령은 PLC의 출력 접점에 의해 외부 기기를 제어한다.

❖ RTU

RTU(Remote Terminal Unit)는 현장에 설치되어 현장의 계기 및 센서에서 데이터를 수집하여 유선 전용선이나 무선 통신망을 이용하여 중앙 제어 시스템의 감시제어용 컴퓨터에 전송하는 On-line 실시간 감시 제어 장치이다. RTU는 다음과 같은 기능이 있어야 한다.

- ◆ 산업용 시스템으로 설계되어 신뢰성이 있을 것

- ◆ 유선/무선/유무선 겸용의 통신 네트워크를 제공할 것
- ◆ PID 제어, 자동기능, 시계기능 등을 제공할 것
- ◆ 자기진단기능, 고장이력 관리기능이 있어 유지보수가 간편할 것
- ◆ 시스템 확장(접점 확장 또는 기능 확대)이 용이할 것
- ◆ PLC 프로그램 언어가 제공될 것
- ◆ 통신을 통하여 프로그램 모니터링 및 프로그램의 수정이 가능할 것(원격유지보수 가능).
- ◆ 정전 시 백업(back-up) 기능으로 무정전 운전이 가능할 것
- ◆ 통신 선로상의 낙뢰 서지(surge) 대응이 가능할 것

앞에서 설명한 것을 살펴보면 일반적인 PLC를 사용하여도 된다는 것을 알 수 있다. 실제로 RTU는 SCADA 중앙 시스템으로 데이터를 전송하고 명령을 받아서 처리하면 되는 것이므로 소규모 시스템인 경우에는 PLC에 네트워크 기능을 추가하여 사용할 수 있다. 그림 7.45는 RTU의 예를 나타낸다. 왼쪽의 것은 대용량의 데이터를 수집하기 위한 것이다. 오른쪽의 작은 RTU는 소규모의 접점을 처리하는 경우에 사용하는 것이다. 소규모의 접점을 수집하는 경우에는 전원에 대해 고려해야 한다. 저전력 소비가 되도록 설계하고, 태양전지를 이용할 수 있도록 설계하기도 한다. 사용하지 않는 경우에는 sleep 모드에 들어가서 절전을 하고 필요할 때만 wake-up 하는 기능을 사용한다.

그림 7.45 RTU의 예

❖ 응용 예

SCADA의 예는 사무 빌딩의 관리 시스템과 같이 간단한 것에서부터 핵발전소와 같이 복잡한 것까지의 응용분야가 있다. 다음은 SCADA의 응용분야이다.

- ◆ 발전 설비
- ◆ 송배전 시스템
- ◆ 강의 수량 관리 시스템
- ◆ 송유 및 정유 시설
- ◆ 석유화학 플랜트
- ◆ 제철 공정시설
- ◆ 대규모 공장자동화 시스템

〈참고 인터넷 사이트〉

www.ni.com

www.axiomtek.com

www.advantech.com

www.xycom.com

www.profibus.com

www.electricity.or.kr

www.lgis.co.kr

www.fanuc.co.jp

www.softservo.co.kr

www.softplc.com

www.motioneng.com/main.html

www.plcopen.org

www.cjb.it

www.siemens.com

연습 문제

1. PC를 이용하여 외부 기기와 인터페이스할 수 있는 기능들에는 무엇이 있는가?

2. ISA, PCI, Compact PCI, PC104 버스를 각각 설명하고 비교하라.

3. PC104가 Stackable이라고 하는 이유는 무엇인가?

4. 농작물의 재배를 위한 온실 통제 시스템을 PC에 의하여 제어하려고 한다. 온도, 습도(수분), 이산화탄소의 양 등을 제어하고자 할 때 PC 이외에 필요한 하드웨어는 무엇인지 설명하고 이들을 어떻게 사용하여 통제 시스템을 구축할 것인지 안(案)을 제시하라. 이 온실 통제 시스템을 PLC에 의하여 하는 것과 PC에 의하여 하는 것의 장단점은 무엇인지 설명하라.

5. PC를 이용한 공장자동화를 PLC를 이용한 공장자동화와 비교하여 장단점을 쓰라.

6. RS232C와 RS485의 원리를 쓰고, RS232C를 RS485로 변환하는 원리는 무엇인지 설명하라.

7. PC를 이용하여 PLC의 타이머의 역할을 하도록 하는 방법은 무엇인가?

8. PC를 이용하여 PLC의 카운터의 역할을 하도록 하는 방법은 무엇인가?

9. PC에서 접점이 입력되고 출력되는 원리를 설명하라.

10. PC에서 서보모터를 제어할 수 있는 방법을 조사하라.

11. SCADA 시스템의 예를 인터넷 검색을 통하여 조사하라.

12. PC에서 소프트웨어 서보를 사용하는 경우에 리얼타임 OS가 필요한 이유는 무엇인가?

13. Windows XP에서 사용할 수 있는 리얼타임 OS의 종류를 조사하라.

14. hard real time과 soft real time을 비교 설명하라.

15. PLC를 RTU로 사용하고자 한다. 일반적인 PLC에 RTU를 위하여 추가하여야 할 기능은 무엇인가?

16. 산업용 fieldbus의 종류를 나열하고 각각의 장단점을 알아보라.

17. 산업용으로 fanless 컴퓨터가 선호되는 이유는 무엇인가?

18. POS 시스템의 소프트웨어의 구성은 어떻게 되어 있는지 알아보자.

19. USB 1.0과 USB 2.0의 스펙의 차이를 쓰라.

20. PCNC의 장점은 무엇인가?

21. PCNC를 위하여 산업용 PC에 부가되어야 할 하드웨어는 어떤 것들이 있는가?

8장   NC 기계와 산업용 로봇

8.1 NC 기계

8.1.1 역사

공장자동화와 메커트로닉스의 가장 첨단에 있는 것 중에 대표적인 것으로 NC(Numerical Control) 공작기계를 들 수 있다. NC 기계의 개발에는 미 공군과 항공산업 종사자의 역할이 컸다. 다음은 간략한 NC 개발의 역사이다.

- 1940년대에 미국 미시간의 Parsons Coorporation 사의 John Parsons는 원하는 형상의 좌표값을 펀치카드(punched card)에 저장하였다가 기계(cardamatic milling machine)를 움직이도록 하는 연구를 하였다.

- 이 아이디어를 미 공군에 발표를 하고 연구과제를 수주하였고 Parsons는 이 연구과제를 MIT의 Servomechanism Lab에 위탁하였다. MIT에서는 펀치카드를 이용한 프로토타입의 기계를 개발하는 연구를 계속하였으나 펀치카드를 읽어서 기계를 제어하는 것은 펀치카드의 처리시간 때문에 어렵다는 것을 알게 되었다.

- 1951년 펀치카드를 대신하여 마그네틱 테이프에 데이터를 저장하는 방법과 기타의 방법을 정리하여 NC(numerical control)의 개념을 정립하였다.

- 최초의 NC 기계는 MIT Servomechanism Lab이 미 공군에서 Cincinnati 밀링머신을 기증받아서 개조하여 만들었는데, 그 기계에는 진공관이 292개나 필요했기 때문에 제어장치가 차지하는 면적이 기계 자체의 면적보다도 컸다. 이 실험용 기계는 1952년 3월에 실제로 가동되었다(그림 8.1).

- 기계의 여러 문제점을 보완한 뒤에 1952년 9월에 기계 제작자를 위한 시연이 있었다. MIT의 Servomechanism Lab과 Gidding & Lewis 사가 계약을 하여 두 번째의 NC 기계를 제작하였다.

- 1958년에 Kearney & Tracker 사에서 공구 교환 장치(ATC, Automatic Tool Changer)를 가진 Milwaukee-Matic라는 머시닝 센터(machining center)를 개발하였다. 이 기계가 최초의 머시닝 센터인데, 상업적으로 성공을 거두어 폭발적으로 많이 팔려 나갔다 (그림 8.2).

초기에 개발된 NC는 항공기의 개발에 맞게 윤곽 가공용이었지만 그 후에 구멍 가공용, 위치 결정형의 NC 밀링이 개발되었다. 특히 필요 대수가 많은 NC 선반이 개발됨으로 해서 NC 기계의 보급이 급속히 진전되었다.

현재는 머시닝 센터와 NC 선반은 물론, 많은 공작기계에 NC 컨트롤러가 장착되고 있다.

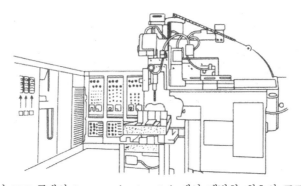

그림 8.1 1952년 MIT 공대의 Servomechanism Lab.에서 개발한 최초의 프로토타입 NC 기계

그림 8.2 1958년 Kearney & Tracker 사에서 개발하여 판매한 세계 최초의 머시닝 센터

컨트롤러는 다음과 같은 기술로 이루어진다.

- CPU 등의 컴퓨터 관련 기술 : 초기의 NC 기계는 단순한 전자회로에 의하여 직선이나 원호를 자동으로 갈 수 있었던 것이었다. 1970년대에 마이크로프로세서의 발전에 따라 NC 컨트롤러에 컴퓨터를 장착하기 시작하였다. 따라서 NC가 CNC(Computerized NC)로 바뀌었다. 현재의 NC는 모두 CNC이다.
- 서보모터 & 서보 드라이버 : 초기에는 유압 서보였으나 현재는 전기 서보모터를 사용한다.
- 제어용 소프트웨어 : 컨트롤러와 서보 드라이브 모두 디지털화되어 있어서 가장 중요한 제어 기술은 소프트웨어 기술이라고 해도 과언이 아니다. 대부분의 하드웨어 기술은 공개되어 있어서 특별히 어려운 것은 없다. 다만 소프트웨어는 제작회사마다 독특한 기술로 이루어져 있다.

이 장에서는 NC 컨트롤러를 이용한 머시닝 센터, NC 밀링, 산업용 로봇 등이 어떻게 만들어져 있으며 어떻게 응용되는 것인지를 배운다. 또한 컨트롤러에서 모터를 제어하는 방법은 무엇인지도 간단히 살펴본다.

8.1.2 밀링 계열

밀링 가공은 평면을 가공하거나 윤곽 가공을 하는 것이다. 조립되는 면이 평면으로 만난다면 그 평면은 깨끗하고 정확하게 가공되어야 조립된 제품에 문제가 없을 것이다. 이런 가공을 하는 기계가 밀링이다. 초기에 만들어진 밀링은 주로 평면 가공을 주로 하였지만 현재는 밀링이 NC화되면서 (1) 평면 가공은 물론, (2) 윤곽 가공, (3) 구멍 가공, (4) 3차원 곡면 가공 등에 이용되고 있다.

▷▶ 범용 밀링

범용 밀링은, 주축은 모터(유도전동기)에 의하여 회전되지만 테이블의 움직임은 사람의 손으로 핸들을 돌려서 한다. 테이블에 놓인 작업물과 공구의 상대적인 위치 차이에 의하여 공구가 작업물을 가공하여 원하는 형상을 완성한다. 사람의 손으로 핸들을 돌려서 복잡한 곡선 형상을 가공하는 것은 어렵기 때문에 대부분은 평면 가공에 이용된다.

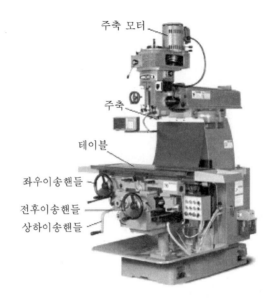

주축 모터

주축

테이블

좌우이송핸들

전후이송핸들
상하이송핸들

그림 8.3 범용 밀링 기계[화천, 수직형, 니(knee) 타입]

그림 8.3은 시판되는 수직형 범용 밀링 기계이다. 수직형이라는 것은 지면과 주축이 수직인 관계에 있는 것이다. NC가 보편화되어 있어도 범용 밀링은 그 나름대로 용도가 있으므로 꾸준히 제작/판매되고 있다.

▷▶ 머시닝 센터

❖ 개요

범용 밀링에 NC 컨트롤러를 장착하여 손으로 돌리던 핸들의 움직임을 서보모터에 의하여 구동되도록 한 것이 NC 밀링이다. NC 밀링에 공구 교환을 자동으로 하도록 하는 장치(ATC, Automatic Tool Changer)를 부가한 것을 머시닝 센터라고 한다(그림 8.4). 시판되는 NC 밀링에는 ATC가 대부분 부착되어 있으므로 여기서는 머시닝 센터를 중심으로 설명하겠다.

머시닝 센터는 다음에서 제시하는 조건을 만족하여야 한다.

① NC에 의하여 작동할 것
② 공구의 자동 교환이 가능할 것. 즉 ATC가 있을 것. 공구 매거진(magazine)에 수십 개 또는 수백 개의 공구가 있어서 공구를 자동으로 교환하여 연속으로 가공할 수 있도록 ATC가 장착되어 있을 것

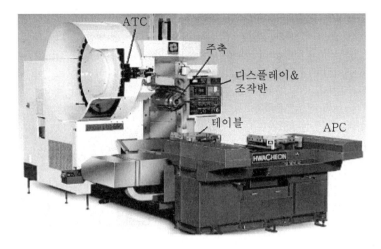

그림 8.4 수평형 머시닝 센터(화천)

③ 하나의 공작 기계로 보링(boring), 평면 가공, 윤곽 가공, 드릴링, 탭핑(tapping) 등
   의 가공이 가능할 것
④ 다면 가공이 가능할 것. 테이블이 회전 위치 결정과 인덱싱이 가능하여 1회의 세팅
   으로 여러 면을 가공할 수 있을 것
⑤ 공작물을 교환하기 위한 APC가 장착되어 있을 것

이 중에서 두 번째의 ATC는 반드시 있어야만 머시닝 센터라고 한다. APC는 FMS나 자
동창고, 다연 팰릿 등과 연결하여 자동화의 레벨을 높이고자 할 때 사용하는 장치로서 뒤
에서 설명한다.

머시닝 센터를 분류하는 방법 중에 가장 많이 사용하는 것이 주축의 방향에 따른 분류이다.

◆ 수평형 : 그림 8.4와 같이 주축이 지면과 수평인 기계를 말한다. 수평형은 측면에서
   가공하므로 절삭유를 공급하여 칩을 흘려보낸다. 칩이 쌓이지 않으므로 APC가 부착
   되어 작업물이 계속 공급된다면 기계가 고장 나지 않는 한 무인화가 가능하다.

◆ 수직형 : 그림 8.5와 같이 주축이 지면과 수직인 기계를 말한다. 가공할 때 칩이 윗
   면에 쌓이므로 가공 중간중간에 작업자가 칩을 치워야 한다. 따라서 무인화하기가 쉽
   지 않다.

그림 8.6은 머시닝 센터에 의한 금형 부품 가공의 예이다. 자동차 부품의 예는 뒤쪽에
서 설명한다.

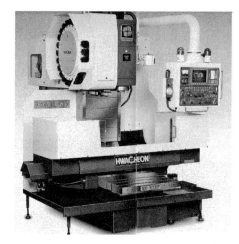

그림 8.5 수직형 머시닝 센터(화천)

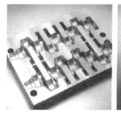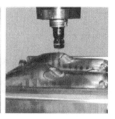

그림 8.6 머시닝 센터에서 가공한 부품의 예

표 8.1은 머시닝 센터의 스펙의 예이다.

표 8.1 머시닝 센터 스펙의 예

항 목	설 명	단 위	예
X/Y/Z축 스트로크	X/Y/Z축의 최대 이송거리를 말한다.	mm	1,020/600/550
테이블 크기(너비/폭)	테이블의 크기이다.	mm	1,100/600
최대 적재 하중	테이블에 올릴 수 있는 작업물의 최대 중량이다.	Kgf	700
주축 최대 회전수	주축의 최대 회전수이다.	rpm	20,000
테이퍼	공구 교환을 위하여 표준화된 주축의 끝단 형상을 말한다. 공구의 테이퍼 형상과 스핀들의 테이퍼 형상이 동일하여야 한다.		NT#40
ATC 공구 본수	ATC 공구 매거진에 꽂을 수 있는 공구의 최대 개수를 말한다.	EA	30
공구교환시간	공구를 교환하는 데 걸리는 시간을 말한다	sec	1.5

머시닝 센터의 주요 부품은 다음과 같다.

- ◆ NC 컨트롤러 : 머시닝 센터를 제어하는 전기/전자 장치의 모든 것이다. 프로그램을 입력하면 그에 의하여 기계가 움직여 원하는 형상을 가공한다. 다른 형상을 가공하려면 프로그램을 바꾸면 된다.
- ◆ 기계 본체 : 기계의 뼈대이다. 정밀하게 움직이도록 정밀한 부품이 조립되어 있다.
- ◆ ATC : 하나의 부품을 가공하려면 몇 가지 종류의 공구가 필요한데 필요한 공구를 자동으로 교환하여 주는 장치이다. ATC에 의하여 한 부품을 가공할 때 작업자 없이 가공을 수행할 수 있게 된다.
- ◆ 인덱스 테이블 : 수평형 머시닝 센터에서 테이블 위에 놓인 작업물을 회전하여 여러 면을 가공할 수 있도록 한 테이블이다.
- ◆ APC : 가공이 완료된 부품과 가공이 안 된 부품을 자동으로 교환하여 주는 장치이다. APC가 있으면 부품을 자동으로 교환하면서 작업자 없이 가공을 수행할 수 있다.

이들 부품들에 대하여 좀더 자세히 살펴보자.

❖ NC 컨트롤러

컨트롤러는 작업자와 기계를 연결하는 중요한 부품이다. 작업자가 가공하고자 하는 형상에 대한 가공 프로그램을 작성하여 입력하면 NC 컨트롤러가 이 프로그램을 해석하여 서보모터를 구동시켜 원하는 형상을 가공하는 역할을 한다. 컨트롤러는 하나의 컴퓨터이다. CPU가 있고, 키보드, 디스플레이가 있다. 고장 나지 않고, 장시간 가동이 되어야 하기 때문에 신뢰성이 높아야만 한다. 이런 컴퓨터의 일반적인 기능에 서보모터의 움직을 제어하는 기능이 추가되면 된다. 요즘은 PC의 Windows 환경에서 구동되도록 한 컨트롤러도 있다(7.3절 참조).

그림 8.7은 파낙의 컨트롤러와 주변 기기의 예이다. 기본적으로 서보모터와 주축(스핀들) 모터를 구동할 수 있어야 하고, PLC 기능을 사용하기 위한 I/O 모듈도 필요하다. I/O 모듈은 외부 기기와 접점으로 연결된다.

❖ 기계 본체

기계 본체는 주요 뼈대를 이루는 것이다. 그림 8.8은 수직형 머시닝 센터의 예이다. 우선 NC는 축의 이름을 지정하여야 한다. 축의 이름을 지정하는 것은 다음의 규칙을 따른다. 이 규칙은

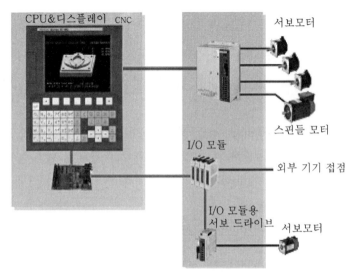

그림 8.7 파낙의 컨트롤러 연결 체계도(Fanuc)

밀링은 물론 선반에서도 적용된다. 위에서부터 순서대로 적용한다. 맨위의 것이 가장 중요하다.

 ◆ 주축의 회전축과 평행한 방향은 Z축이다.
 ◆ Z축이 결정되고 남은 축이 단 하나이면 남은 축은 X축이 된다. 남은 축이 2개 이상이면 작업자가 있는 위치에서 좌우 방향이고 Z축과 수직인 축이 X축이다.
 ◆ Z축과 X축이 정해지면 X, Z와 수직인 나머지 한 축은 당연히 Y축이 된다.
 ◆ X, Y, Z축을 중심으로 회전하는 축은 각각 A, B, C축(회전축)이다.
 ◆ X, Y, Z축에 평행한 제2의 직선축은 각각 U, V, W축이다.

이것을 이용하여 기계 본체를 설명하자(그림 8.8).

 ◆ 테이블은 LM가이드에 의하여 직선으로 슬라이드되고 서보모터가 볼스크루를 회전시켜 구동한다. 이것이 X축이다.
 ◆ 테이블 밑에는 새들(saddle)이 놓여 있고 새들은 베이스 위에 있다. Y축 서보모터와 볼스크루에 의해 Y축이 움직인다.
 ◆ 베이스 위에 칼럼이 연결된다.
 ◆ 칼럼에 LM가이드의 레일을 깔고 주축대를 장착한다. Z축 서보모터와 볼스크루에 의하여 Z축이 움직인다. 전기가 OFF되었을 때 주축대가 내려올 수 있으므로 Z축 서보모터는 전자브레이크가 장착되어 있다.

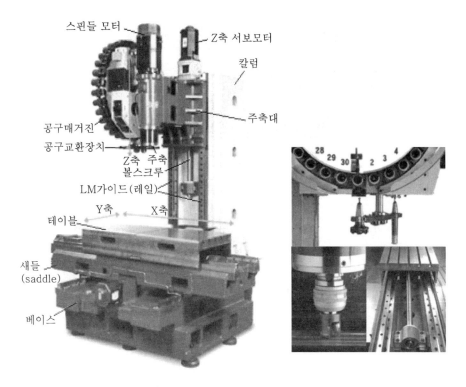

그림 8.8 수직형 머시닝 센터의 구조(화천)

- 주축 스핀들은 스핀들 모터에 의하여 구동된다.
- 공구 매거진에 보관된 공구는 공구교환장치에 의하여 주축에 있는 공구와 교환된다.

❖ ATC

ATC는 공구 매거진(tool magazine)에 공구를 장착하여 놓았다가 필요할 때에 스핀들에 끼워 있던 공구와 매거진에 있던 공구를 서로 교환하여 주는 장치이다. 공구 매거진에는 적게는 10여 개부터 많게는 수백 개의 공구가 저장되어 있다. 저장된 공구가 많을수록 가공할 수 있는 작업물의 종류가 많아지므로 무인화를 위해서는 많은 공구를 체계적으로 저장하는 것이 중요하다. 그림 8.9는 공구 매거진의 예이다.

공구를 교환하는 동작은 그림 8.10과 같은 순서로 이루어진다. 이 동작은 수평형 머시닝 센터에서의 공구교환의 예이다. 공구를 교환하는 시간에는 가공을 할 수 없으므로 기계 메이커는 공구교환시간을 줄이려는 많은 연구를 해오고 있다

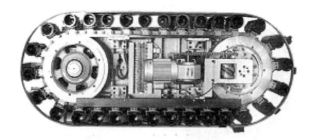

그림 8.9 공구 매거진

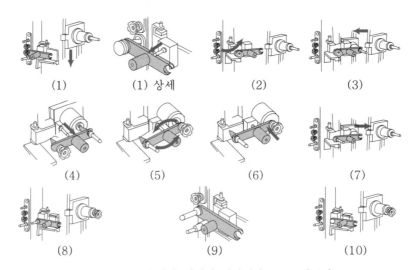

그림 8.10 수평형 머시닝 센터에서 공구교환동작

❖ 인덱스 테이블

그림 8.11은 수평형 머시닝 센터에서의 가공 모습이다. 현재 가공하고 있는 면의 가공이 완료되면, 인덱스 테이블을 90° 회전하여 다른 면도 가공할 수 있다. 이렇게 90°씩 돌리면 4개의 면을 작업자의 개입 없이 가공할 수 있게 된다. 이런 용도로 사용하는 것이 인덱스 테이블이다.

회전되는 양은 90° 고정된 것이 아니고 5° 간격 15° 간격과 같이 작은 각도로 되어 있다. 예를 들어 한번에 15° 간격으로 회전된다면 4번 신호를 주면 60° 회전하고, 6번 신호를 주면 90° 회전하는 것이다. 그림 8.12는 인덱스 테이블이 있는 수평형 머시닝 센터에서 가공된 자동차 부품의 예이다.

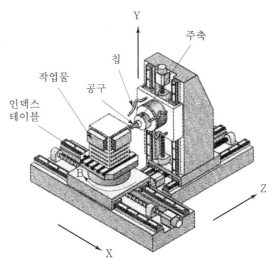

그림 8.11 인덱스 테이블이 부가된 수평형 머시닝 센터

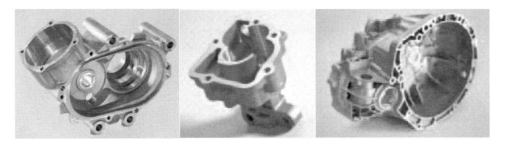

그림 8.12 인덱스 테이블이 있는 수평형 머시닝 센터에서 한 번의 세팅으로 가공한 자동차 부품의 예

❖ APC

팰릿(pallet)을 자동으로 교환할 수 있는 장치(APC, Automatic Pallet Changer, 자동 팰릿 교환 장치)를 부가하여 사용할 수 있는데, 이 장치를 이용하면 여러 개의 공작물을 작업자의 개입 없이 기계 혼자서 가공할 수 있다. 그림 8.13은 APC 장치의 예이다. 머시닝 센터 앞에 장착된다.

이 기능을 갖는 머시닝 센터 여러 대를 군(群) 단위로 묶고 기계 사이에 팰릿을 공급하는 장치를 한 것이 FMS(Flexible Manufacturing System, 유연 생산 시스템)이다. 이에 의하면 무인 가공 공장이 실현 가능하게 된다.

그림 8.14는 APC에 의하여 작업물이 놓인 팰릿을 교환하는 과정을 보인 것이다.

그림 8.13 APC의 예(화천)

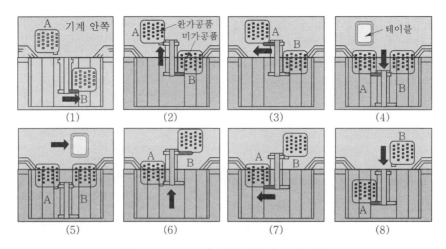

그림 8.14 APC에 의한 팰릿의 교환 순서

▷▶ 자동화 수준에 따른 분류

밀링 계열의 NC 기계의 분류 방법은 다양한데, 그 중에서 자동화의 수준에 따라 분류하면 표 8.2와 같다.

ATC와 APC가 부가되고 APC를 통하여 작업물이 계속 공급된다면 며칠 동안 무인 가공하는 것도 가능하다. 이때 가공할 때 나오는 칩이 테이블 주위에 쌓이게 되면 가공에 문제가 생기게 된다. 무인화용 머시닝 센터는 칩을 처리하기 위하여 그림 8.15와 같이 테이블 주위를 경사지게 만들게 되고 경사를 따라 떨어진 칩은 스크루에 의하여 한쪽에 모인다. 그것을 컨베이어가 칩이 떨어지는 곳까지 이동시킨다. 칩이 떨어지는 곳에 통을 놓아서 칩을 수집한다.

표 8.2 밀링 계열 NC 기계의 자동화 수준

분 류	설 명	자동화 항목
NC 밀링	- 밀링 가공을 자동화한 기계를 말한다. 사람이 핸들을 움직여서 원하는 형상을 가공하던 것을 서보 기술에 의하여 기계를 자동으로 움직여 원하는 형상을 가공하는 기계이다. - 하나의 공구로 가공하는 동안에는 사람이 없어도 된다.	- 기계 가공
머시닝 센터	- 하나의 부품을 가공하기 위해서는 여러 개의 공구가 필요하다. 여러 개의 밀링공구와 구멍 가공을 위한 드릴 등의 공구가 필요하다. 머시닝 센터는 공구의 교환을 자동으로 할 수 있도록 공구교환장치가 부착된 기계를 지칭한다. - 공구교환장치를 ATC(Automatic Tool Changer)라고 한다. - 여러 개의 공구를 사용하여 원하는 부품을 가공하는 시간을 전부 자동으로 진행할 수 있다.	- 기계 가공 - ATC
APC 장착 머시닝 센터	- 머시닝 센터는 공구를 교환하면서 원하는 형상을 가공할 수 있지만 한 부품이 완성되고 다음 부품을 가공하기 위해서는 작업물을 세팅하여 주어야 한다. 이때 작업물을 작업대 위에 먼저 세팅하여 놓았다면 작업대를 교환하면 바로 가공을 시작할 수 있을 것이다. 이런 작업대를 팰릿(pallet)이라고 한다. - 팰릿 위에 작업물을 미리 세팅하여 놓고 필요할 때에 머시닝 센터의 테이블에 이 팰릿을 이동하면 가공을 바로 시작할 수 있다. 불과 몇십 초 안에 작업물을 교환하게 되는 것이다. - 이것을 APC(Automatic Pallet Changer)라고 한다. 물론 팰릿 위에 작업물을 세팅하는 것은 작업자에 의하여 이루어진다.	- 기계 가공 - ATC - APC
FMS	- APC가 부착된 머시닝 센터가 1대 이상 있고 팰릿을 보관하는 장치가 있다면 팰릿 위에 고정되어 보관되어 있는 가공 안 된 작업물을 가공하는 동안은 사람이 없어도 된다. - 여러 개의 기계들이 필요한 공정을 담당하면서 작업을 하면 짧게는 몇 시간, 길게는 며칠을 무인 운전할 수 있다. - 이것을 FMS(Flexible Manufacturing System)라고 부른다. - 주중의 야간작업이나 금요일 밤에서부터 일요일 새벽까지 무인 운전할 수 있으면 생산성 향상에 크게 기여하는 것인데 이것을 가능하게 하는 것이 FMS이다.	- 기계 가공 - ATC - APC - 팰릿보관대

▷▶ 가공셀

가공셀은 1대 이상의 머시닝 센터와 가공물을 저장하고 공급하는 장치를 갖고 있는 가공시스템이다. 가공물은 팰릿에 장착되어 저장되는데, 그 방식은 다음과 같다.

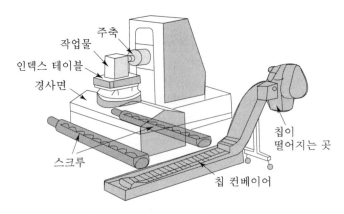

주축
작업물
인덱스 테이블
경사면
칩이
떨어지는 곳
스크루
칩 컨베이어

그림 8.15 머시닝 센터에서 칩의 처리

♦ 다연팰릿
♦ 직선형 팰릿라인
♦ 스태커 크레인

가공셀은 다른 말로 FMC(Flexible Manufacturing Cell)라고 한다. 팰릿라인이나 선반 (rack)에 가공할 물건을 저장하고 가공을 시작한다. 한 부품의 가공이 끝나면 다른 작업물이 저장장소에서 나와서 기계에 공급된다. 가공이 완성된 것은 다시 저장 장소에 보관된다. 이렇게 하면 저장장소에 저장된 작업물이 모두 가공 완료될 때까지는 작업자가 필요 없게 된다. 주간에 작업물을 팰릿에 장착하여 놓고 야간에는 무인 가공하는 방법으로 이용된다. 저장공간이 충분하다면 금요일 밤부터 월요일 새벽까지 무인 가공할 수 있다.

❖ 다연팰릿에 의한 가공셀

다연팰릿에 의한 가공셀은 그림 8.16과 같이 APC 앞에 팰릿을 원형으로 배치하고 팰릿에 작업물을 장착하는 것이다. 가공이 완료되면 인덱스 테이블에 있던 작업물은 팰릿과 함께 빠져나와 다연팰릿의 빈자리로 간다. 그 다음 가공할 작업물이 인덱스 테이블로 이동된다. 이렇게 하면 5개의 작업물이 모두 가공될 때까지 무인운전을 할 수 있다.

작업자는 다연팰릿 주위에서 가공이 완료된 작업물을 언로딩(unloading)하고 가공할 가공물을 로딩(loading)하는 작업을 한다. 만일 퇴근 전에 모든 팰릿 위에 가공할 작업물이 올라와 있다면 작업자가 퇴근한 후에도 기계가 혼자서 작업을 할 것이다.

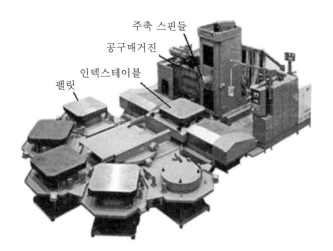

그림 8.16 다연팔릿에 의한 가공셀

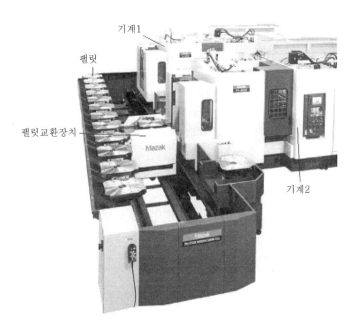

그림 8.17 직선형 팔릿 라인의 가공셀(Mazak)

❖ 직선형 팔릿 라인의 가공셀

직선형 팔릿 라인은 그림 8.17과 같이 팔릿이 직선형으로 배치되는 것을 말한다. 이 경우에는 기계 2대 이상이 라인에 연결되어 있어서 기계 1에서 가공한 것을 기계 2에서 가

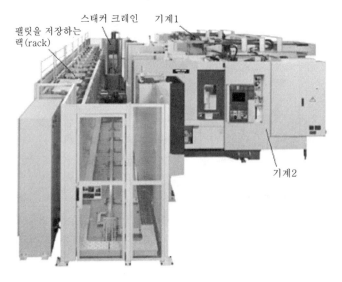

그림 8.18   스태커 크레인에 의한 가공셀(Moriseiki)

그림 8.19   가공셀에서 가공된 자동차 부품들

공한다. 같은 머시닝 센터라고 해도 공구 매거진에 장착된 공구의 종류에 따라 가공할 수 있는 공정이 제한되므로 1대 이상의 머시닝 센터를 거쳐야만 가공이 완성되는 경우도 있다. 가공이 완료된 작업물이 팰릿 라인에 있으면 작업자가 언로딩하고 가공할 작업물을 로딩한다.

❖ 스태커 크레인에 의한 가공셀

스태커 크레인(stacker crane)은 랙에 올려져 있는 물건을 빼서 원하는 위치로 옮기거나 다른 곳에 있던 물건을 랙에 저장하는 역할을 하는 장치이다(자동창고에서도 같은 용어를 사용한다). 그림 8.18과 같이 스태커 크레인이 가공 완료된 작업물을 가져다 랙에 보관하고 가공할 것을 랙에서 빼 와서 기계에 공급한다. 이렇게 하면 랙에 있는 작업물을 모두 가공하기 전까지는 무인화할 수 있다. 로딩과 언로딩은 랙의 한쪽 끝에서 작업자에 의하여 수동으로 이루어진다. 완성품을 출고할 경우에도 스태커 크레인에 지시하여 지정된 부품만을 뽑아 올 수 있다. 이 방법은 다연팰릿이나 직선형 팰릿라인에 비하여 저장할 수 있는 팰릿의 수가 많다. 그림 8.19는 가공셀에서 가공된 자동차 부품의 예를 보이고 있다.

8.1.3 선반 계열

▷▶ 개요

선반은 원통형의 형상을 가공하는 기계이다. 주축이 회전하는 중에 공구[선반의 공구는 바이트(bite)이다]가 주축과 평행한 방향이나 수직인 방향으로 움직여서 원하는 형상을 가공한다. NC 컨트롤러를 부착한 선반 계열의 기계는 다음과 같다.

- NC 선반 : 주축은 회전하고 X축과 Z축이 움직인다. 주축의 회전과 X축, Z축의 움직임이 NC 컨트롤러에 의하여 제어된다.
- 터닝 센터 : 주축을 임의 각도에서 세울 수 있도록 하고 밀링공구를 사용할 수 있도록 한 것이다. 주축의 각도를 C축이라고 한다. 가공할 수 있는 형상이 NC 선반에 비하여 훨씬 다양하다.
- 복합기 : 선반의 기능은 당연히 지원하면서 밀링에 사용되는 스핀들을 사용하고 축의 움직임을 다양하게 하여 한 대의 기계에서 세팅을 바꾸지 않고 선반 가공, 밀링 가공, 5축 가공, 호빙 가공 등을 할 수 있다.

▷▶ 범용 선반

시판되는 범용 선반은 그림 8.20과 같다. 주축에 작업물을 장착하고 공구대에는 바이트를 장착한다. 주축을 회전시키며 전후이송핸들과 좌우이송핸들을 돌려 원하는 형상을 가공한다. 회전과 좌우이송을 동기시키면 나사를 가공할 수 있다.

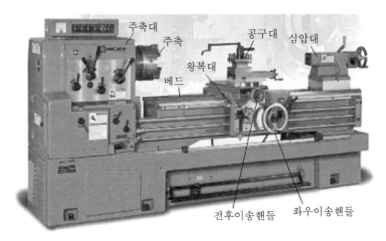

그림 8.20   범용 선반(화천)

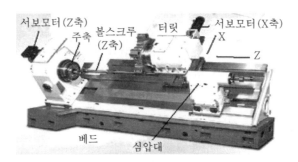

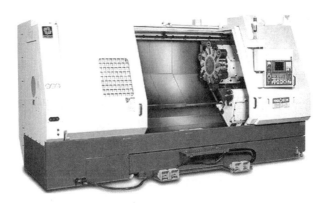

그림 8.21   NC 선반(화천)

▷▶ NC 선반

앞의 범용 선반의 전후이송핸들과 좌우이송핸들에 서보모터를 장착하여 컨트롤하면 원하는 형상을 정밀하게 가공할 수 있다. NC 선반은 칩의 흐름을 좋게 하기 위하여 그림 8.21과 같이 경사진 모양을 하는 것이 일반적이다(slant 구조). 선반의 축은 기본적으로 Z축과 X축이 사용되는데 Z축은 주축이 회전하는 방향이 되고 나머지 한 축이 X축이 된다.

표 8.3은 NC 선반의 스펙을 나타낸다.

그림 8.22는 터릿의 예이다. 6개나 8개 12개 등의 공구를 장착할 수 있고 원하는 공구에 맞추어 터릿을 회전한다.

그림 8.23은 NC 선반에서 가공하는 예이다. 왼쪽에서부터 황삭 가공, 정삭 가공, 나사 가공의 예를 보이고 있다. 위쪽은 실제 가공 모습이고 아래는 바이트의 이동 경로이다.

표 8.3 NC 선반 스펙의 예

사 양	설 명	단 위	예
베드 위의 스윙	베드에서 주축 센터까지 거리의 2배이다. 주축에 고정하여 회전할 수 있는 작업물의 최대 직경이다. 실제 가공할 수 있는 직경은 이보다 작다.	mm	550
최대가공경	실제로 가공할 수 있는 작업물의 최대직경이다.	mm	300
최대가공길이	공구대(터릿)가 이동할 수 있는 길이이다. 기계적으로는 주축과 심압대의 최대거리이다.	mm	170
주축 최고 회전수	주축의 최대 회전수를 말한다.	rpm	6000
주축관통경 /표준 봉재경	주축은 관통형으로 되어 있는데, 그 내경이 주축 관통경이다. 주축 내경으로 통과할 수 있는 원자재인 환봉의 최대 직경을 표준 봉재경이라 한다.	mm	56/45
주축 모터 용량	주축 모터의 용량이다.	KW	7.5/5.5
공구 개수	터릿에 장착할 수 있는 공구의 최대개수이다.	EA	12
최대이동거리(X/Z)	X, Z축의 최대이동거리이다.	mm	170/335
척사이즈	척의 크기를 말한다.	inch	6

그림 8.22 터릿

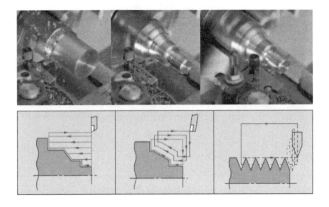

그림 8.23 선반 가공의 예 : 황삭, 정삭, 나사 가공

▷▶ 터닝 센터

NC 선반을 발전시켜 C축을 제어하는 경우를 생각하여 보자. 선반에서 주축은 회전만 하는데 이 회전축을 임의의 각도에서 정지하고 바이트 대신에 그림 8.24와 같이 밀링공구를 사용하여 가공하는 것이다. 이 방법으로 가공하면 일반 선반에서 가공하는 원통 형상은 물론 원주상에 구멍을 가공할 수 있게 된다.

이와 같은 기계를 터닝센터(turning center)라고 한다. 이 경우 밀링공구를 사용하여야 하기 때문에 그림 8.25와 같은 터릿이 필요하다. 그림 8.26은 Z축과 X축에 수직인 Y축을 추가한 예를 보이고 있다. 이렇게 하면 4각형 등의 다각형을 가공할 수 있다. 단순히 생각을 하면, X, Y, Z축이 모두 있으므로 밀링에서 가공하는 형상을 모두 가공할 수 있다. 이런 기능이 있으면 선반과 밀링으로 이동하지 않고도 터닝 센터 한곳에서 한 번에 가공할 수 있어서 전체 가공시간을 단축할 수 있다. 터닝 센터는 다음의 조건을 만족하여야 한다.

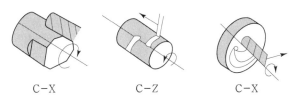

C-X   C-Z   C-X

그림 8.24 터닝 센터에서의 가공

그림 8.25 밀링공구를 사용할 수 있는 터닝 센터의 터릿

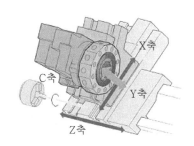

그림 8.26 터닝 센터의 각 축(Y축이 없어도
터닝 센터라고 함)

그림 8.27 터닝 센터(화천)

◆ C축이 있어서 주축을 임의의 각도에서 정지할 수 있다.

◆ 회전하는 밀링공구를 사용할 수 있어야 한다.

◆ Y축을 포함하면 밀링에서 가공하는 형상을 가공할 수 있다. C축만 제어할 수 있으면 밀링가공을 할 수 있으므로, Y축이 없어도 터닝 센터라고 한다.

◆ 하나의 기계에서 선반 및 밀링 가공이 완료되므로 생산성이 향상된다.

그림 8.28 터닝 센터의 가공

그림 8.29 터닝 센터 가공 샘플

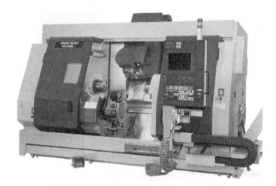

그림 8.30 복합기의 예(Moriseiki)

그림 8.27은 터닝 센터의 예이다. 그림 8.28은 터닝 센터에서의 가공 모습, 그림 8.29는 터닝 센터에서 가공된 부품의 예이다.

▷▶ 복합기

복합기는 그림 8.30과 같이 선반 모양을 한 기계에 선반과 밀링의 기능을 모두 가능하도록 한 기계를 말한다. 최근 들어 급격히 개발되기 시작하였다.

그림 8.31은 복합기에서 각 축의 움직임을 표시한 것이다. 주축(C1, C2)이 두 개 있고, 공구 주축에는 밀링에서 사용하는 강력한 스핀들이 장착되어 있다. 이 스핀들은 B축으로 틸팅된다. 선반용 공구는 제2공구대에 장착되어 있다. 공구주축과 제2공구대는 서로 독립적으로 움직인다. 이 그림의 예는 총 9개의 축을 사용하였는데 축의 수는 가감할 수 있다.

그림 8.32는 복합기에서의 가공 모습이고 그림 8.33은 복합기에서 가공된 결과물이다.

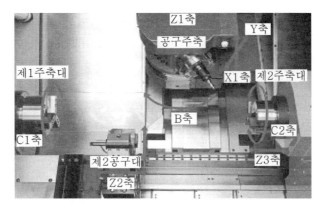

그림 8.31 복합기에서의 축의 구성(Moriseiki)

그림 8.32 복합기에서의 가공 : 호빙 가공, 밀링 가공

그림 8.33 복합기의 가공 샘플

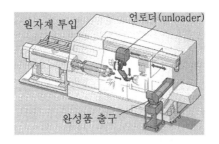

그림 8.34 터닝 센터의 자동화(Moriseiki)

▷▶ 자동화

그림 8.34는 선반 가공의 자동화 예이다. 원자재가 왼쪽에서 투입되면 피더(feeder)가 주축으로 밀어준다. 터닝 센터가 1차 가공하면 언로더(unloader)가 잡아서 반대쪽의 척에

고정시키고 완성 가공을 한다. 가공이 끝나면 언로더가 집어서 완성품 출구에 놓는다. 이렇게 한다면 작업자가 개입하지 않고 무인 가공을 할 수 있다.

8.2 로봇

8.2.1 역사

잘 알려진 바와 같이 로봇이라는 용어는 1920년대 체코의 희곡작가 카렐 카펙(Karel Capek)의 'Rossum's Universal Robots'에서 유래되었다. 체코어로 Robota는 노동자를 의미하였는데 이것이 영어로 번역되면서 Robot으로 되었다. 이 희곡은 로봇을 발명한 Rossum이라는 과학자에 대한 이야기로 Rossum은 사람에게 봉사하며 육체노동을 대신하는 완벽한 로봇을 개발할 때까지 개발을 계속하였다. 그러나 완성된 완벽한 로봇은 자신의 역할에 충실하지 못하고 인간을 공격하게 된다. 희곡이 쓰여진 1920년대에 로봇은 픽션이었을 것이지만 현재는 이 이야기가 꼭 불가능하다고 여겨지지 않을 만큼 기술이 발전하고 있다.

1950년대 영국의 발명가 켄워드(Cyril W. Kenward)는 x, y, z축이 움직이는 로봇을 개발하여 1957년에 로봇에 관한 최초의 특허를 받았다. 그러나 로봇의 산업화에 더 공헌한 사람은 미국의 발명가 데볼(George C. Devol)이다. 그는 1946년에 기계의 움직임을 자기 저장장치에 저장하였다가 같은 동작을 재현(playback)하도록 하는 장치를 개발하였다. 1950년대에는 프로그래밍이 가능한, 유압에 의하여 작동되는 로봇의 개념을 완성하여 1961년에 특허를 받았다. 데볼은 1962년 엔젤버거(Joseph Engelberger)와 함께 Unimation이라는 회사를 설립하여 Unimate라는 산업용 로봇을 생산하였다. 이 로봇은 포드 자동차의 다이캐스팅 머신에서 언로딩(unloading) 역할을 하는 로봇으로 사용되었다.

현재는 제어에 관한 소프트웨어/하드웨어의 발전과 감속기의 발전 등에 힘입어 산업용 로봇의 제작과 판매가 증가하고 있다. 자동차 산업과 전자 산업에서 로봇은 필수불가결한 요소로 받아들여지고 있다.

8.2.2 로봇 시스템의 구성

로봇이 어떤 역할을 하려면 다음의 부품이 서로 유기적으로 연결되어 있어야 한다.

- 컨트롤러 : 로봇을 제어하는 CPU 부분이다. 소프트웨어 기술이 중요하고 기구학에 대한 계산을 많이 하므로 CPU의 성능이 우수하여야 한다. 서보모터를 제어하는 부분은 NC 컨트롤러와 크게 다르지 않다.
- 몸체(manipulator) : 관절형 산업용 로봇의 몸체는 사람의 몸통에서부터 손목까지를 기계로 표현한 것이다. 회전축을 사용하고 외팔보의 형태로 버텨야 하므로 튼튼하게 만들어져야 한다. 몸체는 다른 말로 머니퓰레이터라고 한다.
- 서보 시스템 : 초기에는 유압서보를 사용하였지만 요즘은 대부분이 전기 모터서보를 사용한다. 많은 힘이 필요한 곳에서는 아직도 유압서보를 사용한다.
- 엔드 이펙터 : 로봇의 손끝에 무엇을 붙이는가에 따라서 로봇의 하는 일이 달라진다. 용접용 토치(torch)를 달면 용접 로봇이 되고 그리퍼(gripper)를 달면 핸들링 로봇이 된다. 이와 같이 응용분야에 따라 로봇의 손끝에 다는 장치를 엔드이펙터(end effecter)라고 한다.
- 센서 : 센서는 주변의 상황을 감지하여 컨트롤러에 알리는 역할을 한다.

그림 8.35는 산업용 로봇의 연결도이다. 로봇, 로봇 컨트롤러, 팬던트가 있으면 로봇을 움직일 수 있다. 팬던트는 작업자의 지시를 입력하는 장치로 작은 화면과 키보드가 있다. 주변 기기와의 인터페이스는 컨트롤러에 내장된 PLC에 의하여 이루어진다. 운전을 위한 데이터는 통신라인을 통해서 컨트롤러에 전달된다.

산업용 로봇을 선택할 때 중요한 요소는 로봇의 반복정도(repeatability), 로봇의 가반하중(들어올릴 수 있는 최대 무게), 로봇의 운동범위(work envelope) 등이다. 운동범위는 로봇의 손끝이 닿을 수 있는 범위를 말한다. 그림 8.36은 관절형 로봇의 운동범위의 예이다.

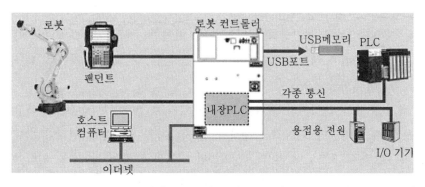

그림 8.35 산업용 로봇의 주변 기기 연결도(Fanuc)

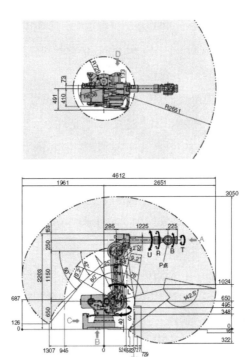

그림 8.36 산업용 로봇의 운동범위(Yaskawa)

8.2.3 자유도

▷▶ body-arm의 자유도

아무렇게 놓인 상자를 로봇을 이용하여 집어 올리려고 한다. 집는 동작은 그리퍼가 공압으로 잡아준다고 하고 로봇의 손끝이 상자를 잡을 수 있게 접근해야 한다면 이때 필요한 자유도는 6이다. 3차원 공간상의 임의의 점을 가려면 3개의 자유도가 있어야 한다. 직교 좌표계를 예로 들면 X, Y, Z가 있어야 한다. 관절형 로봇도 마찬가지로 3차원 공간 상의 한 점을 가려면 3개의 자유도가 필요하다.

상자를 잡기 위해서 그리퍼의 손가락 하나는 상자의 한 면과 평행해야 하고 손바닥은 상자의 다른 면과 평행해야 한다고 가정하자. 손이 3차원 공간상의 임의의 방향에 놓여야 한다면 그에 필요한 자유도도 3개이다. 정리하면 임의의 위치(position)를 위하여 3개의 자유도, 임의의 방향(orientation)을 위해 3개의 자유도가 필요하다.

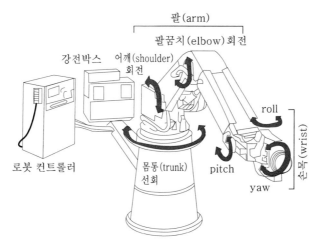

그림 8.37 관절형 로봇의 조인트 구조

산업용 로봇은 앞에 설명한 바와 같이 position에 3개, orientation에 3개의 자유도가 필요하여 대개 6개의 자유도가 있도록 설계되어 있다. 6개의 자유도란 서보모터에 의하여 제어될 수 있는 축이 6개라는 뜻이다.

그림 8.37을 보면 팔(arm) 부분은 몸통 ⇨ 어깨 ⇨ 팔꿈치 등의 3개 회전각도에 따라 손목의 position을 알 수 있다. 손목 끝의 orientation은 pitch-yaw-roll에 의하여 결정된다. 이 중에서 3개의 자유도를 사용하는 팔 부분의 형태에 따라 로봇의 모양이 결정되는데 이것에 의하여 로봇의 형태(configuration)별 분류를 한다.

▷▶ 조인트의 종류

그림 8.38과 같은 관절형 로봇에서 서보모터에 의하여 회전하는 부분을 조인트(joint)라고 한다. 이 예는 조인트가 회전하는 형태이다. 공압 실린더와 같이 직선 운동을 하는 것도 로봇의 한 축으로 사용될 수 있다. 이들 중에 어느 것을 사용해도 하나의 자유도에 해당한다. 조인트는 다음과 같이 두 종류이다.

- ◆ 회전 조인트(rotational joint)
- ◆ 직선 조인트(prismatic joint)

링크(link)는 조인트와 조인트 사이에 연결된 구조물을 말한다. 링크의 길이에 따라 움직이는 범위가 달라진다.

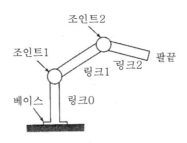

그림 8.38 관절형 로봇의 조인트와 링크

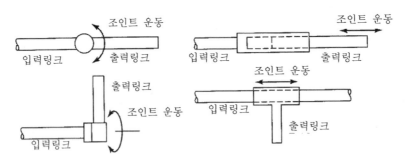

그림 8.39 회전형 조인트와 직선형 조인트

그림 8.39는 조인트의 종류를 그림으로 나타낸 것이다. 왼쪽의 2개는 회전형 조인트 (rotational joint)이고 오른쪽 2개는 직선형 조인트(prismatic joint)이다. 로봇의 팔(arm)에는 3개 의 조인트가 사용되는데 회전형과 직선형을 몇 개씩 사용하는가에 의하여 생긴 모양이 결정된다.

▷▶ 컨퓨그레이션

컨퓨그레이션(configuration)은 3개의 조인트에 의하여 생성되는 로봇팔의 형태에 대한 것이다.

- ◆ 직교 좌표형(Catesian Type) : 3개의 직선형 조인트
- ◆ 원통 좌표형(Cylindrical Type) : 2개의 직선형 조인트, 1개의 회전형 조인트
- ◆ 구 좌표형(Spherical Type) : 1개의 직선형 조인트, 2개의 회전형 조인트
- ◆ 관절형(Articulated Type) : 3개의 회전형 조인트
- ◆ SCARA : 1개의 직선형 조인트, 2개의 회전형 조인트

그림 8.40에서 그림 8.44까지는 로봇팔의 컨퓨그레이션의 개념도와 그에 해당하는 로봇의 예이다.

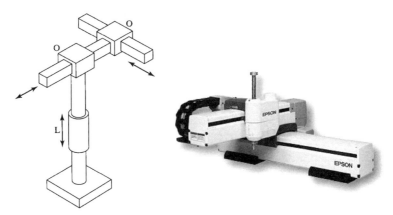

그림 8.40 직교 좌표형 로봇(Epson)

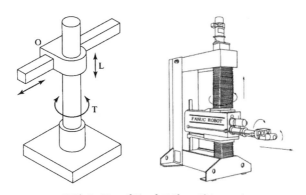

그림 8.41 원통 좌표형 로봇(Fanuc)

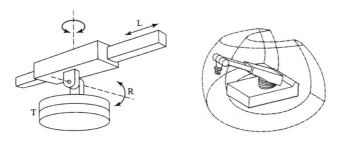

그림 8.42 구 좌표형 로봇

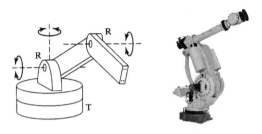

그림 8.43 관절형 로봇(Fanuc)

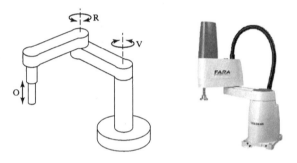

그림 8.44 SCARA 로봇(삼성)

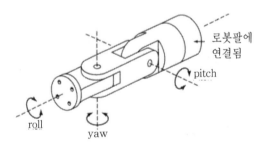

그림 8.45 손목의 자유도

▷▶ 손목의 자유도

앞에서 살펴본 팔의 형태(arm configuration)는 3개의 자유도를 사용하고 나머지 3개의
자유도는 손목(wrist)에서 사용한다. 3개의 축은 그림 8.45와 같이 pitch, yaw, roll이다. 응용
분야에 따라 1, 2개가 생략된다. 아크 용접용 로봇 중에는 roll 동작을 사용하지 않는 5축
로봇이 있다. 전자 기판 조립용으로 사용하는 SCARA 로봇은 pitch와 yaw 동작이 없다.

8.2.4 컨트롤 시스템

로봇의 몸체(manipulator)를 제어하는 방법은 다음과 같은 방법이 있다.

◆ 시퀀스 제어(limit sequence control) : 정해진 동작을 PLC에 저장하여 제어하는 것을 말한다. 제어하는 위치가 달라지면 PLC의 프로그램을 바꾸어야 한다. 대량생산에 투입하거나 로봇의 움직임이 변하지 않는 경우에는 이 방법을 사용한다. 공압이나 유압을 이용하는 경우는 이 방법을 사용할 수 있다.

◆ P-to-P 제어(point to point control) : 로봇의 움직임 중에 목표하는 점에 대한 제어만을 하는 경우이다. 물건을 집어서 이동시키는 경우는 P-to-P 제어에 의하여 그 동작을 수행할 수 있다. spot 용접을 하는 경우도 P-to-P 제어이다.

◆ CP 제어(contour path control) : P-to-P 제어를 하면 시작점과 목표점 사이에서는 어떻게 움직일지를 알지 못한다. 그러므로 arc 용접을 하는 경우는 P-to-P 제어로 하면 용접이 제대로 이루어지지 않는다. 이런 경우에는 CP 제어를 해야 한다. CP 제어는 현재점과 목표점을 직교 좌표계상에서 직선으로 가야 한다면 로봇 컨트롤러가 계산하여 직선이 이루어지도록 서보 제어를 한다.

◆ 플레이 백(playback) : 로봇의 동작을 티칭(teaching, 교시)하여 그 순서와 위치 정보를 기억시켜 두었다가 필요할 때 재생하여 작업하는 것이다. 티칭할 때의 경로가 P-to-P인지 CP인지를 지정한다.

◆ 지능형 제어(intelligent control) : 지능형 제어는 로봇에 센서를 달아서 로봇이 스스로 판단하여 작업하도록 하는 것이다. 그림 8.46은 비전 센서에 의하여 목표물을 감지한 후에 로봇이 일을 하도록 한 것을 나타낸다. 왼쪽의 그림은 비전 센서에 의하여 무작위로 놓여진 원판을 잡는 것이다. 오른쪽 그림은 비전 센서로 자동차 판넬이 놓인 위치를 감지한 후에 로봇이 작업하도록 한 예이다. 지능형 제어는 현재 많이 연구되고 있는 분야이다.

8.2.5 엔드 이펙터

로봇의 응용분야에 따라 로봇의 끝에 붙여야 하는 툴(tool)이 바뀌어야 한다. 핸들링 로봇에는 그리퍼를, 아크 용접 로봇에는 용접토치를 붙여야 한다. 이것을 엔드 이펙터라 한다.

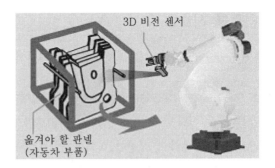

비전
센서

3D 비전 센서

옮겨야 할 판넬
(자동차 부품)

그림 8.46 비전 센서에 의한 지능형 로봇(Fanuc)

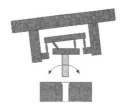

그림 8.47 compliance device의 작동원리와 실제 제품

arc welding gun   spot welding gun

그림 8.48 로봇의 엔드 이펙터

그림 8.47은 조립에 사용되는 compliance device이다. 왼쪽 그림과 같이 조립하고자 하는 원통 형상을 구멍 근처에 놓고 밀면 모따기(chamfer)되어 있는 구멍으로 원활히 조립된다. 이때 compliance device는 원통이 구멍으로 잘 조립되도록 위치를 잡아준다.

그림 8.48은 아크 용접용 토치와 스폿(spot) 용접용 건(gun)이다.

8.2.6 응용분야

그림 8.49는 아크 용접 시스템이다 로딩 스테이션에서 용접할 부품을 로딩한 후에 푸시 버튼을 누르면 작업대가 로봇 쪽으로 이동하여 용접을 한다. 두 개의 로딩 스테이션이 있으므로 한쪽에서 로봇이 작업을 하면 다른 한쪽의 로딩 스테이션에서는 작업물을 올려놓아 용접할 수 있도록 한다. 에어리어 센서는 작업자가 작업하고 있는 경우 로봇이 로딩 스템이션 쪽으로 오지 못하도록 하는 안전센서이다.

그림 8.50은 용접의 여러 가지 응용 예이다.

8.2.7 on-line & off line 프로그래밍

로봇에게 움직이는 위치와 움직이는 방법을 알려주는 방법은 on-line과 off-line 프로그래밍에 의한 방법이 있다.

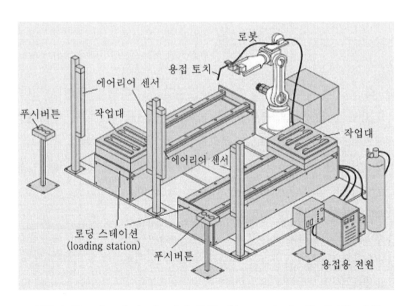

그림 8.49 아크 용접 시스템의 구성 예(Fanuc의 자료를 편집한 것임)

스폿 용접

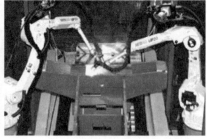
아크 용접

핸들링 로봇

파이프 절단

그림 8.50 로봇 응용의 예(Yaskawa)

❖ on-line 프로그래밍 : 로봇을 현장에서 직접 조작하면서 위치를 기억시키는 방법
  이다. 티칭(teaching)이라는 용어를 더 많이 사용한다. 현장에서 눈으로 보면서 프로
  그램을 하므로 현장감 있게 프로그래밍할 수 있지만 프로그래밍 중에 로봇을 생산에
  이용할 수 없는 단점이 있다. 다음의 순서로 프로그래밍을 한다.
  ◆ 펜던트를 이용하여 로봇을 원하는 위치로 이동한다.
  ◆ 펜던트의 버튼을 눌러 그 위치를 기억시킨다.
  ◆ 이 위치까지의 이동방법(P-to-P 또는 CP)을 지정한다.
  ◆ 이 위치에서 할 일을 지정한다(그리퍼의 움직임 등).
  ◆ 이를 반복한다.
❖ off-line 프로그래밍 : 컴퓨터상에서 프로그램을 하고 화면에서 로봇의 움직임을
  시뮬레이션하여 본 다음 현장에서는 간단한 테스트를 하는 것으로 프로그램을 마친
  다. 로봇을 세우지 않는 장점이 있다. 프로그램의 현장감이 떨어져서 off-line 프로그
  램을 한 다음에 현장에서 검토작업을 거쳐야 한다. 그림 8.51은 컴퓨터상에서 자동
  차 판넬을 스폿 용접하는 것을 off-line 프로그래밍으로 구현한 예이다.

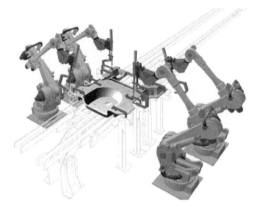

그림 8.51 off-line 프로그램 : 자동차 판넬의 스폿 용접(CATIA의 예)

8.3 FMS

ATC와 APC를 개발한 목적은 자동화와 무인화이다. 이들을 이용하면 팔렛에 가공물이 공급되는 한 무인화 가공이 가능하다. 이런 생각에서 구성한 다양한 생산라인을 살펴보도록 하자.

8.3.1 로봇을 중심으로 한 가공셀

그림 8.52는 가운데에 로봇이 있으면서 주변의 기계에 가공물을 공급하고 수거하는 역할을 하는 것을 보인 것이다. 이 라인은 비교적 작고 가벼운 작업물일 경우에 유용하게 적용된다. 다음과 같이 작업한다.

- 가공할 작업물이 카트에 놓여 있으면 로봇이 잡아서 처음 공정에 로딩시킨다. 카트에 가공할 작업물이 없으면 신호를 보내어 가공할 작업물이 실린 카트를 가져오도록 한다.
- 가공이 끝나면 언로딩하여 다음 공정의 기계로 보낸다. 이와 같이 작업자가 할 일을 로봇이 한다고 생각하면 된다.
- 가공이 완료되면 완성품이 놓이는 카트에 놓는다. 완성품이 카트에 가득 차면 카트를 빼고 빈 카트를 놓는다.

8.3.2 직선형 팔렛 라인

그림 8.53은 기계를 일렬로 놓고 그 사이를 직선 레일로 연결되도록 한 것이다. 시스템이 간단하고 제작하기 쉽다.

그림 8.52 1대의 로봇과 5대의 NC 기계의 협업(Fanuc)

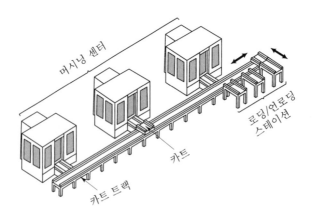

그림 8.53 직선형 패릿 라인

- ◆ 작업물은 로딩/언로딩 스테이션에서 팰릿에 장착되고 원하는 기계에서 가공된다.
- ◆ 가공이 끝나면 다음 기계로 간다.
- ◆ 모든 가공이 끝나면 로딩/언로딩 스테이션으로 와서 팰릿과 분리되고 완성품은 시스템을 빠져나간다.

8.3.3 자동창고와 가공셀

그림 8.54는 머시닝 센터 여러 대를 일렬로 나열하고 그 사이를 스태커 크레인이 다니면서 작업물을 이송시켜주는 시스템을 보이고 있다. 가공이 완료되지 않은 반제품은 팰릿에 장착된 채로 저장한다. 팰릿에 장착하고 해체하는 것은 로딩/언로딩 스테이션에서 한다. 완성품도 자동창고에 저장되다가 납품하기 위하여 꺼내올 때는 스태커 크레인이 원하는 순서대로 꺼내온다.

8.3.4 FMS

FMS는 유연제조시스템(Flexible Manufacturing System)의 약자이다. 그림 8.55는 FMS의 예이다.

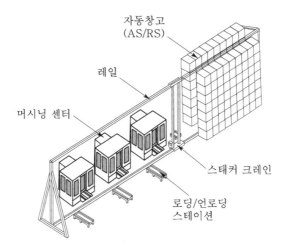

그림 8.54   자동창고와 스태커 크레인에 의한 자동화

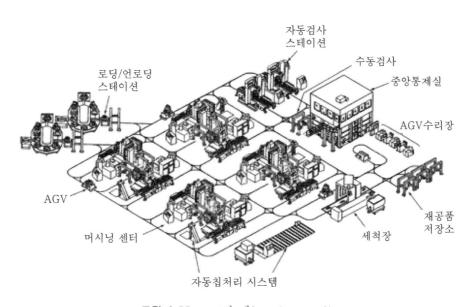

그림 8.55   FMS의 예(Vought Aircraft)

- 로딩/언로딩 스테이션은 가공물을 팰릿에 장착/해체하는 곳이다.
- 제조 셀에는 가공셀, 검사셀, 세척장, 칩처리장 등이 있다.
- 각 제조 셀 사이로 가공물을 이송시키는 것은 AGV(automated guided vehicle)가 담당한다.
- 가공물의 입출구는 로딩/언로딩 스테이션이다.

〈참고 문헌과 인터넷 사이트〉

橋本文雄.東本曉美, 自動生産　システムⅠ, 共立出版株式會社, 1987.

橋本文雄.東本曉美, 自動生産　システムⅡ, 共立出版株式會社, 1987.

편집부,『제어모터 기술 활용 매뉴얼』, 도서출판 세운, 1987.

이봉진,『FA 시스템 공학』, 문운당, 1991

安川電機製作所 著,『메커트로닉스를 위한 서보기술 입문』, 도서출판 세운, 1988.

丹橋雄明,『電子機械』, 漢敎出版, 1997.

Roger S. Pressman and John E. *Williams, Numerical Control and Computer Aided Manufacturing*, 1977.

www.fanuc.co.jp

www.yaskawa.co.jp

www.hwacheon.co.kr

www.3ds.com

www.dmgkorea.com

www.moriseiki.com

www.mazak.com

www.us.nsk.com

www.hyundaielevator.co.kr

www.hwacheon.co.kr

연습 문제

1. 범용 밀링 머신에서 테이블을 구동시키는 것은 무엇인가?

2. 범용 밀링 머신에서 주축의 속도를 조정하는 방법은 무엇인가?

3. 범용 밀링 머신의 사양을 결정하는 주요항목은 무엇이 있는지 나열하라.

4. 머시닝 센터에서 서보모터가 사용되는 곳은 어느 부분인가?

5. 머시닝 센터에서 ATC에 의하여 공구를 교환하는 방법 중에 하나를 선택하여 설명하라.

6. 머시닝 센터에서 공구의 회전 속도를 조정하는 방법은 무엇인가?

7. 머시닝 센터와 터닝 센터에서 회전하는 서보모터를 이용하여 어떻게 직선 이동을 제어하는가?

8. 터닝 센터와 NC 선반을 구분하여 설명하라.

9. NC 선반에서 공구를 교환하는 방법은 터릿에 의한 방법 이외에 어떤 것이 있는가를 조사하여 보라.

10. NC 선반에서 심압대의 역할은 무엇인가?

11. 터닝 센터에서 C축과 Y축이 있는 위치는 어디인가?

12. 터닝 센터에서 가공된 부품 하나를 선정하고 이 부품을 터닝센터가 아닌 곳에서 가공하였다면 어떤 공정이 필요한가를 기술하라.

13. 터닝 센터에서 발전한 복합기가 머시닝 센터보다 생산성이 좋은 이유는 무엇인가?

14. NC 기계에서 좌표축을 구하는 법에 대하여 자세히 설명하라.

15. 산업용 로봇의 응용 예를 5가지를 찾아서 기술하라.

16. 산업용 로봇의 컨퓨그레이션은 무엇인가? 그 종류를 쓰고 로봇의 구조를 그림으로 나타내라.

17. 로봇의 엔드 이펙터란 무엇인가?

18. SCARA 로봇의 기구학적 구조를 그림으로 표시하라.

19. 로봇의 손목 자유도 3개는 어떻게 사용되는지 설명하라.

20. 로봇의 제어 방법 중에 CP 제어와 P-to-P 제어 방법을 비교 설명하라.

21. 로봇의 compliance device란 무엇인가?

22. 로봇의 오프라인 프로그래밍과 온라인 프로그램의 차이점과 장단점은 무엇인가?

23. ATC와 APC는 자동화를 위한 것이다. ATC는 무엇을 자동화하는 것이고, APC는 무엇을 자동화하는 것인가?

24. 몇 대의 머시닝 센터가 있는 가공 시스템에서 금요일 밤부터 월요일 새벽까지 무인화하기 위하여 필요한 것은 무엇인지 기술하라.

25. 자동창고가 있는 FMS를 조사하여 그 시스템의 구성요소를 전부 나열하고, 역할을 써라.

9장 CNC 컨트롤러

9.1 CNC 컨트롤러의 개요

CNC는 Computer Numerical Control의 약어로서 컴퓨터를 이용한 수치제어를 의미하며, 숫자, 문자를 사용하여 기계를 수치적으로 제어하는 컨트롤러를 말한다. 이는 프로그래밍이 가능한 유연한 자동화의 한 형태로 공작기계에서는 모든 시스템을 관장하는 두뇌에 해당하는 제어장치이다.

8장에서 언급한 것과 같이, CNC 컨트롤러는 1949년 Parsons가 MIT와 공동으로 개발로 시작 이래, HW 기반의 전기 배선에 의한(Hard-wired) CNC 컨트롤러 시대를 거쳐, 1970년 이후로 마이크로 프로세서를 사용하는 소프트웨어(Soft-wired) CNC 컨트롤러로 발전하였고, 1995년에 Windows NT의 등장으로 PC기반의 CNC 컨트롤러가 출시되기 시작하였다. 국내에서는 2000년 초반에 PC기반의 CNC 컨트롤러가 개발되어 출시되었다. CNC 컨트롤러는 공작기계의 핵심 요소 기술로서 공작기계 제조 원가의 25~35%를 차지하고, 자동차, 방위산업, 부품, 반도체 장비 등 관련 산업에 파급효과가 지대하다. CNC 컨트롤러의 자체적인 기술력 확보는 국가 산업 전체의 경쟁력을 향상시키는 것으로 인식되어 정부주도로 연구개발을 지원하고 있다. 또한 CNC 컨트롤러 기술은 각종 하드웨어와 소프트웨어 기술의 집합체이며, 일부 선진국 업체의 독과점 양상을 띠고 있고, 내부기술의 공개를 기피하는 등 제품을 상용화 하기가 매우 까다로운 사업분야임과 동시에 진입장벽이 높은 분야이기도 하다.

국내외 CNC 시스템 시장의 소비 트렌드는 외국 회사를 의존하는 것에서 벗어나 독자적인 CNC 컨트롤러 확보를 통하여 CNC 공작기계의 경쟁력을 강화하려는 경향으로 발전하고 있다. 공정 별로 특화된 중간수준(middle-end)의 커스터마이징 CNC 시스템에 대한 소비·수요 증대하고 있다. 다양한 드라이브, 스핀들, 모터에 대응하는 네트워크 HMI 기능이 강화된 CNC 컨트롤러에 대한 수요가 증대하는 경향이 보인다.

최근의 CNC 컨트롤러의 개발 방향은 PCNC를 이용한 개방화와 디지털 통신, 다축(multi-axis) 가공, 다채널(multi-channel) 기능이다. 일반적으로 CNC 시스템은 NC 커널이 동작하는 CNC 유닛, 기계 본체의 구동을 담당하는 서보 드라이브와 모터, 각종 센서와 접점의 입출력을 IO모듈을 포함한다. 개방형 CNC 시스템은 CNC 시스템에 독자적인 제어 알고리즘 또는 유저 요청기능 등의 유저 코드를 표준화된 인터페이스를 통해 이식할 수 있는 기능을 구비한 것을 말한다. CNC 컨트롤러의 유저인터페이스(HMI), 실시간 통합 모

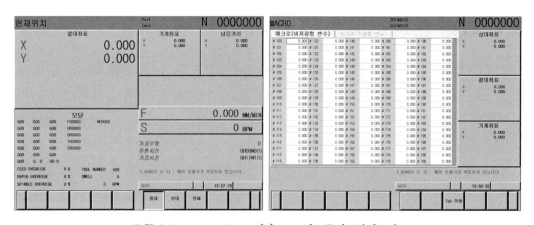

그림 9.1 MS-windows 기반 CNC컨트롤러 (씨에스캠)

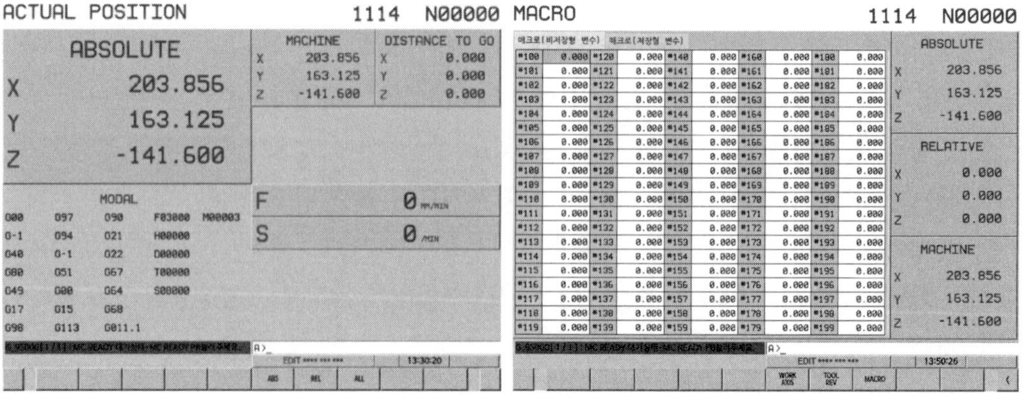

그림 9.2 Linux 기반 CNC 컨트롤러 (씨에스캠)

니터링, 관리 모듈 등의 기본모듈은 제공하고, 특화된 기능은 사용자가 개발할 수 있도록 개발 환경 제공한다. 또한 빠른 가감속 능력의 고속화와 다수의 가공기가 가공 물류 자동화로 연결된 형태를 제어하는 것, 네트워크형 HMI 등이 요구된다. 이와 같은 개방형 CNC 컨트롤러는 기본적으로 PC를 기반으로 한 시스템이다. MS Windows 기반이나 Linux를 기반으로 개발되고 있다. 따라서 MS Windows의 기능이나 Linux의 기능을 충분히 활용할 수 있게 된다. 그림 9.1과 그림 9.2는 MS Windows기반의 CNC 컨트롤러와 Linux 기반의 CNC 컨트롤러를 나타내고 있지만 화면상의 차이는 전혀 없다.

CNC 컨트롤러의 디지털 서보통신은 기존 아날로그 인터페이스 CNC 컨트롤러에 비하여 구성품이 적고, 노이즈 대책이 쉬우며, 케이블 가격을 줄일 수 있다. 무엇보다도 모션 지령을 계산된 수치 그대로 서보 드라이브로 전달할 수 있어 나노 정밀도의 지령이 가능하다. CNC 컨트롤러 디지털 통신의 대표적인 것이 EtherCAT인데, 이를 매개로 하여 드라이브와 스핀들 인버터 등의 다양한 액추에이터와 각종 센서, 리니어 스케일, 입출력(I/O)등을 연결하여 제어할 수 있다. CNC 공작기계뿐만 아니라 모션이 필요한 여러 장비에 응용할 수 있는 무한한 가능성을 가지고 있다.

복합가공기를 위해서는 다계통, 다축 기능이 필수적이다. CNC 컨트롤러가 다계통 다축 제어의 고기능을 갖추면 하이엔드급으로 평가한다. 다축 가공은 2, 3축 가공은 물론 복잡한 가공을 가공하기 위한 5축가공 기능을 수행할 수 있는 것을 말하는 것으로 선단속도 일정제어 등이 주요한 기능이다. 다계통 제어는 각 계통에서 독립적인 CNC 명령을 수행하고, 각 계통 간에 신호에 의하여 동기화를 맞출 수 있도록 하는 것이다. 하나의 기계에서 복잡한 형상을 한번에 가공하거나, 많은 모션이 독립적이고 유기적으로 수행되는 경우에 필요한 기능이다.

9.2 CNC 컨트롤러의 구성

9.2.1 CNC 컨트롤러의 기본 아이디어

PC 기반의 CNC 컨트롤러는 크게 2가지의 형태를 갖고 있다. 하나는 NC 커널과 HMI기능이 별도의 CPU 를 가지는 2-스테이지 PC기반 CNC 컨트롤러고, 다른 하나는 하나의 CPU에서 NC 커널과 HMI 기능이 처리되는 단일 스테이지 PC기반 CNC 컨트롤러다.

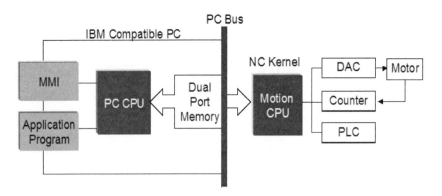

그림 9.3   2-스테이지 PC 기반 CNC 컨트롤러

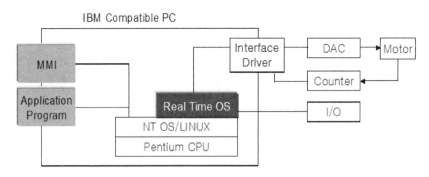

그림 9.4   단일 스테이지PC기반 CNC 컨트롤러

2-스테이지 PC 기반 CNC 컨트롤러는 그림 9-3과 같이 사용자 인터페이스는 일반적으로 사용되는 Windows 환경에서 제공하고, 실시간 모션제어를 하는 NC 커널은 실시간(real-Time) 성능을 보장하기 위하여 PC 슬롯에 꽂히는 모션보드에서 제공한다. PC에서는 HMI를 전담하여, 유용한 기능들을 쉽고 빠르게 추가하고, NC 커널의 신뢰성을 최대한 보장한다는 전략이다. 그러나 하드웨어의 비용이 증가하는 약점을 가지고 있다.

이에 반해, 단일 스테이지 PC기반 CNC 컨트롤러는 그림 9.4와 같이 하나의 CPU 위에 리얼타임(real-time) OS를 설치하여 NC 커널과 HMI를 동일한 Windows 환경에서 수행하도록 한 것이다. 실시간성을 필요로 하는 모션제어와 디지털 I/O는 리얼타임OS에 제공하는 함수로 처리하고, 그렇지 않은 것은 Windows 함수로 처리하여, 최소한의 하드웨어로 CNC기능을 구현한 것이며, Full Soft CNC 컨트롤러의 개념과 일맥 상통한다. 최근 CPU의 성능이 향상되면서 한 개의 CPU로도 충분히 CNC기능이 구현되기 때문에 단일 스테이지 PC 기반 CNC 컨트롤러로 변화되는 추세이다.

9.2.2 CNC 컨트롤러와 제어

그림 9.5는 시판되는 CNC 컨트롤러의 예이다. 이들 시스템은 복합적인 기능이 포함된 하드웨어와 소프트웨어의 집합체이다. 왼쪽의 제품은 국내에서 개발 시판되고 있는 CNC컨트롤러이고, 오른쪽 제품은 외산 제품이다.

서보란 '물체의 위치, 방위, 자세 등을 제어량으로 하고 목표치의 임의 변화에 추종하도록 구성된 제어 시스템'으로 정의한다. 서보와 NC 컨트롤러에 관련된 기술은 다음과 같다.

- ◆ 서보 액추에이터(actuator, 서보모터, 유압 서보) 기술 : 현재는 전기적 서보 모터의 눈부신 발전에 힘입어 NC 기계나 로보트의 제어는 전기 서보 모터에 의한 것이 대부분이고, 특별히 힘이 많이 필요한 제어에는 유압 서보를 사용한다.
- ◆ 서보 드라이버(driver, 파워의 증폭 및 오차 연산) 기술 : 서보 드라이버 기술은 전기 서보 모터의 경우 전기/전자에 관련한 소자가 발전되어 있고, 기존에는 이 기술이 하드웨어적 전자적인 기술이었지만 현재는 점차 소프트웨어적인 기술로 대체되어가고 있는 형편이다.
- ◆ 피드백(feedback)을 위한 센서 기술 : 서보 모터의 제어를 위한 센서는 엔코더가 많이 사용되고 있는데 현재는 전자와 광학 기술의 발전에 따라 $1/1000°$까지를 측정할 수 있는 엔코더가 개발되어 있다. 측정할 수 있는 각도가 미세할수록 보다 정밀한 모터의 제어가 가능하다.

(a) 씨에스캠

(b) 파낙

그림 9.5 CNC 컨트롤러의 예

- 기계/기구의 제작 기술 : 서보와 CNC 컨트롤러 기술의 발달에 힘입어 고속 가공이 가능하게 되고 있는데 고속 가공을 위해서는 기계도 그에 맞추어 가볍게 개발되어야 하고 각종의 기계 부품도 보다 견고하여야 한다.

- 반도체 및 컴퓨터 기술에 의한 NC 제어 기술 : 무엇보다도 CNC 기술의 핵심은 반도체와 컴퓨터 기술의 발전에 따른 컨트롤러의 발전이라고 할 수 있다. CNC 컨트롤러에 사용되는 CPU는 웍스테이션 용의 CPU나 개인용 컴퓨터의 CPU가 주로 사용된다. 현재 컨트롤러 용의 새로운 컴퓨터를 설계하여 사용하는 것이 일반적이지만 우리가 사용하고 있는 개인용 컴퓨터를 이용하여 CNC 제어를 하려는 움직임이 확산되고 있다.

NC기계는 모터를 회전시켜 테이블을 움직이는 구조를 갖고 있는데 이 때의 피드백의 방법에 따라 다음과 같이 구분할 수 있다.

- 개루프 제어 : 그림 9.6과 같이 MCU에서 보낸 신호를 받아 모터가 회전한다. 모터의 회전량은 MCU로 피드백되지 않는다. 스테핑 모터의 제어에 사용하는 방법이다.
- 폐루프 제어 : 그림 9.7에서 그림 9.9는 폐루프 제어 시스템이다. 피드백을 받는 방법이 다르다. 그림 9.7은 모터 회전량을 피드백 받는 것이고, 그림 9.8은 볼스크류의 회전량을 피드백 받는 것이다. 모터와 볼스크류가 잘 연결되면 모터축과 볼스크류와의 회전량의 오차가 거의 없으므로 이 방법은 잘 사용되지 않는다. 가장 정밀하게 테이블의 이동량을 피드백하는 것은 그림 9.9와 같이 데이블에 리니어 스케일(리니어 엔코더)을 달아서 움직인 양을 직접 측정하여 피드백하는 것이다.

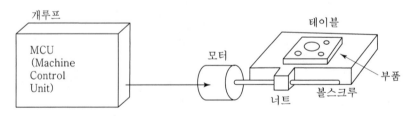

그림 9.6 개루프 제어 시스템

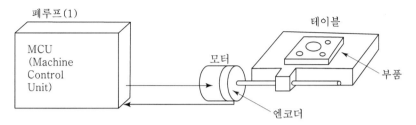

그림 9.7 폐루프 제어 시스템(1) : 모터 회전을 피드백함

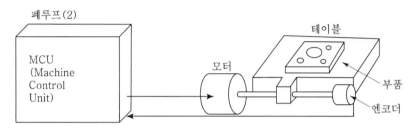

그림 9.8 폐루프 제어 시스템(2) : 볼스크루의 회전을 피드백함

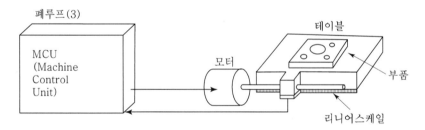

그림 9.9 폐루프 제어 시스템(3) : 테이블의 움직인 양을 피드백함

9.2.3 서보 기술

▷▶ 아날로그 서보

AC나 DC 서보모터는 아날로그 액추에이터이다. 따라서 이것을 제어하는 아날로그 회로의 구성이 가능하다. 제어회로의 구성에 필요한 아날로그 센서는 타코제너레이터(Tacho-generator), 차동 변압기, 리졸버(resolver), 스트레인 게이지(strain guage) 등이다. AC나 DC 서보모터가 회전하였을 때 속도, 가속도 등의 검출도 아날로그로 이루어지므로 이들을 하나의 회로로 구성할 수 있다.

아날로그 서보 시스템의 특징은 다음과 같다.

 * 전기적 노이즈(스파크)에 강하다.
 * 정보량을 테스터나 오실로스코프 등으로 직접 읽을 수 있기 때문에 변화의 윤곽을 잡거나 디버깅(debugging)하기가 쉽다.
 * 정밀도를 전체의 움직임에 대하여 0.1 % 이상으로 하기가 어렵다[1 m의 움직임에서 1 mm의 정도(精度)밖에 낼 수 없다].

위의 특징 중에서 정밀도가 현저히 낮은 것을 알 수 있는데 이 이유 때문에 로봇이나 NC 공작기계에 사용하기 어렵다는 것을 알 수 있다. 따라서 아날로그 서보는 정도가 낮아도 되는 매우 제한된 영역에서만 사용된다.

▷▶ 디지털 서보

디지털 액추에이터로 대표적인 것이 스테핑 모터이다. 이것은 주어지는 펄스열(sequence)에 따라서 모터가 일정한 양으로 회전을 한다. 회전하는 양은 한 펄스당 $0.72°$, $0.9°$, $1.8°$가 움직이도록 되어 있는 경우가 많이 사용된다. 스테핑 모터의 근본적인 단점(탈조 현상, 대용량을 만들기 어려움) 때문에 NC 공작기계의 축 이송용 액추에이터로 사용하는 경우는 아주 드물다.

아날로그 액추에이터인 AC나 DC 모터를 디지털 신호 시스템인 카운터, 엔코더 등과 조합하면 디지털 서보 시스템이 된다. 현재 시판되는 서보 시스템은 거의 이 방식을 따르고 있다. 디지털 서보의 특징은 다음과 같다.

 * 서보 시스템의 정밀도는 엔코더의 정밀도와 계산 시스템의 정밀도를 향상시키므로 향상시킬 수 있다.
 * 컴퓨터와의 데이터 인터페이스가 간단하여 FMS 등의 상위 시스템과 접속하기 쉽다.
 * 노이즈에 약하다.

▷▶ 지령 방법

디지털 서보에 명령을 입력하여 모터를 움직이게 하는 방법에는 펄스열 지령 방법과 BCD 지령 방법, 마이크로프로세서에 의한 지령 등이 있다.

❖ 펄스열 지령 방법

펄스에 의하여 움직이는 디지털 서보 시스템이다. 입력되는 신호는 펄스 신호와 정회전과 역회전을 구분하는 신호 두 가지이다. 이와 같은 신호는 원래 스테핑 모터에 대한 지령 방법이지만 이 방법을 서보 시스템에도 그대로 적용하여 사용한다. 입력이 들어오면 펄스와 회전 방향을 지령으로 입력하고 입력된 것을 모터 회전을 위해 아날로그 신호로 바꾸게 된다. 펄스열이 촘촘할수록 속도가 빠른 것이므로 아날로그 신호(-10V에서 +10V 사이의 전압)의 전압의 절대치가 커지고 듬성듬성할수록 전압의 절대치가 작아진다. 물론 전압의 +/-는 방향에 해당하는 것이다.

서보 드라이버는 입력된 전압에 따른 일정 속도로 회전하게 되고 회전 속도는 피드백된다. 엔코더에 의하여 읽힌 모터의 회전량은 편차 카운터로 입력되어 지령된 위치로 움직이도록 계속 감시하게 된다. 펄스에 의하여 속도를 지정할 수도 있지만 속도 지령이 번거롭기 때문에 현재는 펄스열에 의한 지령은 위치 지령을 하는 경우에 많이 사용된다.

❖ BCD 지령 방법

10진수의 0에서 9까지의 숫자를 표현하려면 적어도 4비트가 필요하다. 4비트를 모두 사용하면 0에서 15까지를 표현할 수 있다. BCD(Binary Coded Decimal, 2진화 10진수) 코드는 0에서 9까지의 숫자를 4비트로 표현하도록 하는 것을 말한다. 실제로 남는 정보는 사용하지 않고 4비트에 의하여 10진수와 비슷하게 사용하도록 하여 데이터 인터페이스를 쉽게 한 것이다. 이것은 공장자동화에 많이 쓰이는 데이터 표현 방법 중 하나이다. BCD를 표시하는 디지털 스위치에 의하여 가고자 하는 위치를 지정하면 그 위치만큼 이동하는 것이다. 이 방법은 위치 지령을 하는 경우에 사용된다.

❖ 마이크로프로세서에 의한 지령

마이크로프로세서 또는 컴퓨터에 의한 지령은 앞에서 설명한 방법보다는 다양한 명령을 수행할 수 있는 방법이다. 상위의 시스템은 사용자가 입력하는 정보를 읽어서 서보모터가 가야 할 거리를 계산하면 서보 시스템은 지정된 위치를 정해진 속도로 가도록 하는 것이다. 모터를 움직이기 위해서는 다른 것과 마찬가지로 펄스를 발생하여 속도를 지정한다.

그림 9.10은 컴퓨터나 마이크로프로세서에 의하여 2축 동기 제어 및 윤곽가공을 하는 경우의 지령 방법을 보이고 있다.

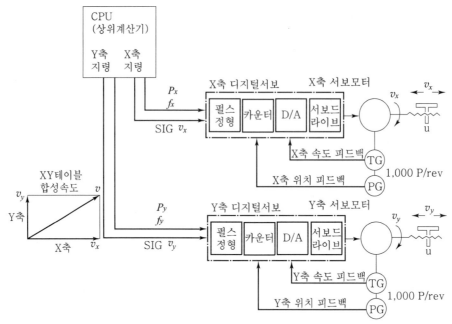

그림 9.10   2축의 연동 운전

❖ 고속 통신에 의한 지령

최근에는 실시간(real-time) 고속 통신에 의한 지령이 많이 사용된다. 각 회사마다 독특한 통신 규격을 가지고 있는데 규격이 공개된 대표적인 고속 통신 규격은 EtherCAT이다. 서보 제어 뿐만 아니라 PLC간의 통신, 접점 제어에 폭넓게 사용된다.

9.2.4 소프트웨어 서보

▷▶ 세미 소프트웨어 서보 시스템

펄스를 발생하지 않고 그림 9.11와 같이 속도에 해당하는 값을 서보 드라이버에 지정하여 일정 속도로 회전하도록 하고 원하는 위치는 피드백에 의하여 제어하는 방법이 많이 사용된다. 이 방법은 CNC 컨트롤러에 흔히 사용되는 방법으로 굳이 이름을 붙이면 세미 소프트웨어(semi-software) 서보 시스템이라 할 수 있다. 속도를 지정하면 지정한 속도에 따라 움직이는 것은 서보 드라이버가 책임을 지고 위치에 대한 피드백과 오차 보정은 컴퓨터 부분에서 하도록 한 것이다. 위치 보정은 대개 1~10 msec마다 하도록 한다.

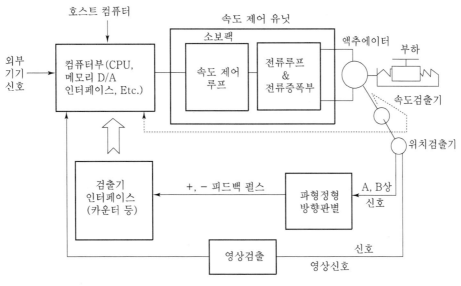

그림 9.11 세미 소프트웨어 서보 시스템

속도를 지정하는 방법은 디지털로 값을 주는 경우가 있고 속도를 전압으로 환산하여 지정하는 방법이 있다. 디지털로 지정하는 경우는 서보 시스템의 메이커마다 서로 다른 값을 지정하고 있어서 아직 통일되어 있지 않다.

▷▶ 풀 소프트웨어 서보 시스템

앞의 세미 소프트웨어 서보 시스템에서는 속도 제어를 서보 드라이버에 맡겨 하도록 하였는데 이것조차도 컴퓨터에서 처리하도록 하는 것이 풀 소프트웨어(full-software) 서보 시스템이다(그림 9.12). 속도 제어를 위한 전류루프(current loop)와 속도 피드백 등을 모두 컴퓨터에서 제어하도록 하는 것이다. 단지 모터를 돌리기 위한 전압은 별도의 파워 서플라이(power supply)에서 공급되고 이것이 컴퓨터에 의하여 제어된다.

대개 전류 루프는 100 μsec 정도, 속도 피드백은 500 μsec 정도, 위치는 앞에서 언급한 바와 같이 1~10 msec의 시간마다 업데이트하여 준다. 이 시간 간격을 샘플링 타임(sampling time, 또는 sampling rate)이라고 한다.

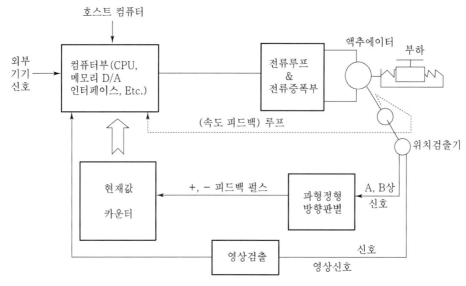

그림 9.12 풀 소프트웨어 서보 시스템

9.2.5 CNC 컨트롤러의 모듈

로봇이나 CNC 공작기계는 사람이 지정하는 운동을 사람의 물리적인 도움 없이 행한다. 이러한 일이 가능한 것은 로봇이나 공작기계의 움직임을 제어할 수 있는 컨트롤러가 있기 때문이다. 산업용으로 NC 밀링이나 NC 선반, 레이저 절단기 등은 하는 일이 전혀 다르지만 공구가 움직이고 그 움직임을 CNC 컨트롤러가 제어한다는 의미에서는 같다. 즉 이들은 같은 컨트롤러의 구조로 사용될 수 있다는 뜻이다.

간단히 CNC 컨트롤러의 역할을 말한다면 그림 9.13과 같다. 기계의 움직임을 기술하여 놓은 NC 프로그램이 있다면 CNC 컨트롤러는 이 NC 프로그램에서 지시하는 내용을 읽어서 기계가 움직일 수 있도록 서보모터를 움직이게 하는 것이다. 서보모터가 움직임에 따라 기계는 원하는 속도로, 원하는 위치로 움직이게 될 것이다.

그림 9.13 CNC 컨트롤러의 역할

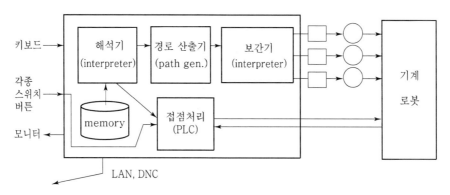

그림 9.14　CNC 컨트롤러의 내부 기능

그 CNC 컨트롤러는 내부적으로 그림 9.14와 같은 역할을 하고 있다.

◆ 해석기 : NC 프로그램을 해석한다. 간단한 예를 들자면 G90G01X100.0 Y20.0라는 NC 프로그램이 있다면 이것은 직선으로 (100.0, 20.0)의 위치로 가라는 뜻이다(G90이 있으므로 절대적인 좌표라는 의미이다). 해석기에서는 이와 같이 주어진 NC 프로그램을 해석하여 공구가 어떻게 움직여야 하는가를 파악한다. 공구의 움직임뿐만 아니라 공구의 회전이나 공구의 교환, 절삭유의 ON/OFF 등의 명령에 대해서도 그 의미를 파악한다. 이 역할을 하는 부분을 해석기 또는 인터프리터(interpreter)라고 한다.

◆ 경로 산출기(path generator) : 해석된 NC 프로그램에서 지시하는 움직임 중에서 원호로 움직이라는 명령은 그림 9.15의 왼쪽과 같이 작은 직선의 단위로 나누어서 원호가 되도록 해야 할 필요가 있다. 또한 공구의 반지름을 보정하여야 하는 경우, 지령된 경로와 실제로 공구가 지나가야 하는 경로는 그림 9.15의 오른쪽과 같이 공구 반경만큼 옵셋 되어야 하는데 이와 같은 경로를 계산하는 것이 필요하다. 이러한 역할을 하는 부분을 경로 산출기(path generator)라고 한다.

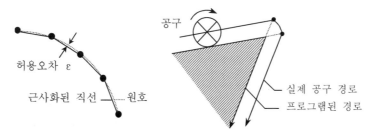

그림 9.15　경로 산출 기능: 원호를 작은 직선 단위로 분할(왼쪽), 공구경 옵셋 기능의 처리

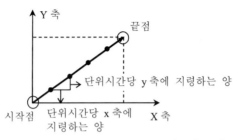

그림 9.16 이동 속도에 따른 직선의 분할

- 보간기(interpolator) : 경로 산출 과정을 마치면 공구 움직임에 관한 모든 경로는 직선으로 만들어져 있게 된다. 이렇게 직선으로 만들어진 경로를 따라서 서보 모터가 지정된 속도로 정확하게 움직일 수 있도록 제어하는 것이다. 이 때 컨트롤러는 지정된 시간 단위마다 서보의 움직임을 감시하여 모터가 제대로 움직이고 있는지를 감시/제어하게 된다. 따라서 단위 시간당 각 축에 해당하는 서보 모터가 움직여야 할 양 (회전 모터의 경우에는 회전 각도이고 리니어 모터인 경우에는 거리)을 지정하고 계속 지정된 값으로 모터가 움직이도록 감시한다. 그림 9.16과 같이 직선은 다시 이동 속도에 따라 작은 길이로 나누어 각 축의 모터에 움직임 양을 지령하게 되는 것이다. 단위 시간 간격을 샘플링 타임(sampling time)이라고 하는데 컨트롤러마다 차이가 있지만 대개 0.1에서 5ms(밀리 초, 1/1000초) 정도이다. 샘플링 타임이 작을수록 정확한 경로의 제어가 가능하고 고속 가공을 할 수 있다. 샘플링 타임이 작다는 것은 컨트롤러의 컴퓨터 CPU의 속도가 빠르다는 의미이다. 이 기능을 인터폴레이터 (interpolator)라고 한다.

- 서보모터와 드라이버 : 직선 경로 제어 기능에서 단위 시간 당 모터 별로 움직여야 할 양을 준다고 하였는데, 단위 시간 당 움직여야 할 양이라는 것은 곧 속도가 된다. 이 속도에 의하여 서보 드라이버는 서보 모터가 지정된 속도로 움직이도록 제어한다. 속도를 제어하기 위하여 모터의 속도는 드라이버로 피드백되고 서보 모터의 움직이는 양은 직선 경로 제어 기능으로 피드백된다. 이 기능에 대해서는 다음 절을 참조하기 바란다.

- 접점 처리(PLC) : 기계가 움직이기 위해서는 여러가지 접점 제어 기능이 필요하다. 기계의 작동 중에 기계 가공 부위로 접근하기 위하여 문을 열었을 때 기계의 움직임을 자동으로 멈추게 하든지, 공압을 제어하든지, 절삭유를 ON/OFF하는 기능이 모두 이에 해당된다. 이것은 일반적으로PLC(Programmable Logic Controller)라고 한다.

실제의 CNC 컨트롤러에는 그림 9.17과 같이 많은 주변 기기가 붙어 있다.

◆ 키보드(keyboard) : 데이터를 입력하기 위한 키보드이다. 숫자와 알파벳을 입력할 수 있고, 최근에는 컴퓨터의 좌판과 같은 것을 사용하는 경우가 증가하고 있다.

◆ 각종 스위치와 버튼 : 기계의 작동 조건을 셋팅하기 위한 스위치와 버튼이 연결되어야 한다. 이것은 대개 PLC를 통하여 기능을 발휘한다.

◆ 모니터(monitor) : 기계나 컨트롤러의 작동 상황을 표시하기 위한 모니터가 필요하다. 공구가 움직일 경로를 미리 그려 볼 수도 있고 기계가 움직일 때는 현재의 좌표 값을 표시한다. 또한 입력된 정보를 화면을 통하여 확인할 수 있다.

CNC 컨트롤러를 다른 컴퓨터 장치와 연결하기 위하여 DNC가 필요하고 통합 관리를 위하여 LAN으로 연결할 수 있는 기능이 있다.

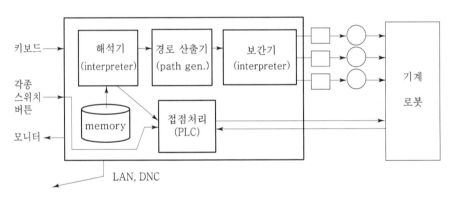

그림 9.17 CNC 컨트롤러와 주변 기기

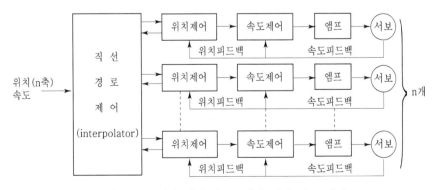

그림 9.18 여러 개의 서보모터의 직선 경로 제어

여러 개의 축이 움직여서 일정한 경로를 만들어야 하는데 이 경우에는 그림 9.18과 같은 직선 제어 루틴(interpolator)에 의하여 제어된다. 이 때 위치는 직선 제어 루틴에 피드백되어야 한다.

9.2.6 CNC 컨트롤러의 구성

CNC컨트롤러에서 NC 커널은 SW 형태로 내장되어 있고, 공작기계의 주요 구성품인 이송계, 스핀들 회전부, 디지털 접점, MPG, OP판넬 등과의 연결은 표준화된 통신이나, 전기 신호선으로 연결된다. 그림 9.19는 디지털 통신(EtherCAT)을 이용한 CNC 시스템의 예이다. 위 그림은 EtherCAT통신으로 CNC컨트롤러와 서보드라이버와 IO가 직접 연결되는 것을 나타내고, 아래 그림은 아날로그 서보모터(기존 속도 제어 서보모터는 아날로그 인터페이스가 아직도 주로 사용됨)와 연결하기 위하여 별도의 아날로그 서보 인터페이스를 추가한 것이다.

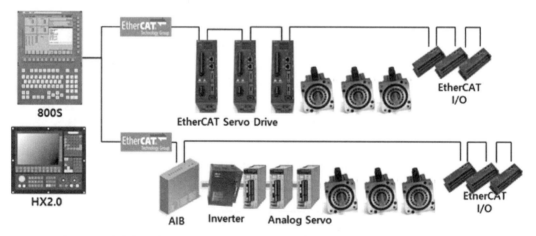

그림 9.19 디지털 통신(EtherCAT)에 의한 CNC 컨트롤러와 주변장치의 2가지 연결 방법

3축 머시닝센터 장비를 구성할 경우, 그림 9.20과 같이 CNC 컨트롤러 본체와 SW로 NC 커널을 구동하고, IO인터페이스 장치로 OP 판넬의 입력 스위치와 MPG 펄스입력, 스핀들 지령을 출력할 수 있다. Input/Output 접점이 부족할 경우, 별도의 확장 IO를 추가 장착할 수 있다.

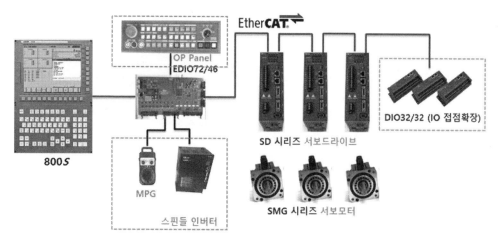

그림 9.20 3축 머시닝 센터를 위한 CNC 컨트롤러와 주변 장치의 연결의 예

9.3 CNC컨트롤러의 기본 기능

9.3.1 보간기능

보간기능에는 위치결정을 위한 G00, 선형보간용 G01, 원호보간용 G02/G03, 헬리컬 보간 등이 있다(그림 9.21).

❖ 위치결정 : G00 X _ Y _ Z _

지령된 위치로 파라미터로 설정된 급속이송속도로 이송하고, 이송은 각 축 별로 독립적으로 이송하며, 거리가 짧은 축이 먼저 목표점에 도달하게된다. 직선경로가 아니라, 최단 시간 위치에 도달하는 것을 목표로 하는 이송기능이다.

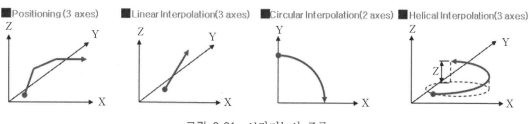

그림 9.21 보간기능의 종류

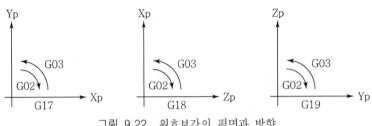

그림 9.22 원호보간의 평면과 방향

❖ 선형보간 : G01 X _ Y _ Z _ F _

원하는 경로로 절삭가공을 실행하기 위하여, F코드로 지령된 속도로 지령된 위치까지 직선으로 각 축을 동시에 이송하는 이송기능이며, F코드에 의한 속도지정이 되어 있지 않으면 절삭이송 하한속도로 이송된다. G01은 모달지령으로 이후 다른 보간지령(그룹 1)이 없으면 축 위치지령만으로 계속 유효하게 직선보간을 수행한다.

❖ 원호보간 : {G02/G03} X _ Y _ {I _ J _ / R _} F _

지령된 속도로 지령된 위치까지 지령된 중심점을 기준으로 시계 방향(CW, G02) 또는 반시계 방향(CCW, G03) 방향으로 회전 이송하는 기능이며, 중심위치는 I와 J, 또는 R 코드로 지정할 수 있다. 원호 보간을 하면서 Z축의 값이 들어가면 원호를 가공하면서 높이 값도 변화하는 나선 모양의 헬리컬 보간을 하게 된다. XY평면에서 하는 경우는 XY값이 주어지지만, YZ나 ZX평면에서 원호 보간을 하는 경우에는 먼저 어느 평면에서 원호 보간을 한다고 하는 G17(XY 평면), G18(YZ 평면), G19(ZX평면)를 이용하여 평면을 지정한 후에, YZ평면에서는 Y, Z, J, K를 지정하고, ZX평면에서는 Z, X, K, I를 지정하면 된다(그림 9.22).

9.3.2 극좌표 보간/원통좌표 보간

❖ 극좌표보간 : G112/G113 (극좌표 보간 시작/종료 지령)

극좌표 보간은 회전축과 반경방향 직선축으로 구성된 경우(선반의 face 면), 프로그램은 X-Y 평면에서 처럼 거리단위로 하고, 실제 구동은 X-C (직선축-회전축)으로 NC에서 자동으로 처리하는 기능으로 선반에서 Face Milling 또는 캠샤프트 가공 등에 적합하다.

G112를 지령하면 모달로 극좌표 보간 모드가 시작되고, G113을 지령하면 모드가 해제되며, 극좌표 보간모드 중에는 직선과 원호보간만 지령할 수 있다(그림 9.23). 직선축(X, Y, Z축), 회전축(A, B, C축) 중에서 각각 두 축을 XY 평면상에 놓고 보간을 수행하며, 여기서 X축은 직선축, Y축은 회전축으로 사용되며, 원호보간 지령시 I, J로만 가능하다.

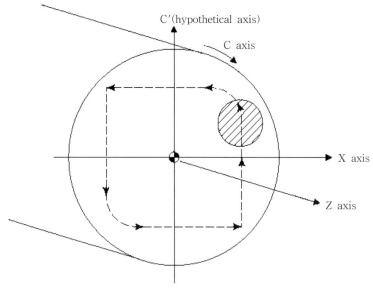

그림 9.23 극좌표 보간 개념

❖ 원통좌표보간: G107 C_ (원통보간 시작지령), G107 C0 (원통보간 취소지령)

원통 보간은 회전축의 반경만큼의 원통 주위를 손쉽게 가공하기 위한 기능이며, 주로, 원통 캠 가공 등에 많이 사용된다. G107과 함께 지령된 축이 회전축이 되고, 최초 회전축과 함께 지령된 값은 원통의 반경으로 적용되며, 반경이 0으로 지령 될 경우 원통보간이 취소된다. 그림 9.24는 원통좌표 보간의 예이다.

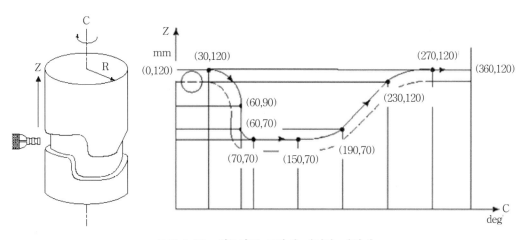

그림 9.24 원통좌표 보간의 개념과 지령예

9.3.3   공구경보정, 길이보정

❖ 공구경보정 : G41/G42 G01 X_ Y_ D_ (공구경 좌/우측 보정, D_: 공구경 보
　　　　　　정값 선택)

엔드밀 공구의 NC data는 공구 중심점으로 생성하고, CNC 장비에서 공구 직경을 고려
하여 자동으로 옵셋하여 가공하고자 할 때, 공구경 보정을 사용한다.

❖ 공구길이 보정 : G43/G44 Z_ H_ (공구길이 +/- 보정, H_:공구길이 보정값
　　　　　　　선택)

공구는 장착 시에 공구끝점의 Z 위치가 결정되므로, 매번 작업물 좌표의 Z값을 설정하
기보다는 작업물 좌표계의 Z 원점기준으로 옵셋량을 설정해두고 사용하면 편리하다. 공구
자동교환장치를 사용할 경우, 일반적으로 장착된 공구의 길이를 모두 측정하여 등록한 후
에 사용한다. 그림 9.25는 공구경 보정과 길이 보정 설정화면이다.

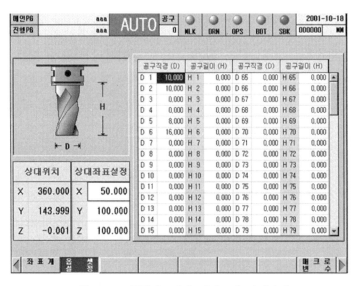

그림 9.25   공구경보정과 길이보정 설정화면

9.3.4   고정 싸이클 기능

구멍가공처럼 위치만 지정하면, 계속 반복적으로 가공하는 것은, 가공조건을 미리 정의된
양식으로 선언하고, 반복위치만으로 지령 하도록하는 것이 고정싸이클 기능이다. 표 9.1은

표 9.1 밀링 고정사이클의 종류

G 코드	용도	구멍 가공동작	구멍 최저 위치에서의 동작	귀환 동작
G80	고정 사이클 취소			
G81	드릴 사이클	절삭 이송		급속 이송
G82	드릴 휴지 사이클, 카운터 보링 사이클	절삭 이송	휴지(Dwell)	급속 이송
G83	펙 드릴 사이클	간헐 절삭 이송		급속 이송
G73	고속 펙 드릴 사이클	간헐 절삭 이송		급속 이송
G84	탭핑 사이클	절삭 이송	주측 역회전	절삭 이송
G74	역 탭핑 사이클	절삭 이송	주측 정회전	절삭 이송
G84.2	리지드 탭 사이클	절삭 이송	주측 역회전	절삭 이송
G84.3	역 리지드 탭 사이클	절삭 이송	주측 정회전	절삭 이송
G85	보링 사이클	절삭 이송		절삭 이송
G86	보링 정지 사이클	절삭 이송	주측 정지	급속 이송
G76	정밀 보링 사이클	절삭 이송	주측이 정회전 위치에 정지 후 Shift	급속 이송 Shift
G87	백 보링 사이클	주측이 정회전 위치에 정지 후 Shift 급속 이송	Shift 주측 정회전	절삭 이송 휴지
G88	수동 보링 사이클	절삭 이송	휴지/주측 정지 /IPR 정지/수동개입 CYCLE_START	급속 이송
G89	보링 휴지 사이클	절삭 이송	휴지	절삭 이송

밀링공정에서 사용되는 고정싸이클의 종류이다. 이중에서 대표적인 리지드탭 사이클을 설명한다.

❖ 리지드탭 사이클: G84.2 X _ Y _ Z _ R _ P _ F _

(X_ Y_ :탭 가공의 위치데이터, Z_ : 탭 가공의 깊이, R_ : R점의 좌표를 지령, F_ : 탭 가공의 이송속도, P_ : 구멍 위치에서의 dwell 시간)

탭 공구를 장착하여 주축의 회전각도와 Z축 이송위치를 동시시켜, 구멍가공 위치에서 나사 탭을 내는 기능이며, 주축을 정회전하여 절입하고, 구멍 바닥에서 역회전하여 도피함으로써 나사를 만드는 리지드 탭핑 사이클이다. 리지드탭 사이클은 주축 스핀들에 엔코더가 장착되어 위치제어 지령이 가능한 장비에서만 가능하며, 탭 가공시 이송속도는 다음 식으로 계산된다.

$$F = n \times f$$

F	탭 가공 이송속도 [mm/min]
n	수축 회전 수 [rpm]
f	탭 피치 [mm]

예를 들어, M10P1.5 탭 가공시 주축회전속도가 300rpm일 때, 이송속도 F = 300rpm×1.5mm/r = 450 mm/min으로 설정하면 된다.

9.3.5 기계/작업물 좌표계

❖ 기계좌표계 : G53 X _ Y _ Z _

기계에 고정되어 있는 좌표계이며, 그 좌표계 기준으로 이송지령 할 수있으며, Over Travel, 제2, 3, 4 원점 등의 설정기준이 된다. 제 1원점을 기준으로 G90 G53 X_ Y_ Z_ 형태로 사용되며, One Shot명령으로 공구직경 보정, 공구길이 옵셋, 공구옵셋 적용 해제된다. 기계 좌표의 원점설정은 전원투입 후, 수동 또는 자동 원점복귀를 실행 완료 시 적용된다.

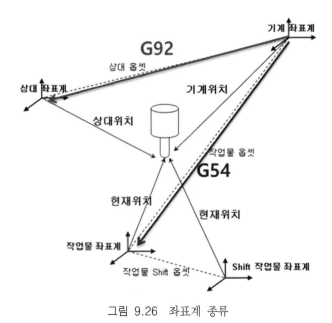

그림 9.26 좌표계 종류

❖ 작업물 좌표계 : G54/G55/G56/G57/G58/G59 X_ Y_ Z_

일반적으로 NC data는 작업물의 특정점을 기준으로 작성되므로, 거의 대부분의 NC Data 는 작업물 좌표계를 사용하며, CNC 컨트롤러의 작업물 좌표계 설정화면에서 각각의 작업 물 좌표계의 기준점을 기계좌표원점 기준으로 설정하면 된다(그림 9.26).

9.4 CNC컨트롤러의 특수 기능

9.4.1 법선 제어(Tangential control) 기능

플라즈마 절단 가공, 유리 절단가공은 가공 헤드 축이 가공경로와 항상 일정한 각도를 유지하면서 가공하므로, 가공 형상에 따라 회전축이 자동으로 그림 9.27과 같이 항상 일정 각도 (가공경로의 법선)로 가공을 할 수 있도록 하는 기능이 법선제어 기능이다. 법선 기 능을 사용할 경우, 컨트롤러는 회전각도에 대한 NC code 입력없이 자동으로 가공물의 형 상에 따라 회전축을 항상 일정한 각도로 제어한다. 이 때, 법선 회전축의 회전속도는 별도 의 법선 Feed로 이송한다. 법선 기능은 G01, G02/G03에 적용되며, 2가지 Type 이 있다. 법선기능 Type 1의 경우는, 코너에서 이송축의 진행과 법선축의 회전이 동시에 이루어진 다. 주로 플라즈마 절단과 같이 한 지점에서 축이 머물 경우, 가공 정도에 문제가 발생하 는 가공에 사용된다. 법선 기능 Type 2의 경우는, 법선축의 회전이 끝난 후, 이송축이 진 행한다. 주로 유리 절단과 같이 법선 회전이 끝난 후 가공이 시작되어야 하는 가공에 사 용되며, 수직축 이송필요 할 때, 특정 M Code를 파라미터로 자동으로 지령할 수 있다.

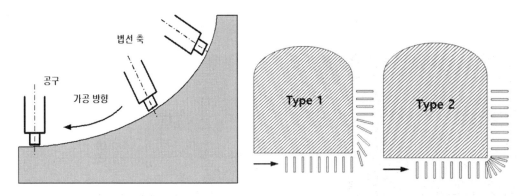

그림 9.27 법선제어 기능과 종류

9.4.2   트윈 테이블 기능

그림 9.28은 테이블이 2개로 구성된 기계이다.테이블을 동시에 또는 각각 움직이도록 제어하는 기능을 이용하여 공작물 셋업과 가공수행을 번갈아 가면서 할 수 있어 생산성이 최소 2배 향상된다. 일반운전, 단독운전, 동시운전을 지원함으로 간단한 파라미터 세팅으로 자유롭게 전환 할 수 있다.

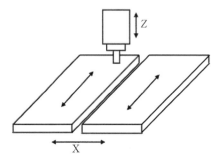

그림 9.28   트윈 테이블의 예

9.4.3   컴퓨터 비젼 얼라인 기능

PCNC기반의 CNC 컨트롤러는 이더넷을 지원하는 네트워크 카메라를 장착하면, 별도의 Graber 카드 없이 이미지를 캡쳐할 수 있다. 즉, 간단한 구성으로 얼라인 기능을 활용할 수 있다. 사용자가 테이블 위에 올려놓은 소재의 이동과 회전 값을 측정하여, 작업물 좌표계의 이동과 회전으로 보정된 상태에서 컷팅이나 그라인딩을 할 수 있다(그림 9.29).

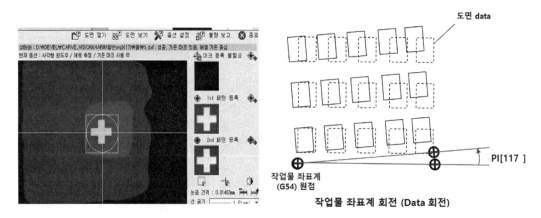

그림 9.29   컴퓨터 비젼에 의한 작업물 좌표계의 자동 얼라인

9.4.4 실시간 서보파형 보기 기능

이송축의 실제속도, 지령속도, 각 축의 엔코더 값, 기계위치, 추종오차(Following Error) 등의 기계상태 관련정보를 그래프를 통하여 확인할 수 있다(그림 9.30). 또한, 각각의 정보를 색깔로 구분 가능할 수 있어 분석이 용이하며, 서보 튜닝이나 제어오차 분석에 주로 사용된다. PLC 시퀀스의 On/Off와 시스템 내부의 접점 변화를 Timing chart 형태로도 보여주며 트리거 기능, 자동 스케일 조절 기능을 사용할 수 있다. PLC 시퀀스의 On/Off나 시스템 내부의 접점 변화를 Timing chart 형태로 표시하여 고장 진단에 이용 가능하다.

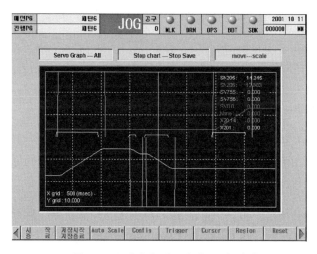

그림 9.30 실시간 서보파형 보기 화면

9.4.5 갠트리 서보동기 제어

두 개 이상의 서보 모터의 완전 동기제어를 통해 대형 갠트리 타입 장비의 고정밀 제어에 적용할 수 있다. 서보 동기 제어를 위해 초정밀 위치 제어 알고리즘, 서보 동기 제어 알고리즘, 동기 오차 보상 알고리즘, 그리고 feed forward 제어 알고리즘 등을 적용한다. 동기제어축의 원점복귀 방법을 개선하여 최초에 맞추어 놓은 기구의 직각도를 원점복귀시 자동 보정함으로써, 항상 일정한 직각도를 유지하도록 한다. 즉 그림 9.31과 같이 master 축(M)을 slave축(S)가 실시간으로 일정 오차 이내로 추종하도록 하는 기능이다.

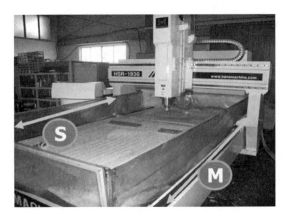

그림 9.31 갠트리 서버 동기제어 구성

9.4.6 기타 편의 기능

❖ 이벤트 저장 기능

기계를 동작함에 있어 중요한 지령 동작에 대한 이벤트를 파일로 기록하여, 어떤 사건이 발생되는 경우에 작업자 실수에 의한 것인지, 시스템 버그에 의한 것 인지를 분석할 수 있게 하며, 고장원인을 파악하는데 아주 유용하다. 기록되는 이벤트는 가공 프로그램 경로 및 이름, Spindle 동작(CW, CCW, STOP, Orientation), Power On/Off, Cycle Start/Stop, Reset/Emergency 동작, Feed Override, Spindle Override, 작업물 좌표계 offset 값 변경, 동작모드 전환, 공구 교환, M code 수행, 시스템 알람 및 기계 알람 발생/해제 등 이다.

❖ 실시간 공구경로 표시

가공 수행중인 G code의 형상과 함께 실제 가공경로를 추적하면서 실시간으로 표시한다. 확대/축소, 뷰 방향설정 기능 등을 통해 가공 부위 확인이 가능하게 하므로 가공 상황을 보다 쉽고 정확하게 파악할 수 있다.

❖ 대화형 프로그래밍 지원

2.5 차원의 다양한 윤곽형상과 단면형상을 조합한 패턴 가공물을 자동 프로그래밍 기능을 지원함으로써 가공 준비 시간을 단축할 수 있다. 생성된 프로그램의 부분적인 편집도 가능하다.

❖ 파라미터 설정

다양한 파라미터를 그룹으로 구분하고, 설명과 함께 표시해주므로 사용자가 파라미터를 변경할 수 있다. 입력 오류에 대해서는 경고 메세지를 표시해 주며, 가공 상황에 따라 입력 오류를 방지한다. 패스워드 기능에 의하여 시스템 파라미터 변경을 보호하여 사용자의 실수를 최대한 방지한다.

❖ 실시간 진단 기능

PLC의 래더 다이어그램 표시, 모든 I/O 상태 표시, 그리고 내부 Relay 등의 실시간 표시를 통하여 기계 동작 상태를 진단하거나 통합 작업하는데 용이하다. 사용하는 각 접점의 이름 및 설명문 표시가 가능하고, 사용자에 의한 알람/경고 메시지 작성이 가능하다.

9.5 CNC컨트롤러의 기능에 대한 공학적 이론들

9.5.1 실시간 제어

CNC컨트롤러의 핵심기능을 담당하는 NC 커널은 기본적으로 실시간 처리가 전제되어야 한다. 이송계의 서보 액츄에이터의 제어를 위하여 최소제어 주기가 있다. 이 제어 주기의 반복성을 허용치 이내로 보장하는 것을 실시간 제어라고 하며, NC 커널 내부에는 각 축 서보를 위치 제어하는 위치컨트롤러(POS), 위치제어의 지령을 생성하기 위하여, 지령블록을 보간하는 보간기(IPO), 디지털 Input 접점과 Output 접점을 관장하는 접점컨트롤러(PLC)가 이에 해당한다. 이 외에도 준실시간 처리를 요하는 루틴이 있는데, NC data를 한

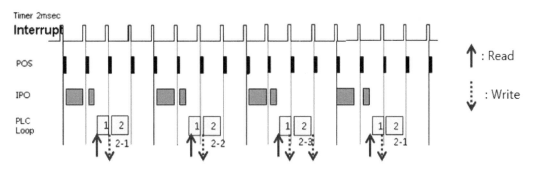

그림 9.32 실시간 처리 루틴의 타이밍 차트

블록씩 읽어서 해석하는 해석기(IPR)와 사용자에게 정보를 주고 입력을 받는 사용자 인터페이스(HMI)등 이다. 그림 9.32는 실시간 처리를 요하는 NC 커널의 수행 타이밍 차트이다.

이중 PLC는 그림 9.33과 같이 긴급처리를 요하는 Level1과 순차적으로 처리하는 Level2로 구성되며, Level 1의 내용은 IPO와 동일주기로 처리되며, Level 2의 내용은 기능의 복잡도에 따라서 아주 길게 작성될 수 있으므로 600 step씩 분할하여 수행되며, 전체 스캔주기는 작성된 래더의 길이에 따라서 달라질 수 있다. 비상정지나 Tool pre-setter의 입력 접점은 같이 긴급처리를 요하는 접점처리는 일반적으로 Level 1에서 처리하도록 작성하여야 한다.

또한, PLC 래더 작성함에 있어서, CNC 컨트롤러 내부 신호는 G/F 레지스터로 미리 정의된 신호를 사용하고, 사용자가 추가하는 Input/Output 접점은 X/Y에 배선된 신호를 사용하여 작성하게 된다.

그림 9.34는 NC커널의 실시간 처리 전체 구성도를 나타내고 있다.

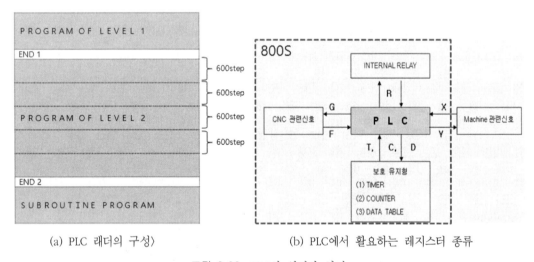

(a) PLC 래더의 구성)　　　　　　　　(b) PLC에서 활요하는 레지스터 종류

그림 9.33 PLC의 실시간 처리

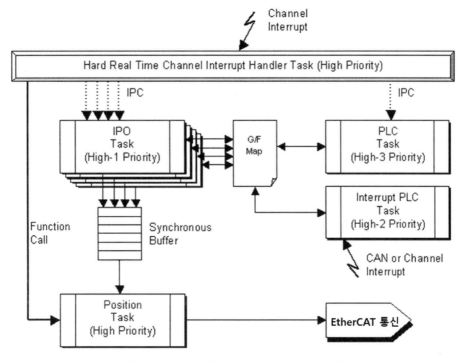

그림 9.34 NC커널의 실시간 처리 전체 구성도

9.5.2 가감속 기능

가공 경로를 따라가게 하기 위해서 위치제어를 하는데, 이때 기계의 조립 강성을 고려하여 가감속 설정을 하여야 하고, 강성이 좋은 스테이지 일수록 짧은 시간을 설정한다. 일반적으로 가감속은 이송시작, 이송종료, 경로의 코너, 지령속도 변경시에 발생하며, 컨트롤러 내부에서 가감속을 적용하는 단계에 따라서 보간후 가감속과 보간전 가감속이 있고, 이 둘을 모두 적용할 수도 있다.

❖ 보간후 가감속

보간후 가감속은 그림 9.35와 같이 공간상의 경로지령을 각축으로 분해한 후에 가감속 처리를 하는 것을 말하며, 가감속 시간으로 설정하며, 현재 지령속도에서 다음 지령속도에 도달하는 시간값을 설정한다. 다축 동시 보간시에 지령속도가 클수록 경로오차가 비례하여 크게 발생할 수 있다. 직선형과 S자형, 지수형 3종의 가감속 패턴을 지원한다. 그래서, 부드러운 모션을 구현하는데 유리하다.

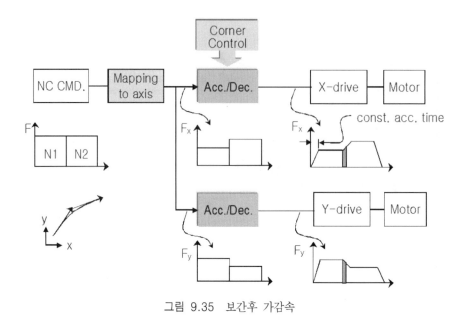

그림 9.35 보간후 가감속

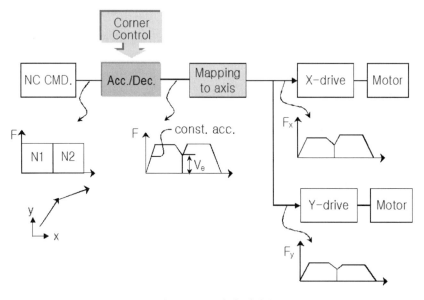

그림 9.36 보간전 가감속

❖ 보간전 가감속

보간전 가감속은 그림 9.36과 같이 공간상의 경로지령을 각축으로 분해하기 전에 가감
속 처리를 하는 것을 말하며, 동일하게 가감속 시간으로 설정하기는 하나, 0에서 F1000 가

속할 때 걸리는 시간으로 정하고 있다. 결국, 속도의 기울기(가감속값)로 설정하는 것이다. 다축 동시 보간시에 지령속도가 클수록 경로오차가 비례하여 크게 발생하지 않고, 코너부에서의 허용 경로오차를 설정하는 별도의 파라미터가 있다. 직선형 가감속 패턴만 있고, 가공정도가 요구되는 시스템에 유리하다.

❖ 고속가공 가감속

고속가공 기능(G10.3)을 사용하면, 그림 9.37과 같이 두 가지 가감속 설정을 모두 적용할 수 있으며, 최종적으로 부드러운 모션과 경로 정밀도를 적절히 선택하여 사용할 수 있다. 고속 가공 기능은 크게 길이에 대한 선행제어(Velocity Profile Smoothing, Dynamic Look-Ahead), 형상에 대한 선행제어(Corner Feed Control, Geometry Look-Ahead)를 수행한다(그림 9.38). 허용가속도와 경로 허용오차를 모두 만족하는 속도 profile 생성을 선독보간과 함께 실시간으로 처리한다. 길이에 대한 look ahead는 미소블럭이 연속으로 들어오는 경우, 버퍼에 해석된 지령이 없는 상황이 발생하여 가다서다하는 결과가 초래되므로, 100블록 이상을 선독하여 버퍼에 항상 충분한 지령이 쌓여있도록 하는 것이며, 각도에 대한 look ahead는 경로의 방향이 변하는 곳에서 코너각에 따라 감속해야 할 속도를 미리 설정하여 고속이송에서도 경로오차를 허용오차 이하로 유지할 수 있도록 한다.

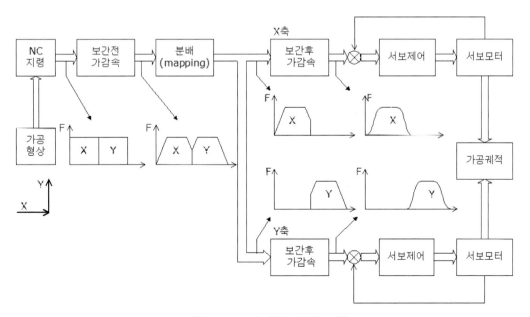

그림 9.37 고속가공 가감속 적용

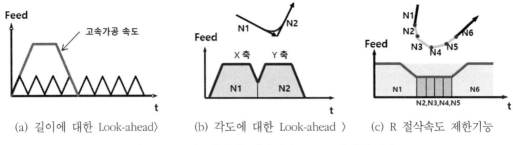

(a) 길이에 대한 Look-ahead〉   (b) 각도에 대한 Look-ahead 〉   (c) R 절삭속도 제한기능

그림 9.38 고속 가공기능에서의 속도 프로파일의 변화

9.6 CNC 컨트롤러 구성의 예

▷▷ NC 선반

그림 9.39는 NC 선반의 기구 구조를 나타낸 것이다. 이송 축은 X축과 Z축 2축이고 주축이 회전한다. 주축에는 엔코더를 붙여서 속도를 제어할 수 있을 뿐만아니라 X, Z축과 동기 운전할 수도 있다. NC 프로그램에 의하여 가공 방법이 입력되면 윤곽가공, 구멍 뚫기, 나사 깎기 등의 가공을 할 수 있다. PLC의 기능인 시스 제어 등의 기능도 가능하도록 되어 있다. 사용자가 데이터를 입력하거나 기계 상태를 확인하기 위하여 키보드와 모니터 등이 준비되어 있다.

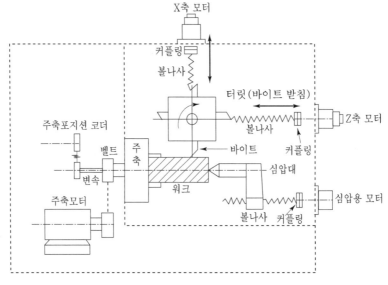

그림 9.39 NC 선반의 기구 구조 블럭도

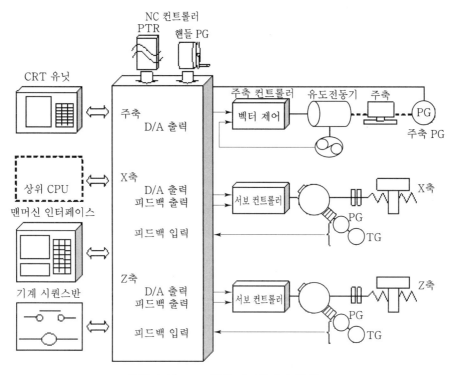

그림 9.40 NC 선반 컨트롤러의 블럭도

이를 제어하기 위한 NC 선반 컨트롤러의 블럭도는 그림 9.40과 같다.

▷▶ 머시닝 센터

주축에 의하여 밀링 공구나 드릴 등을 회전시켜 원하는 형상을 가공하는 것이 밀링 머신이다. 여기에 그림 9-41과 같이 공구 매거진(ATC)이 부착되어 공구를 자동으로 교환할 수 있다면 이것을 머시닝 센터라고 한다. 머시닝 센터는 기본적으로 3축의 자유도가 있어서 X, Y, Z축을 이동하도록 되어 있고 로터리 테이블과 같은 부가축이 추가될 수도 있다.

컨트롤러는 그림 9.42와 같이 3축을 제어할 수 있도록 되어 있고 제 4축과 5축이 부가될 수 있다. 이 3축(또는 4,5축)이 동기 운전을 하여 윤곽이나 3차원 형상을 자유롭게 가공할 수 있도록 되어 있다. 사용자 인터페이스를 위한 모니터와 키보드가 부착되어 있으며 PLC의 시퀀스 기능도 반드시 필요하다.

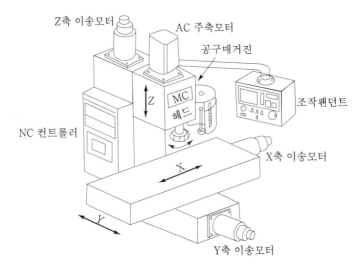

그림 9.41 수직형 머시닝 센터의 기계 구조

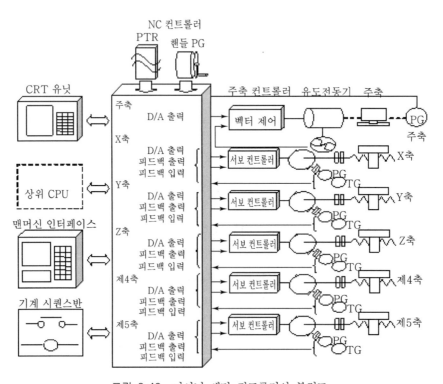

그림 9.42 머시닝 센터 컨트롤러의 블럭도

▷▶ 산업용 로봇

산업용 로봇는 사람의 한쪽 팔이 하는 역할을 할 수 있도록 만들어진 것으로 자유도가 5또는 6인 기계이다. 여러가지 구조가 가능하지만 가장 일반적인 산업용 로봇의 기구 구조는 그림 9.43와 같은 관절형 로봇(자유도 5)이다. 자유도가 5 또는 6이라고 하는 것은 서

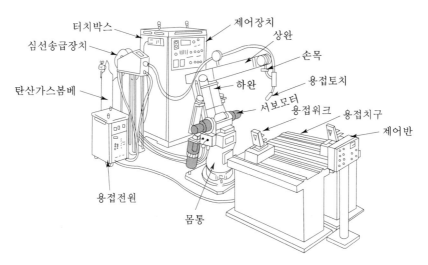

그림 9.43 서보 모터를 이용한 용접용 로봇의 예

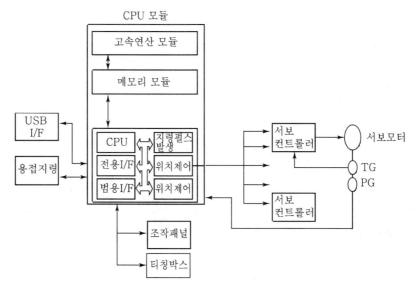

그림 9.44 로봇의 컨트롤러 블럭도.

보 모터가 5개 또는 6개라는 뜻이다. 그림 9-44는 로봇을 제어하는 컨트롤러의 구조인데 선반이나 밀링의 컨트롤러와 비교하여 하드웨어적으로는 차이가 나지 않는다. 다만 기구학/역기구학적인 계산이 많이 필요하기 때문에 CPU가 고성능이어야 하고 소프트웨어 구성이나 알고리즘이 복잡하다는 것이 다르다.

9.7 적용 사례

그림 9.45는 CNC 컨트롤러의 응용사례이다. 밀링 가공기를 포함한 머시닝 센터는 가장 기본적인 CNC 컨트롤러 응용 분야이다. 그 외에 터닝센터, 2D 윤곽가공기, 5축가공기, 특수목적 가공기 등에 꾸준히 출고되고 있으며, 최근에는 스마트 폰의 생산이 활성화되면서 모바일 부품가공기와 Glass 연삭기까지 그 응용 분야가 확대되고 있다.

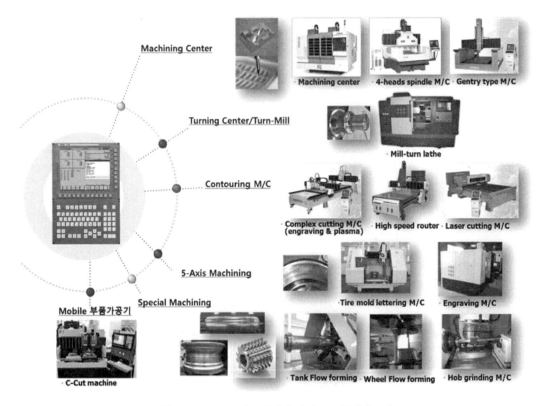

그림 9.45 CNC 컨트롤러의 응용 분야(씨에스캠)

9.7.1 태핑 센터

태핑 센터는 최근 모바일 기기의 알루미늄 프레임의 면취가공과 미소 탭가공을 동시에 하는 등 소프트 메탈을 고속 고정밀 가공할 목적으로 고안된 장비이다. 테이블 위에서 2축 회전테이블을 장착하면 5축가공까지 수행할 수 있어 하나의 장비로 가능한 가공 적용 범위가 아주 넓다(그림 9.46).

핸드폰 프레임 챔퍼링　리지드 탭 가공　3차원 문양 가공

프로토타입 조각　타이어 마스터모델(5축)　임펠러(5축)

그림 9.46　태핑센터의 예와 가공결과물

9.7.2 터닝센터

원통가공, 단면가공, 나사가공 같은 기본 선삭가공 뿐만 아니라 턴밀기능으로 전환하여 사용할 수 있도록 지원하며, 축대칭 부품위에 밀링가공을 부가할 수 있는 턴밀 복합가공이 가능하다. 원통좌표가공, 극좌표가공 등 미리 정의된 양식에 사용자가 직접 입력면, 자동으로 경로가 생성되는 대화형 가공과 그래픽 시뮬레이션을 지원한다(그림 9.47).

그림 9.47　터닝센터와 가공결과물

9.7.3 모바일 부품 가공기

최근 모바일 기기의 버튼이나 카메라 지지대 등 소형부품과 베이스 프레임을 알루미늄 합금을 채용하여, 기기의 견고성이나 그립감, 그리고 발열 처리 등의 효과 뿐만 아니라 외형의 유려함까지 추구하고 있다. 80,000 RPM 이상의 주축스핀들과 다이아몬드 공구를 활용한 면취 경면가공 분야에서는 CNC 컨트롤러가 활용되고 있다(그림 9.48).

그림 9.48 모바일 부품가공기와 가공 방법들

9.7.4 유리 가공기

모니터와 키패드로 구성되던 모바일 기기가 이제는 완전히 터치 Glass 하나로 모든 기능을 수행하는 시대가 도래하였고, Glass 가공공정 장비는 유리를 대체할 수 있는 소재가 나오기 전까지 지속적으로 수요가 있을 것으로 기대하고 있다. 이러한 유리의 스크라이빙, 그라인딩, 다이싱, 초음파진동 연삭 등을 제어하는데 CNC 컨트롤러가 활용되고 있다(그림 9.49). 먼저, 유리 원판을 핸드폰 사이즈의 작은 유리로 절단하는 스크라이빙 장비는 마크를 인식하여 소재의 장착 상태를 얼라인하는 비젼 얼라인 기능과 다이아몬드 공구 제작시의 불가피한 옵셋을 경보정 기능으로 보정하여 가공하였다. 유리 외곽 연삭 장비는 비싼 다이아몬드 전착공구의 마모를 고려하여 다단공구의 수명관리를 하는 기능을 지원하여, 하나의 공구로 여러 단까지 사용할 수 있고, 공구 마모에 의한 소재의 소손을 방지할 수 있게 하였다. 다이싱 장비는 유리를 낱장으로 절단하는 것이 아니라, 여러 장을 겹쳐서 한꺼번에 여러 장을 다이싱 공구로 절단 하여 생산성을 대폭 향상시키는 장비이다.

(a) 다이아 절단공구) (b) 연삭 공구 (c) 다이싱 공구 (d) 초음파 진동연삭공구

그림 9.49 유리가공기

9.7.5 5축 가공기

5축 가공기는 XYZ 외에 AB, AC 또는 BC의 회전축 2개를 추가한 장비로서 가공 중에 직선축과 회전축이 계속적으로 변화하면서 연속적인 언더컷 형상을 가공하기에 효과적이다. 공구의 절삭각을 최적의 상태로 제어하여 공구 수명연장뿐만 아니라 고품질 가공면을 얻을 수 있다. 과거 항공부품, 임펠라, 타이어 금형과 프로펠러 가공 등의 전통적인 영역뿐만 아니라, 일반제조업 분야에서도 활용이 확대되고 있다(그림 9.50). 특히, 일체형의 가공으로 높은 강성과 경량화가 요구되는 부품, 공정간의 대기시간 단축하거나, 공정 변경으로 다시 셋업하면서 발생하는 오차를 없앨 수 있는 장점이 부각되는 응용처에서는 적극 채용하고 있다. 5축 고속가공기능, 4축 선단제어 기능, 그리고, 선단점 속도일정제어 같은 고급기능이 내재되어 있어야 한다.

(a) 5축 가공기 (b) 선단제어 개념 (c) 5축가공물

그림 9.50 5축 가공기

9.7.6 다계통 응용장비

복합 선반이나, 3휠 플로포밍 장비 같은 하나의 CNC 컨트롤러에서 복수개의NC Data를 동시 처리할 수 있는 기능이 계통컨트롤러다. 각 채널간에 가공 시작 시점을 맞추거나 동일한 동작을 하게 하기 위하여 채널간 동기제어가 필요하며, 특정 M Code로 자동운전 중에 어떤 계통에서 대기용 M Code가 지령되면 다른 계통에서 동일한 M Code가 지령되는 것을 기다렸다가 만날 때 다음 Block를 실행하도록 함으로써 채널간 동기를 맞춘다. 그림 9.51은 휠 플로포밍 장비의 계통제어 화면이며, 3개의 휠이 독립적으로 황/중/정삭을 하는 NC data 가 독립적으로 구동된다.

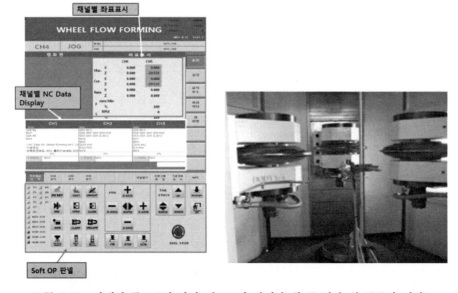

그림 9.51 다채널 플로포밍 장비 컨트로러 화면과 황/중/정삭 휠 공구의 배치〉

9.7.7 덴탈 가공기 응용장비

덴탈 가공기는 치과 보형물과 임플란트용 기구를 가공하는 기계이다. 기본 기구 구조가 3축 또는 5축 머시닝 센터와 동일하지만 단지 소형이다. 사용자가 의료계통의 작업자이기 때문에 CNC 컨트롤러 화면에서 공작기계에 익숙한 정보는 숨기고, 진행률이나, 공구선정 등에 대한 정보만 보이게 하고, 나머지는 백그라운드에서 동작하게 만든 것이다(그림 9.52).

그림 9.52 덴탈 가공기의 컨트롤러 화면과 가공 결과물

〈참고 문헌과 인터넷 사이트〉

이봉진, FA 시스템 공학, 문운당, 1991

安川電機製作所 著, 메카트로닉스를 위한 서보기술 입문, 도서출판 세운,1988.

Roger S. Pressman and John E. Williams, Numerical Control and Computer Aided Manufacturing, 1977.

www.turbocnd.co.kr

www.cscam.co.kr

www.fanuc.co.jp

www.yaskawa.co.jp

www.hwacheon.co.kr

www.3ds.com

www.dmgkorea.com

www.moriseiki.com

www.mazak.com

www.us.nsk.com

hyundaielevator.co.kr

연습 문제

1. 공작기계를 NC 컨트롤하기 위한 요소기술은 무엇인 있는가? 전부 나열하고 설명하라.

2. 볼스크류를 사용하는 구동방법에서 폐루프 제어 방법의 종류와 특징을 써라.

3. 서보모터를 조작하는 방법 중에서 펄스열 지령 방법에 대하여 설명하여라.

4. BCD란 무엇인가?

5. 컨트롤러는 기계가 실제 움직인 것을 무엇에 의하여 알 수 있는가?

6. NC 컨트롤러에서 해석기(interpreter)는 무엇인가?

7. NC 컨트롤러에서 보간기(interpolator)는 무엇인가?

8. NC 컨트롤러에서 경로 산출기(path generator)는 무엇인가?

9. NC 컨트롤러에 PLC 기능이 반드시 필요한 이유는 무엇인가?

10. MS windows용 리얼타임(real-time) OS의 종류를 나열하고 각각의 특징기능을 조사하라. 또한 Linux에서 사용할 수 있는 리얼타임 OS는 무엇이 있는지 조사하라.

11. 디지털 서보 시스템과 아날로그 서보 시스템을 구분하여 설명하라.

12. CNC 컨트롤러에서 사용하는 디지털 통신 방법을 3개이상 조사하여 각각의 특징을 나열하라.

13. 보간 기능을 이용해서 다음의 형상을 윤곽가공하는 NC프로그램을 작성하라.

14.

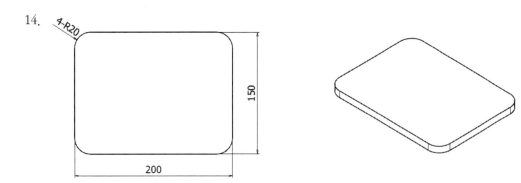

15. CNC 컨트롤러에서 고속가공 기능이 필요한 이유를 써라. 또한 어떤 경우에 고속
    가공 기능이 효과가 큰가 조사하라.

16. CNC 컨트롤러를 이용 분야를 3개를 찾아서 CNC 컨트롤러를 활용한 기계의 사양을
    적고 그 의미를 설명하라.

부록1 래더 다이어그램 편집기 사용법

※ LS산전의 KGL-WK의 간단한 사용법

❖ 준비

래더 다이어그램을 편집하기 위해서는 PLC와 컴퓨터가 통신라인으로 연결되어 있어야 한다. 통신은 RS232C를 많이 사용한다. 이에 맞는 케이블은 PLC를 구입할 때 함께 구입하거나 그림의 왼쪽 아래쪽에 있는 것과 같이 만들어서 사용하면 된다.

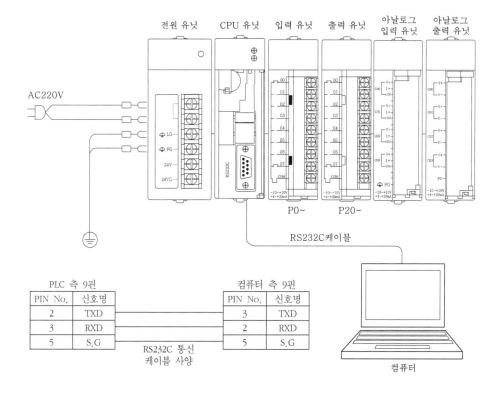

PLC 측 9핀		컴퓨터 측 9핀	
PIN No.	신호명	PIN No.	신호명
2	TXD	3	TXD
3	RXD	2	RXD
5	S.G	5	S.G

RS232C 통신 케이블 사양

컴퓨터

❖ 시작

'시작' ⇨ '모든 프로그램' ⇨ 'KGL_WK Application' ⇨ 'KGL_WK'를 찾아서 클릭하거나 아래와 같은 아이콘을 클릭한다.

다음과 같은 화면이 뜬다.

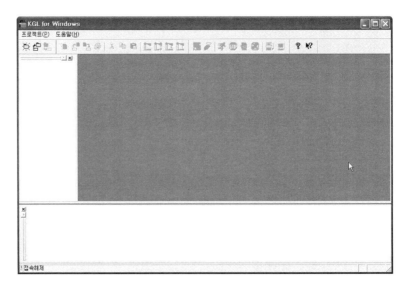

풀다운 메뉴에서 프로젝트 ⇨ 새 프로젝트를 선택하든지 새프로젝트 아이콘(☼)을 선택하면 다음의 다이얼로그가 뜨는데 새로 작성할 것이므로 기존 프로젝트 생성을 더블클릭한다.

다음의 다이얼로그는 작성하려는 프로그램을 어떤 PLC용으로 작성할 것인가를 선택한다. 자신이 사용하려고 하는 PLC의 기종을 확인한 다음 그에 맞는 기종을 선택한다. 제목과 회사, 저자, 설명을 기입(생략하여도 됨)한 후에 확인을 누른다.

다음과 같은 래더 다이어그램을 작성하기 위한 창이 뜬다.

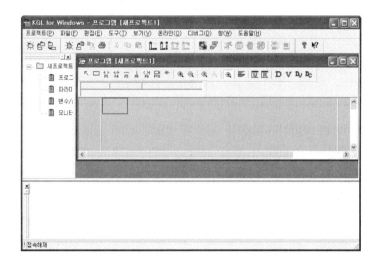

❖ 프로그램 작성

다음의 프로그램(인터록 프로그램)을 작성하여 보자.

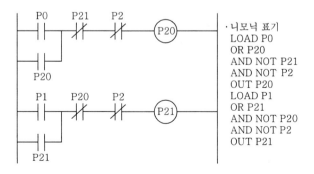

· 니모닉 표기
LOAD P0
OR P20
AND NOT P21
AND NOT P2
OUT P20
LOAD P1
OR P21
AND NOT P20
AND NOT P2
OUT P21

커서로 '평상시 열린 접점'을 선택한다. 그러면 커서의 모양이 a접점의 모양으로 바뀐다.

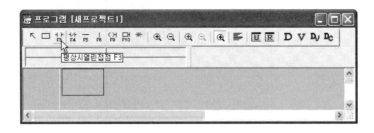

원하는 위치에서 마우스를 클릭한다.

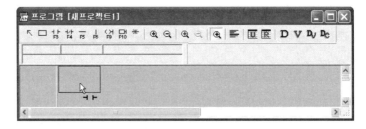

다음과 같이 디바이스명(접점이름)을 넣도록 한다. P0를 입력한다. 변수명과 설명문은 입력하지 않아도 된다.

그러면 다음과 같이 래더 다이어그램의 일부가 그려진다.

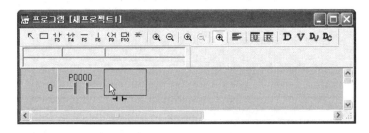

OR를 위한 세로선을 그리기 위하여 수직선 아이콘을 선택한다.

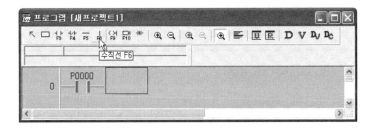

원하는 위치에서 클릭한다.

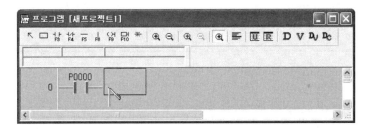

그림과 같이 수직선이 만들어진다.

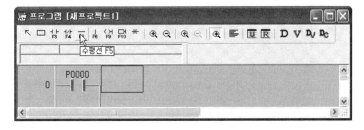

수평선도 비슷한 방법으로 만들 수 있다.

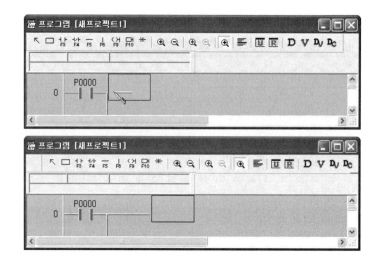

이제 b접점을 입력하여 보자. b접점 아이콘을 선택한다.

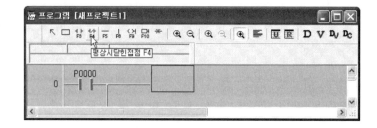

원하는 위치에서 클릭하고 디바이스명을 입력한다.

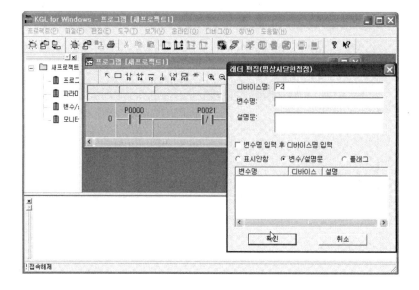

이제 출력 코일을 입력하자. 출력 코일 아이콘을 선택한 다음, 원하는 디바이스명을 입력하면 다음과 같이 래더 다이어그램이 완성된다.

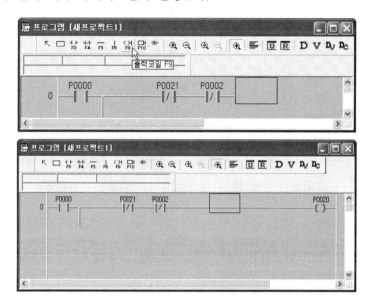

OR회로가 들어갈 위치에 a접점을 선택하여 디바이스명을 입력하자.

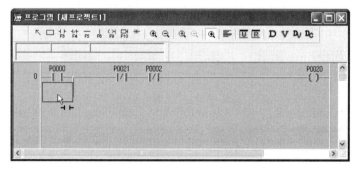

다음 그림과 같은 래더 다이어그램이 완성되었다.

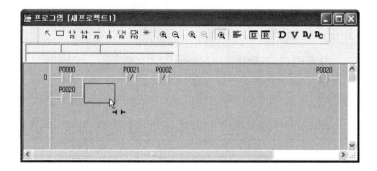

같은 방법으로 인터록 회로를 완성하면 다음과 같다.

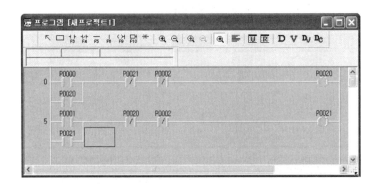

화살표 키로 사각형을 이동하여 보면 동그라미 친 위치에 인스트럭션 리스트(니모닉)가
표시된다.

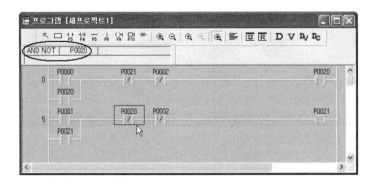

타이머, 카운터, 산술연산 등의 응용명령을 입력하여 보자.

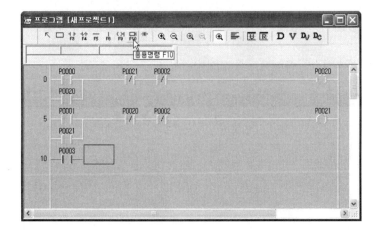

응용명령 아이콘을 선택하면 다음과 같이 응용 명령용 다이얼로그가 뜬다. 원하는 명령을 찾거나 직접 입력한다. 옵션 기능은 다이얼로그의 아랫부분에 나오는 것을 참조하여 작성한다.

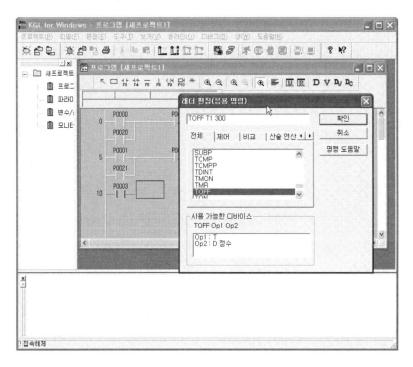

맨 마지막에는 응용명령으로 END를 입력한다. 그러면 다음과 같은 래더 다이어그램이 완성된다.

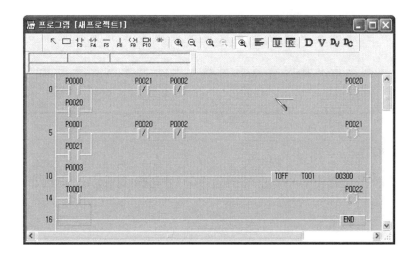

작성된 래더 다이어그램을 인스트럭션 리스트(니모닉)로 보고 싶으면 '니모닉으로'라는
아이콘을 선택한다.

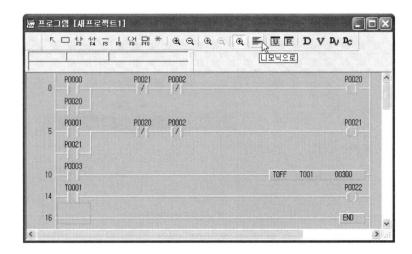

다음과 같은 니모닉 화면이 뜬다. 래더 다이어그램으로 되돌아가려면 동그라미 친 '래더
로'를 클릭하면 된다.

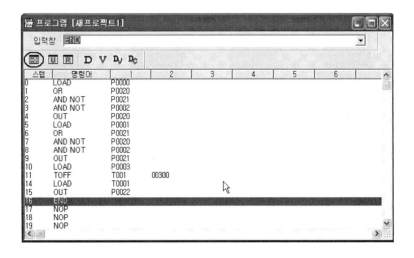

❖ 업로드하기

RS232C케이블이 연결되어 있다면 '온라인' ⇨ '접속'을 선택한다. 그러면 PC와 PLC가
통신하여 접속한다.

접속이 되면 '접속' 메뉴가 '접속끊기'로 바뀐다. PC에서 작성된 래더 다이어그램을 PLC
로 보내려면 다음과 같이 '쓰기' 메뉴를 선택한다.

다음과 같이 범위를 선택하고 확인을 누르면 전송을 시작한다.

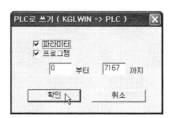

전송이 끝나면 다음과 같은 다이얼로그가 뜬다.

래더 다이어그램을 실행하려면 '모드 변경'⇨ '런'을 선택하면 된다. 그 후에는 PLC에서 입력에 따라서 로직이 진행된다.

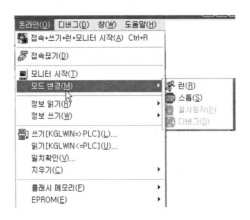

PLC에 들어 있는 프로그램을 PC로 가져오려면 '읽기'를 선택한다.
나머지 메뉴의 사용법은 간단하므로 자세한 설명은 생략한다.

부록2 PLC 래더 명령어 일람

※ LS산전의 MASTER-K 기준

1. 기본 명령

❖ 접점 명령

명 칭	Function No.	심 벌	기 능
LOAD	–	─┤ ├─	a접점 연산 개시
LOAD NOT	–	─┤/├─	b접점 연산 개시
AND	–	──┤├──	a접점 직렬 접속
AND NOT	–	──┤/├──	b접점 직렬 접속
OR	–	└┤├┘	a접점 병렬 접속
OR NOT	–	└┤/├┘	b접점 병렬 접속
AND LOAD	–	┌┤├┬┤├┐ A B	A, B 블록 직렬 접속
OR LOAD	–	┌┤A├┐ └┤B├┘	A, B 블록 병렬 접속
MPUSH	005	MPUSH ─┤├─( )	현재까지의 연산결과 push
MLOAD	006	MLOAD ─┤├─( )	분기점에서 이전 연산결과 load
MPOP	007	MPOP ─┤├─( )	분기점에서 이전 연산결과 pop

❖ 반전 명령

명 칭	Function No.	심 벌	기 능
NOT	–	──────✳──────	NOT 명령 전까지의 연산결과를 반전

❖ 마스터 컨트롤 명령

명 칭	Function No.	심 벌	기 능
MCS	010	─[MCS n]─	마스터 컨트롤 Set(n : 0 ~ 7)
MCSCLR	011	─[MCSCLR n]─	마스터 컨트롤 Clear(n : 0 ~ 7)

❖ 출력 명령

명 칭	Function No.	심 벌	기 능
D	017	─[D ⓓ]─	입력 조건 상승 시 1 스캔 Pulse 출력
D NOT	018	─[D NOT ⓓ]─	입력 조건 하강 시 1 스캔 Pulse 출력
SET	–	─[SET ⓓ]─	접점 출력 on 유지(set)
RST	–	─[RST ⓓ]─	접점 출력 off 유지(reset)
OUT	–	──( )──	연산결과 출력

❖ 순차/후입 우선 명령

명 칭	Function No.	심 벌	기 능
SET S		─[SET Sxx.xx]─	순차제어(스텝 컨트롤러)
OUT S		──(Sxx.xx)──	후입우선(스텝 컨트롤러)

❖ 접점 명령

명 칭	Function No.	심 벌	기 능
END	001	─[END]─	Program의 종료

❖ 무처리 명령

명 칭	Function No.	심 벌	기 능
NOP	000	래더 표현 없음	무처리명령(No Operation), 니모닉에서 사용

❖ 타이머 명령

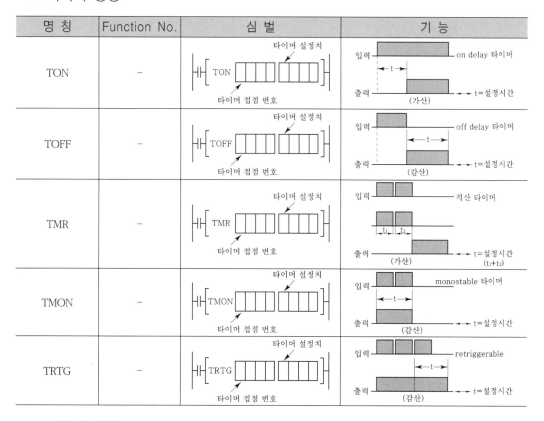

명 칭	Function No.	심 벌	기 능
TON	–		
TOFF	–		
TMR	–		
TMON	–		
TRTG	–		

❖ 카운터 명령

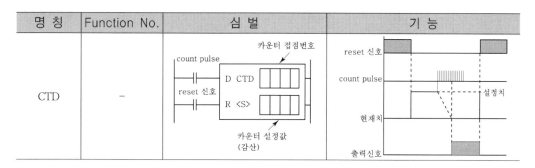

명 칭	Function No.	심 벌	기 능
CTD	–		

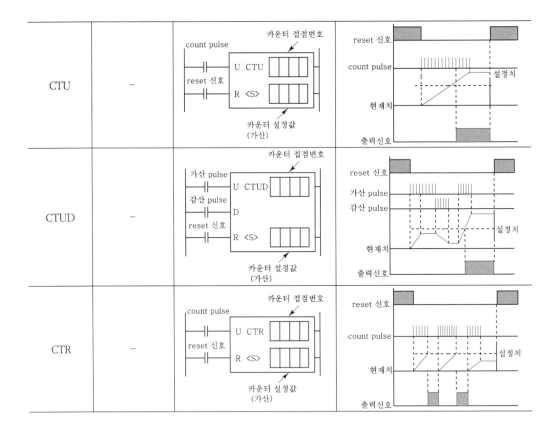

2. 응용 명령

❖ 데이터 전송 명령

명 칭	Function No.	심 벌	기 능
MOV	080	─[MOV S Ⓓ]─	Move
MOVP	081	─[MOVP S Ⓓ]─	S ──────▶ Ⓓ
DMOV	082	─[DMOV S Ⓓ]─	
DMOVP	083	─[DMOVP S Ⓓ]─	
CMOV	084	─[CMOV S Ⓓ]─	Complement Move
CMOVP	085	─[BCMOVP S Ⓓ]─	S | 1 | 0 | 1 | 0 | ⋯ | 1 | 0 | 1 |
DCMOV	086	─[DCMOV S Ⓓ]─	↓
DCMOVP	087	─[DCMOVP S Ⓓ]─	Ⓓ | 0 | 1 | 0 | 1 | ⋯ | 0 | 1 | 0 |

GMOV	090	—[GMOV S Ⓓ Z]—	Group Move
GMOVP	091	—[GMOVP S Ⓓ Z]—	
FMOV	092	—[FMOV S Ⓓ Z]—	File Move
FMOVP	093	—[FMOVP S Ⓓ Z]—	
BMOV	100	—[BMOV S Ⓓ CW]—	비트 Move
BMOVP	101	—[BMOVP S Ⓓ CW]—	

❖ 변환 명령

명 칭	Function No.	심 벌	기 능
BCD	060	—[BCD S Ⓓ]—	
BCDP	061	—[BCDP S Ⓓ]—	BIN → BCD
DBCD	062	—[DBCD S Ⓓ]—	S → Ⓓ
DBCDP	063	—[DBCDP S Ⓓ]—	BCD 변환
BIN	064	—[BIN S Ⓓ]—	
BINP	065	—[BINP S Ⓓ]—	BCD → BIN
DBIN	066	—[DBIN S Ⓓ]—	S → Ⓓ
DBINP	067	—[DBINP S Ⓓ]—	BIN 변환

❖ 비교 명령

명 칭	Function No.	심 벌	기 능
CMP	050	—[CMP S_1 S_2]—	
CMPP	051	—[CMPP S_1 S_2]—	S_1 과 S_2를 비교
DCMP	052	—[DCMP S_1 S_2]—	
DCMPP	053	—[DCMPP S_1 S_2]—	
TCMP	054	—[TCMP S_1 S_2]—	
TCMPP	055	—[TCMPP S_1 S_2]—	
DTCMP	056	—[DTCMP S_1 S_2]—	table compare
DTCMPP	057	—[DTCMPP S_1 S_2]—	

명령어	번호	심볼	설명
LOAD=	028	─[= S₁ S₂]─	
LOADD=	029		
LOAD⟩	038	─[> S₁ S₂]─	
LOADD⟩	039		
LOAD⟨	048	─[< S₁ S₂]─	S_1과 S_2의 내용을 비교하여 결과를 Result Bit(BR)에 저장 (signed 연산)
LOADD⟨	049		
LOAD⟩=	058	─[>= S₁ S₂]─	
LOADD⟩=	059		※ MASTER-K 80S 이상 기종에만 적용됨
LOAD⟨=	068	─[<= S₁ S₂]─	
LOADD⟨=	069		
LOAD⟨ ⟩	078	─[<> S₁ S₂]─	
LOADD⟨ ⟩	079		
AND=	094	─[= S₁ S₂]─	
ANDD=	095		
AND ⟩	096	─[> S₁ S₂]─	
ANDD ⟩	097		
AND⟨	098	─[< S₁ S₂]─	S_1과 S_2의 내용 비교결과와 BR을 AND 하여 Result Bit(BR)에 저장 (signed 연산)
ANDD⟨	099		
AND=⟩	106	─[>= S₁ S₂]─	
ANDD=⟩	107		
AND⟨=	108	─[<= S₁ S₂]─	
ANDD⟨=	109		
AND⟨ ⟩	118	─[<> S₁ S₂]─	
ANDD⟨ ⟩	119		
OR=	188	└[= S₁ S₂]─	
ORD=	189		
OR⟩	196	└[> S₁ S₂]─	
ORD⟩	197		
OR⟨	198	└[< S₁ S₂]─	S_1과 S_2의 내용을 비교결과와 BR을 OR 하여 Result Bit(BR)에 저장 (signed 연산)
ORD⟨	199		
OR⟩=	216	└[>= S₁ S₂]─	
ORD⟩=	217		
OR⟨=	218	└[<= S₁ S₂]─	
ORD⟨=	219		
OR⟨ ⟩	228	└[<> S₁ S₂]─	
ORD⟨ ⟩	229		

❖ 증감 명령

명 칭	Function No.	심 벌	기 능
INC	020	INC ⒟	
INCP	021	INCP ⒟	
DINC	022	DINC ⒟	increment ⒟+1 ⇨ ⒟
DINCP	023	DINCP ⒟	
DEC	024	DEC ⒟	
DECP	025	DECP ⒟	
DDEC	026	DDEC ⒟	increment ⒟−1 ⇨ ⒟
DDECP	027	DDECP ⒟	

❖ 회전 명령

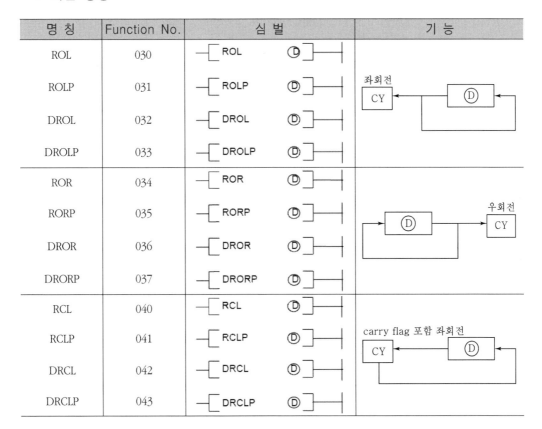

명 칭	Function No.	심 벌	기 능
ROL	030	ROL ⒟	
ROLP	031	ROLP ⒟	좌회전
DROL	032	DROL ⒟	
DROLP	033	DROLP ⒟	
ROR	034	ROR ⒟	
RORP	035	RORP ⒟	우회전
DROR	036	DROR ⒟	
DRORP	037	DRORP ⒟	
RCL	040	RCL ⒟	
RCLP	041	RCLP ⒟	carry flag 포함 좌회전
DRCL	042	DRCL ⒟	
DRCLP	043	DRCLP ⒟	

RCR	044	─[RCR　　Ⓓ]─	
RCRP	045	─[RCRP　　Ⓓ]─	carry flag 포함 우회전
DRCR	046	─[DRCR　　Ⓓ]─	Ⓓ → CY
DRCRP	047	─[DRCRP　　Ⓓ]─	

❖ 이동 명령

명 칭	Function No.	심 벌	기 능
BSFT	074	─[BSFT　S　E]─	비트 shift
BSFTP	075	─[BSFTP　S　E]─	
WSFT	070	─[WSFT　S　E]─	워드 shift
WSFTP	071	─[WSFTP　S　E]─	
SR	237	─[SR　　D　N]─	shift

❖ 교환 명령

명 칭	Function No.	심 벌	기 능
XCHG	102	─[XCHG　D_1　D_2]─	
XCHGP	103	─[XCHGP　D_1　D_2]─	교환
DXCHG	104	─[DXCHG　D_1　D_2]─	$D_1 \longleftrightarrow D_2$
DXCHGP	105	─[DXCHGP　D_1　D_2]─	

❖ BIN 사칙 연산

명 칭	Function No.	심 벌	기 능
ADD	110	─[ADD　S_1　S_2　Ⓓ]─	
ADDP	111	─[ADDP　S_1　S_2　Ⓓ]─	binary add
DADD	112	─[DADD　S_1　S_2　Ⓓ]─	$S_1 + S_2 \longrightarrow$ Ⓓ
DADDP	113	─[DADDP　S_1　S_2　Ⓓ]─	

명령어	번호	래더	설명
SUB	114	—[SUB S_1 S_2 Ⓓ]—	
SUBP	115	—[SUBP S_1 S_2 Ⓓ]—	binary subtract
DSUB	116	—[DSUB S_1 S_2 Ⓓ]—	$S_1 - S_2 \longrightarrow$ Ⓓ
DSUBP	117	—[DSUBP S_1 S_2 Ⓓ]—	
MUL	120	—[MUL S_1 S_2 Ⓓ]—	
MULP	121	—[MULP S_1 S_2 Ⓓ]—	binary multiply
DMUL	122	—[DMUL S_1 S_2 Ⓓ]—	$S_1 \times S_2 \longrightarrow$ Ⓓ(하위)
DMULP	123	—[DMULP S_1 S_2 Ⓓ]—	Ⓓ+1(상위)
DIV	124	—[DIV S_1 S_2 Ⓓ]—	
DIVP	125	—[DIVP S_1 S_2 Ⓓ]—	binary divide
DDIV	126	—[DDIV S_1 S_2 Ⓓ]—	$S_1 \div S_2 \longrightarrow$ Ⓓ(몫)
DDIVP	127	—[DDIVP S_1 S_2 Ⓓ]—	Ⓓ+1(나머지)
MULS	072	—[MULS S_1 S_2 Ⓓ]—	
MULSP	073	—[MULSP S_1 S_2 Ⓓ]—	$S_1 \times S_2 \longrightarrow$ Ⓓ(하위)
DMULS	076	—[DMULS S_1 S_2 Ⓓ]—	Ⓓ+1(상위)
DMULSP	077	—[DMULSP S_1 S_2 Ⓓ]—	(signed 연산)
DIVS	088	—[DIVS S_1 S_2 Ⓓ]—	
DIVSP	089	—[DIVSP S_1 S_2 Ⓓ]—	$S_1 \times S_2 \longrightarrow$ Ⓓ(몫)
DDIVS	128	—[DDIVS S_1 S_2 Ⓓ]—	Ⓓ+1(나머지)
DDIVSP	129	—[DDIVSP S_1 S_2 Ⓓ]—	(signed 연산)

❖ BCD 사칙 연산

명 칭	Function No.	심 벌	기 능
ADDB	130	—[ADDB S₁ S₂ Ⓓ]—	
ADDBP	131	—[ADDBP S₁ S₂ Ⓓ]—	BCD add
DADDB	132	—[DADDB S₁ S₂ Ⓓ]—	$S_1 + S_2 \longrightarrow Ⓓ$
DADDBP	133	—[DADDBP S₁ S₂ Ⓓ]—	
SUBB	134	—[SUBB S₁ S₂ Ⓓ]—	
SUBBP	135	—[SUBBP S₁ S₂ Ⓓ]—	BCD subtract
DSUBB	136	—[DSUBB S₁ S₂ Ⓓ]—	$S_1 - S_2 \longrightarrow Ⓓ$
DSUBBP	137	—[DSUBBP S₁ S₂ Ⓓ]—	
MULB	140	—[MULB S₁ S₂ Ⓓ]—	
MULBP	141	—[MULBP S₁ S₂ Ⓓ]—	BCD multiply
DMULB	142	—[DMULB S₁ S₂ Ⓓ]—	$S_1 \times S_2 \longrightarrow$ Ⓓ(하위)
DMULBP	143	—[DMULBP S₁ S₂ Ⓓ]—	Ⓓ+1(상위)
DIVB	144	—[DIVB S₁ S₂ Ⓓ]—	
DIVBP	145	—[DIVBP S₁ S₂ Ⓓ]—	BCD divide
DDIVB	146	—[DDIVB S₁ S₂ Ⓓ]—	$S_1 \div S_2 \longrightarrow$ Ⓓ(몫)
DDIVBP	147	—[DDIVBP S₁ S₂ Ⓓ]—	Ⓓ+1(나머지)

❖ 논리 연산

명 칭	Function No.	심 벌	기 능
WAND	150	—[WAND S₁ S₂ Ⓓ]—	
WANDP	151	—[WANDP S₁ S₂ Ⓓ]—	word AND
DWAND	152	—[DWAND S₁ S₂ Ⓓ]—	$S_1 \text{ AND } S_2 \longrightarrow Ⓓ$
DWANDP	153	—[DWANDP S₁ S₂ Ⓓ]—	

WOR	154	─[WOR S₁ S₂ Ⓓ]─	
WORP	155	─[WORP S₁ S₂ Ⓓ]─	word OR
DWOR	156	─[DWOR S₁ S₂ Ⓓ]─	S_1 OR S_2 ⟶ Ⓓ
DWORP	157	─[DWORP S₁ S₂ Ⓓ]─	
WXOR	160	─[WXOR S₁ S₂ Ⓓ]─	
WXORP	161	─[WXORP S₁ S₂ Ⓓ]─	word exclusive OR
DWXOR	162	─[DWXOR S₁ S₂ Ⓓ]─	S_1 XOR S_2 ⟶ Ⓓ
DWXORP	163	─[DWXORP S₁ S₂ Ⓓ]─	
WXNR	164	─[WXNR S₁ S₂ Ⓓ]─	
WXNRP	165	─[WXNRP S₁ S₂ Ⓓ]─	word exclusive NOR
DWXNR	166	─[DWXNR S₁ S₂ Ⓓ]─	S_1 NOR S_2 ⟶ Ⓓ
DWXNRP	167	─[DWXNRP S₁ S₂ Ⓓ]─	

❖ 표시 명령

명 칭	Function No.	심 벌	기 능
SEG	174	─[SEG S Ⓓ CW]─	7 segment 표시 출력
SEGP	175	─[SEGP S Ⓓ CW]─	
ASC	190	─[ASC S Ⓓ CW]─	ASCII 코드로 변환
ASCP	191	─[ASCP S Ⓓ CW]─	

❖ 시스템 명령

명 칭	Function No.	심 벌	기 능
FALS	204	─[FALS n]─	자기진단(고장표시)
DUTY	205	─[DUTY Ⓓ n1 n2]─	n₁ 스캔 동안 on, n₂ 스캔 동안 off
WDT	202	─[WDT]─	watch dog timer clear
WDTP	203	─[WDT P]─	
OUTOFF	208	─[OUTOFF]─	전출력 off
STOP	008	─[STOP]─	PLC 운전을 종료

❖ 처리 명령

명 칭	Function No.	심 벌	기 능
BSUM	170	─[BSUM S Ⓓ]─	
BSUMP	171	─[BSUMP S Ⓓ]─	Bit summary
DBSUM	172	─[DBSUM S Ⓓ]─	word 내의 data 중 "1"의 개수 count
DBSUMP	173	─[DBSUMP S Ⓓ]─	
ENCO	176	─[ENCO S Ⓓ Z]─	encode
ENCOP	177	─[ENCO S Ⓓ Z]─	
DECO	178	─[DECO S Ⓓ Z]─	decode
DECOP	179	─[DECOP S Ⓓ Z]─	
FILR	180	─[FILR S Ⓓ Z]─	
FILRP	181	─[FILRP S Ⓓ Z]─	file table read
DFILR	182	─[DFILR S Ⓓ Z]─	
DFILRP	183	─[DFILRP S Ⓓ Z]─	
FILW	184	─[FILW S Ⓓ Z]─	
FILWP	185	─[FILWP S Ⓓ Z]─	file table write
DFILW	186	─[DFILW S Ⓓ Z]─	
DFILWP	187	─[DFILWP S Ⓓ Z]─	
DIS	194	─[DIS S Ⓓ Z]─	데이터 distribution (분산)
DISP	195	─[DISP S Ⓓ Z]─	- nibble 단위 (4 비트)
UNI	192	─[UNI S Ⓓ Z]─	데이터 union (결합)
UNIP	193	─[UNIP S Ⓓ Z]─	- nibble 단위 (4 비트)
IORF	200	─[IORF S₁ S₂]─	I/O refresh
IORFP	201	─[IORFP S₁ S₂]─	

❖ 분기 명령

명 칭	Function No.	심 벌	기 능
JMP	012	—[JMP n]—	jump
JME	013	—[JME n]—	jump end
CALL	014	—[CALL n]—	subroutine call
CALLP	015	—[CALLP n]—	
SBRT	016	—[SBRT n]—	subroutine
RET	004	—[RET]—	return

❖ Loop 명령

명 칭	Function No.	심 벌	기 능
FOR	206	—[FOR n]—	반복 실행
NEXT	207	—[NEXT]—	
BREAK	220	—[BREAK]—	For~Nnext Loop를 빠져나옴

부록3 PLC와 컴퓨터의 통신

(1) 개요

보통의 PLC는 외부와의 인터페이스를 위하여 시리얼 통신(RS232C 등)을 허용하므로 시리얼 통신을 통하여 상위 시스템에서 각 접점에 대한 모니터링과 제어가 가능하다. 시리얼 통신을 통하여 이러한 접점 데이터의 통신을 하기 위해서는 PLC와 컴퓨터를 연결하는 독특한 프로토콜(protocol, 통신규약)이 필요하며 PLC의 제어하고자 하는 해당 영역의 주소를 알아야만 가능하다. 따라서 시리얼 통신은 PLC 업체의 기준에 따라 달라질 수 있으며 이러한 부분은 제조업체의 매뉴얼을 참조하여야 한다. 여기서는 MASTER-K 60H를 기준으로 하여 알아본다.

(2) 메모리 맵의 구성

MASTER-K 60H(K10/K200H도 동일함)는 거의 모든 메모리 영역의 읽기/쓰기(read/write)가 가능하다. 특히 입출력 접점인 P영역과 timer와 counter의 설정치/현재치의 영역에 대한 제어가 가능하므로 PLC에 대한 융통성을 부여하고 있다. 이런 데이터들에 대한 접근은 접점이 위치하는 절대적인 어드레스를 가지고 통신이 이루어진다.

절대 어드레스	영 역	사용 명령
B000H ~ B7FFH	D0000 ~ D1023(1024 card)	R / W
C000H ~ C07FH	M 영역(M00 ~ M63)	R / W
C080H ~ C09FH	P 영역(P00 ~ P15)	R / W
C0C0H ~ C0FFH	K 영역(K00 ~ K31)	R / W

C100H ~ C13FH	L 영역(L00~L15)	–
C140H ~ C15FH	F 영역(F00~F15)	R / W
C180H ~ C19FH	T 영역(T000~T255)	R / W
C1A0H ~ C1BFH	C 영역(C000~C255)	R / W
C200H ~ C23FH	S 영역(S00~S63) 64 card	R / W
C800H ~ C9FFH	timer 현재치 영역	R / W
CA00H ~ CBFFH	counter 현재치 영역	R / W
CC00H ~ CDFFH	timer 설정치 영역	R
CE00H ~ CFFFH	counter 설정치 영역	R

R : 읽기 가능, W : 쓰기 가능

(3) PLC의 접점 읽기(read)

❖ 형식

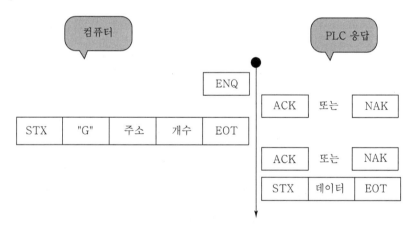

PLC로부터 데이터를 읽기 위해서는 컴퓨터에서 이미 규약된 프로토콜에 의하여 적절한 데이터를 생성하여 알려 주어야 한다.

① ENQ : PLC가 컴퓨터에서 보내는 데이터를 분석하여 해당하는 데이터를 보낼 수 있는 상태인지를 타진한다.

② ACK : 가능함.   NAK : 불가능함.

③ STX "G" 주소 개수 EOT : PLC에서 읽을 절대 주소와 절대 주소로부터 읽을 개수 (byte 수)를 지정하여 보낸다.

④ ACK : 정확히 인식함. NAK : 인식하지 못함.

⑤ STX 데이터 EOT : ACK인 경우에만 보내는 것으로 PLC의 해당 주소의 지정된 개수 만큼 보낸다.

(4) PLC의 접점 변경하기(write)

❖ 형식

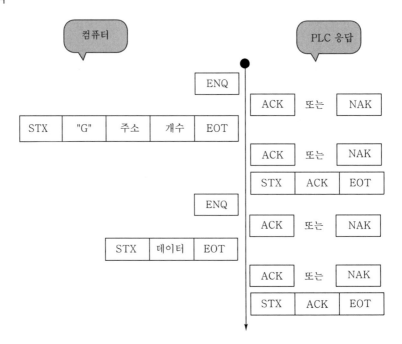

PLC에 데이터를 쓰기 위해서도 읽을 때와 마찬가지로 컴퓨터에서 이미 규약된 프로토 콜에 맞추어 쓰고자 하는 데이터를 PLC에 알려 주어야 한다.

① ENQ : PLC가 컴퓨터에서 보내는 데이터를 분석하여 해당하는 데이터를 보낼 수 있 는 상태인지를 타진한다.

② ACK : 가능함. NAK : 불가능함.

③ STX "H" 주소 개수 데이터 EOT : PLC의 데이터를 바꿀 영역의 절대 주소와 절대 주소로부터 바꿀 개수(byte 수)를 지정하여 보낸다.

④ ACK : 정확히 인식함. NAK : 인식하지 못함.

⑤ STX ACK EOT : PLC의 데이터 변경이 정상적으로 완료됨.

⑥ ENQ : PLC가 컴퓨터에서 보내는 데이터를 분석하여 해당하는 데이터를 보낼 수 있는 상태인지를 타진한다.

⑦ ACK : 가능함. NAK : 불가능함.

⑧ STX 데이터 EOT : 변경하고자 하는 영역의 데이터를 보낸다.

⑨ ACK : 정확히 인식함. NAK : 인식하지 못함.

⑩ STX ACK EOT : PLC의 데이터 변경이 정상적으로 완료됨.

(5) 프로그램

❖ PLC.C

```c
// 컴퓨터와 PLC의 통신을 이용한 제어 프로그램.

#include <windows.h>
#include <stdio.h>
#include <math.h>
#include "plc.h"
#include "plcsub.h"
#include "resource.h"

HINSTANCE inst;
LRESULT CALLBACK WndProc (HWND, UINT, WPARAM, LPARAM) ;
BOOL WINAPI dldproc1(HWND, UINT, WPARAM, LPARAM);

int WINAPI WinMain (HINSTANCE hInstance, HINSTANCE hPrevInstance,
                    PSTR szCmdLine, int iCmdShow)
    {
    static char szAppName[] = "PLC Process" ;
    HWND          hWnd ;
    MSG           msg ;
    WNDCLASSEX    wndclass ;
            inst = hInstance;

    wndclass.cbSize         = sizeof (wndclass) ;
    wndclass.style          = CS_HREDRAW | CS_VREDRAW ;
    wndclass.lpfnWndProc    = WndProc ;
    wndclass.cbClsExtra     = 0 ;
    wndclass.cbWndExtra     = 0 ;
```

```
    wndclass.hInstance          = hInstance ;
    wndclass.hIcon              = LoadIcon (NULL, IDI_APPLICATION) ;
    wndclass.hCursor            = LoadCursor (NULL, IDC_ARROW) ;
    wndclass.hbrBackground      = (HBRUSH) GetStockObject (WHITE_BRUSH) ;
    wndclass.lpszMenuName       = MAKEINTRESOURCE(IDR_MENU1);
        wndclass.lpszClassName = szAppName ;
    wndclass.hIconSm            = LoadIcon (NULL, IDI_APPLICATION) ;

    RegisterClassEx (&wndclass) ;

    hWnd = CreateWindow (szAppName,        // window class name
                            "PLC READ WRITE",          // window caption
            WS_OVERLAPPEDWINDOW,       // window style
            100,                                  // initial x position
            100,                                  // initial y position
            700,                                  // initial x size
            500,                                  // initial y size
            NULL,               // parent window handle
            NULL,               // window menu handle
            hInstance,          // program instance handle
                    NULL) ;                        // creation parameters

    ShowWindow (hWnd, iCmdShow) ;
    UpdateWindow (hWnd) ;

    while (GetMessage (&msg, NULL, 0, 0))
        {
        TranslateMessage (&msg) ;
        DispatchMessage (&msg) ;
        }
    return msg.wParam ;
    }

LRESULT CALLBACK WndProc (HWND hWnd, UINT iMsg, WPARAM wParam, LPARAM lParam)
{
    int nMode;
    static BOOL bprocess = FALSE;

    switch (iMsg)
        {
```

```
case WM_CREATE:
        {
                hdc = GetDC(hWnd);
                nMode =MM_TEXT;
                break;
        }

case WM_COMMAND :
{
        static int   PortOK = 0;
        switch LOWORD(wParam)
        {
                case ID_READ:
                {
                        int        value;

                        // PLC의 데이터를 읽기 위하여 통신 포트의 초기화.
                        PortOK = Open_plc();
                        if(PortOK != 1){
                                // PLC 통신 포트의 초기화를 실패함.
                                break;
                        }

                        // Step 1 : ENQ를 보내어 PLC의 상태를 파악.
                        Write_plc(hcom,(char *)&ENQ);

                        // Step 2 : 전송 상태 검사 후에 쓸 데이터의 주소와 개수를 전송.
                        value = PL_send_header(hcom,rbuf, READCOMM);
                        if (value==0) break;

                        // Step 3 : PLC의 데이터를 읽어옴.
                        value = PL_get_data(hcom,rbuf);
                        break;
                }
                case ID_WRITE:
                // LG 산전의 60H는 데이터를 Write할 때,
                // 데이터의 주소와 개수를 먼저 보내고 값을 다음에 보냄.
                {
                        int        value;
```

```
                              // PLC의 데이터를 읽기 위하여 통신 포트의 초기화.
                              PortOK = Open_plc();
                              if(PortOK != 1){
                                      // PLC 통신 포트의 초기화를 실패함.
                                      break;
                              }

                              // Step 1 : ENQ를 보내어 PLC의 상태를 파악.
                              Write_plc(hcom, (char *)&ENQ);

                              // Step 2 : 전송 상태 검사 후에 쓸 데이터의 주소와 개수를 전송.
                              value = PL_send_header(hcom, rbuf, WRITECOMM);
                              if (value==0) break;

                              // Step 3 : PLC의 현재 상태를 체크함.
                              value = PL_check_message(hcom,rbuf);
                              if (value==0) break;

                              // Step 4 : ENQ를 보내어 PLC의 상태를 파악.
                              Write_plc(hcom,(char *)&ENQ);
                              Sleep(300);

                              // Step 5 : 전송 상태 검사 후에 쓸 데이터 값을 전송.
                              value = PL_send_data(hcom,rbuf);
                              if (value==0) break;

                              // Step 6 : PLC의 현재 상태를 체크함.
                              value = PL_check_message(hcom,rbuf);
                              break;
                      }

              case ID_FILE_EXIT :
                              SendMessage(hWnd, WM_CLOSE,0,0);
                              break;

              default :
                              return (DefWindowProc(hWnd,iMsg,wParam,lParam));
      }

      // PLC를 위한 통신 포트의 닫음.
      if (PortOK == 1)     Close_plc();
```

```
                              break;
                     }
            case  WM_PAINT :
                     {
                                      return  0 ;
                     }
        case  WM_DESTROY :
                     {
                                      ReleaseDC(hWnd,hdc);
                                      PostQuitMessage (0) ;
                return  0 ;
                     }

            default :
                     return  DefWindowProc (hWnd, iMsg, wParam, lParam) ;
        }
}

// 통신 포트의 초기화 함수.
int  Open_plc(void)
{
     COMMTIMEOUTS   CommTimeOuts ;
     DCB  dcb={
              28,4800,1,0,0,0,1,0,0,0,0,0,0,
              3,0,0,0,0,0,7,2,0,17,19,0,0,0,5735
     };

     if (hcom != (HANDLE)-1)
              CloseHandle(hcom);
     hcom = (HANDLE)-1;

     hcom = CreateFile( "COM1", GENERIC_READ | GENERIC_WRITE,
                        0,
                        NULL,
                        OPEN_EXISTING,
                        0,
                        NULL );

     if (hcom == (HANDLE)-1)
```

```
        {
                return 0;
        }

        SetupComm(hcom, 4096,4096) ;
        PurgeComm(hcom, PURGE_TXABORT | PURGE_RXABORT |
                        PURGE_TXCLEAR | PURGE_RXCLEAR ) ;

        CommTimeOuts.ReadIntervalTimeout = 0xFFFFFFFF ;
        CommTimeOuts.ReadTotalTimeoutMultiplier = 0 ;
        CommTimeOuts.ReadTotalTimeoutConstant = 1000 ;
        CommTimeOuts.WriteTotalTimeoutMultiplier = 0 ;
        CommTimeOuts.WriteTotalTimeoutConstant = 0 ;

        dcb.BaudRate = 9600;
        dcb.ByteSize = 8;
        dcb.Parity = NOPARITY;
        dcb.StopBits = ONESTOPBIT;

        SetCommTimeouts(hcom, &CommTimeOuts ) ;
        SetCommState(hcom, &dcb);
        oc_flag = 1;
        return 1;
}

// 통신 포트의 종료 함수.
void Close_plc(void)
{
        if (oc_flag){
                PurgeComm(hcom, PURGE_TXABORT | PURGE_RXABORT |
                  PURGE_TXCLEAR | PURGE_RXCLEAR ) ;
                CloseHandle(hcom);
        }
}

// 해당 통신 포트에 문자열을 보냄.
void Write_plc(HANDLE hcom, char *ch)
// hcom          : 통신 포트.
// *ch           : 보낼 문자열 포인터.
{
```

```
        DWORD ex;

        WriteFile(hcom, ch, strlen(ch), &ex, NULL) ;
}

// 통신큐에 존재하는 양만큼 수신.
int Read_plc(HANDLE hcom, char *rbuf)
// hcom                    : 통신 포트.
// *rbuf                   : 읽을 문자열 포인터.
{
        COMSTAT comstat ;
        DWORD    len,error;

        memset(rbuf, 0, 30);
        ClearCommError(hcom, &error, &comstat) ;

        len = min(4096, comstat.cbInQue) ;

        if (len > 0)            ReadFile(hcom,rbuf,len, &len,NULL);

        return len;
}

// 상태를 확인 후에 데이터를 보냄.
int PL_send_header(HANDLE hcom,char *rbuf,char command)
// hcom                    : 통신 포트.
// *rbuf                   : 읽을 문자열 포인터.
// command                 : 데이터를 READ와 WRITE.
{
        int i;

        // PLC에서 응답한 데이터(ACK 또는 NAK)를 읽어서 상태 확인.
        Read_plc(hcom,rbuf);
        Sleep(300);

        for(i=0;i<100;i++)
        {
                int p=0;
                if(rbuf[0] == ACK){
                        memset(buf, 0, sizeof(buf));
                        buf[p] = (char)STX;
```

```
                            p++;
                            buf[p] = command;
                            p++;
                            strcat(buf, ADDR);
                            p+=4;
                            sprintf(buf+p,"%02x",NUMBER);
                            p+=2;
                            buf[p] = (char)EOT;

                            Write_plc(hcom, buf);   // 헤더를 쓴다
                            Sleep(300);

                            break;
                    }
                else
                    {
                            Read_plc(hcom,rbuf);
                            Sleep(300);
                    }
            }

        if (i==10)          return 0;
        else                        return 1;
}

// 상태를 확인 후에 데이터를 읽어옴.
int PL_check_message(HANDLE hcom,char *rbuf)
// hcom                  : 통신 포트.
// *rbuf                 : 읽을 문자열 포인터.
{
        int              len,iLength;
        char      szBuffer[40];

        len = Read_plc(hcom,rbuf);
        Sleep(300);

        if(rbuf[len-4] == NAK){
                iLength = sprintf(szBuffer,"ERROR WRITE");
                TextOut(hdc,100,200,szBuffer,iLength);
                return 0;
```

```
                }
        if(rbuf[len-3] != STX){
                iLength = sprintf(szBuffer,"ERROR WRITE");
                TextOut(hdc,100,250,szBuffer,iLength);
                return 0;
        }
        if(rbuf[len-2] == ACK){
                iLength = sprintf(szBuffer,"SUCCESS");
                TextOut(hdc,100,300,szBuffer,iLength);
                return 1;
        }
        else
                return 0;
}

int PL_send_data(HANDLE hcom,char *rbuf)
// hcom                 : 통신 포트.
// *rbuf                : 읽을 문자열 포인터.
{
        int i,iLength;
        char szBuffer[40];

        for(i=0;i<1000;i++)
        {
                int p=0;
                if(rbuf[0] == ACK){
                        memset(buf,0,sizeof(buf));
                        buf[p++] = (char)STX;
                        memcpy(&buf[p],"0000", 4);       p+=4;
                        buf[p] = (char)EOT;

                        Write_plc(hcom, buf);
                        Sleep(300);

                        break;
                }
                else
                {
                        Read_plc(hcom,rbuf);
                        Sleep(300);
```

```
                }
        }
        if (i==10){
                iLength = sprintf(szBuffer,"ERROR STEP7");
                TextOut(hdc,300,150,szBuffer,iLength);
                return 0;
        }
        else
                return 1;
}

int PL_get_data(HANDLE hcom,char *rbuf)
// hcom                   : 통신 포트.
// *rbuf                  : 읽을 문자열 포인터.
{
        int i,len,iLength;
        char szBuffer[40];

        Read_plc(hcom,rbuf);
        Sleep(300);

        if(rbuf[0] == NAK){
                iLength = sprintf(szBuffer,"읽기를 실패하였읍니다.");
                TextOut(hdc,100,200,szBuffer,iLength);
                return 0;
        }

        if(rbuf[1] != STX){
                iLength = sprintf(szBuffer,"올바른 데이터가 아닙니다.");
                TextOut(hdc,100,250,szBuffer,iLength);
                return 0;
        }
        for(i=0;i<len;i++)
        {
                if(rbuf[i+1] == EOT)
                break;
                wrbuf[i] = rbuf[i+1];
        }

        iLength = sprintf(szBuffer,"데이터가 제대로 읽혀졌읍니다.");
```

```
        TextOut(hdc,100,300,szBuffer,iLength);

        return 1;
}
```

❖ PLC.H

```
#include 〈windows.h〉

#ifdef G
        #undef G
#endif

#ifdef _EX_H_
        #define I(x) = x
        #define    G
#else
        #define G extern
        #define I(x)
#endif

#undef _EX_H_

G    HDC      hdc;
G    HWND     hWnd;
G    HANDLE   hcom;
G    DCB      dcb;

G    int      STX      I(2);      // 전송 블록의 시작을 알림.
G    int      EOT      I(4);      // 전송 블록의 마지막을 알림.
G    int      ENQ      I(5);      // PLC의 상태 파악.
G    int      ACK      I(6);      // 전송이 성공함.
G    int      NAK      I(21);     // 전송이 실패함.

G    int      NUMBER   I(2);
G    char     ADDR[]   I("C080"); // PLC의 P접점 영역.
G    char     READCOMM      I('G');   // PLC에서 읽어오는 명령.
G    char     WRITECOMM     I('H');   // PLC에서 쓰는 명령.

G    char     buf[27];
G    char     rbuf[27];
G    char     wrbuf[27];
```

```
G     int        oc_flag;

G     int        Open_plc(void);
G     void       Close_plc(void);
G     void       Write_plc(HANDLE hcom,char *ch);
G     int        Read_plc(HANDLE hcom,char *rbuf);
G     int        PL_send_header(HANDLE hcom,char *rbuf,char command);
G     int        PL_check_message(HANDLE hcom,char *rbuf);
G     int        PL_send_data(HANDLE hcom,char *rbuf);
G     int        PL_get_data(HANDLE hcom,char *rbuf);
#undef I
```

부록4 IEC 61131-3: a standard programming resource

IEC 61131-3 is the first real endeavor to standardize programming languages for industrial automation. With its worldwide support, it is independent of any single company.

IEC 61131-3 is the third part of the IEC 61131 family. This consists of:

- Part 1: General Overview
- Part 2: Hardware
- Part 3: Programming Languages
- Part 4: User Guidelines
- Part 5: Communication

There are many ways to look at part 3 of this standard. Just to name a few:

- the result of the Task Force 3, Programming Languages, within IEC TC65 SC65B
- the result of hard work by 7 international companies adding tens of years of experience in the field of industrial automation
- approx. 200 pages of text, with 60-something tables, including features tables
- the specification of the syntax and semantics of a unified suite of programming languages, including the overall software model and a structuring language.

Another elegant view is by splitting the standard in two parts (see figure 1):

1. Common Elements
2. Programming Languages

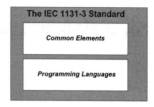

Let's look more in detail to these parts:

▷▶ Common Elements

❖ Data Typing

Within the common elements, the data types are defined. Data typing prevents errors in an early stage. It is used to define the type of any parameter used. This avoids for instance dividing a Date by an Integer.

Common datatypes are Boolean, Integer, Real and Byte and Word, but also Date, Time_of_Day and String. Based on these, one can define own personal data types, known as derived data types. In this way one can define an analog input channel as data type, and re-use this over an over again.

❖ Variables

Variables are only assigned to explicit hardware addresses (e.g. input and outputs) in configurations, resources or programs. In this way a high level of hardware independency is created, supporting the reusability of the software.

The scopes of the variables are normally limited to the organization unit in which they are declared, e.g. local. This means that their names can be reused in other parts without any conflict, eliminating another source of errors, e.g. the scratchpad. If the variables should have global scope, they have to be declared as such (VAR_GLOBAL). Parameters can be assigned an initial value at start up and cold restart, in order to have the right setting.

❖ Configuration, Resources and Tasks

To understand these better, let us look at the software model, as defined in the standard (see below).

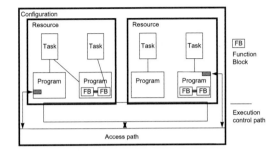

At the highest level, the entire software required to solve a particular control problem can be formulated as a Configuration. A configuration is specific to a particular type of control system, including the arrangement of the hardware, i.c. processing resources, memory addresses for I/O channels and system capabilities.

Within a configuration one can define one or more Resources. One can look at a resource as a processing facility that is able to execute IEC programs.

Within a resource, one or more Tasks can be defined. Tasks control the execution of a set of programs and/or function blocks. These can either be executed periodically or upon the occurrence of a specified trigger, such as the change of a variable.

Programs are built from a number of different software elements written in any of the IEC defined languages. Typically, a program consists of a network of Functions and Function Blocks, which are able to exchange data. Function and Function Blocks are the basic building blocks, containing a datastructure and an algorithm.

Let's compare this to a conventional PLC: this contains one resource, running one task, controlling one program, running in a closed loop. IEC 61131-3 adds much to this, making it open to the future. A future that includes multi-processing and event driven programs. And this future is not so far: just look at distributed systems or real-time control systems. IEC 61131-3 is suitable for a broad range of applications, without having to learn additional programming languages.

❖ Program Organization Units

Within IEC 61131-3, the Programs, Function Blocks and Functions are called Program Organization Units, POUs.

❖ Functions

IEC has defined standard functions and user defined functions. Standard functions are for instance ADD(ition), ABS (absolute), SQRT, SINus and COSinus. User defined functions, once defined, can be used over and over again.

❖ Function Blocks, FBs

Function Blocks are the equivalent to Integrated Circuits, ICs, representing a specialized control function. They contain data as well as the algorithm, so they can keep track of the past (which is one of the differences w.r.t. Functions). They have a well-defined interface and hidden internals, like an IC or black box. In this way they give a clear separation between different levels of programmers, or maintenance people.

A temperature control loop, or PID, is an excellent example of a Function Block. Once defined, it can be used over and over again, in the same program, different programs, or even different projects. This makes them highly re-usable.

Function Blocks can be written in any of the IEC languages, and in most cases even in "C". It this way they can be defined by the user. Derived Function Blocks are based on the standard defined FBs, but also completely new, customized FBs are possible within the standard: it just provides the framework.

The interfaces of functions and function blocks are described in the same way:

```
FUNCTION_BLOCK Example

VAR_INPUT:
        X :        BOOL;
        Y :        BOOL;
END_VAR

VAR_OUTPUT
        Z :        BOOL;
END_VAR

        (* statements of functionblock body *)

END_FUNCTION_BLOCK
```

The declarations above describe the interface to a function block with two Boolean input parameters and one Boolean output parameter.

❖ Programs

With the above-mentioned basic building blocks, one can say that a program is a network of Functions and Function Blocks. A program can be written in any of the defined programming languages.

❖ Sequential Function Chart, SFC

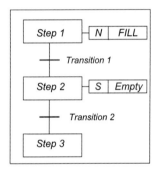

SFC describes graphically the sequential behavior of a control program. It is derived from Petri Nets and IEC 848 Grafcet, with the changes necessary to convert the representation from a documentation standard to a set of execution control elements.

SFC structures the internal organization of a program, and helps to decompose a control problem into manageable parts, while maintaining the overview.

SFC consists of Steps, linked with Action Blocks and Transitions. Each step represents a particular state of the systems being controlled. A transition is associated with a condition, which, when true, causes the step before the transition to be deactivated, and the next step to be activated. Steps are linked to action blocks, performing a certain control action. Each element can be programmed in any of the IEC languages, including SFC itself.

One can use alternative sequences and even parallel sequences, such as commonly required in batch applications. For instance, one sequence is used for the primary process, and the second for monitoring the overall operating constraints.

Because of its general structure, SFC provides also a communication tool, combining people of different backgrounds, departments or countries.

▷▶ Programming Languages

Within the standard four programming languages are defined. This means that their syntax and semantics have been defined, leaving no room for dialects. Once you have learned them, you can use a wide variety of systems based on this standard.

The languages consist of two textual and two graphical versions:

Textual:

- ◆ Instruction List, IL
- ◆ Structured Text, ST

Graphical:

- ◆ Ladder Diagram, LD
- ◆ Function Block Diagram, FBD

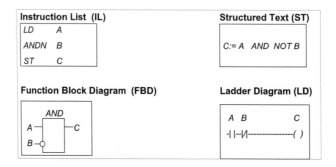

In the above figure, all four languages describe the same simple program part.

The choice of programming language is dependent on:

- ◆ the programmers' background
- ◆ the problem at hand
- ◆ the level of describing the problem
- ◆ the structure of the control system
- ◆ the interface to other people / departments

All four languages are interlinked: they provide a common suite, with a link to existing experience. In this way they also provide a communication tool, combining people of different backgrounds.

Ladder Diagram has its roots in the USA. It is based on the graphical presentation of Relay Ladder Logic.

Instruction List is its European counterpart. As textual language, it resembles assembler.

Function Block Diagram is very common to the process industry. It expresses the behavior of functions, function blocks and programs as a set of interconnected graphical blocks, like in electronic circuit diagrams. It looks at a system in terms of the flow of signals between processing elements.

Structured Text is a very powerful high-level language with its roots in Ada, Pascal and "C". It contains all the essential elements of a modern programming language, including selection branches (IF-THEN-ELSE and CASE OF) and iteration loops (FOR, WHILE and REPEAT). These elements can also be nested.

It can be used excellently for the definition of complex function blocks, which can be used within any of the other languages.

Example in ST:

```
I:=25;
WHILE J<5 DO
         Z:= F(I+J);
END_WHILE

IF  B_1 THEN
         %QW100:= INT_TO_BCD(Display)
ENDIF

CASE     TW OF
         1,5:      TEMP := TEMP_1;
         2:        TEMP := 40;
         4:        TEMP := FTMP(TEMP_2);
ELSE
         TEMP := 0;
         B_ERROR :=1;
END_CASE
```

▷▶ Top-down vs. bottom-up

Also, the standard allows two ways of developing your program: top down and bottom up. Either you specify your whole application and divide it into sub parts, declare your variables, and so on. Or you start programming your application at the bottom, for instance via derived functions and function blocks. Whichever you choose, the development environment will help you through the whole process.

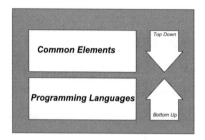

▷▶ Implementations

The overall requirements of IEC 61131-3 are not easy to fulfill. For that reason, the standard allows partial implementations in various aspects. This covers the number of supported languages, functions and function blocks. This leaves freedom at the supplier side, but a user should be well aware of it during his selection process. Also, a new release can have a dramatically higher level of implementation.

Many current IEC programming environments offer everything you expect form modern environments: mouse operation, pull down menus, graphical programming screens, support for multiple windows, built in hypertext functions, verification during design. Please be aware that this is not specified within the standard itself: it is one of the parts where suppliers can differentiate.

▷▶ Conclusion

The technical implications of the IEC 61131-3 standard are high, leaving enough room for growth and differentiation. This makes this standard suitable to evolve well into the next century.

IEC 61131-3 will have a great impact on the whole industrial control industry. It certainly will not restrict itself to the conventional PLC market. Nowadays, one sees it adopted in the motion control market, distributed systems and softlogic / PC based control systems, including SCADA packages. And the areas are still growing.

Having a standard over such a broad application area, brings numerous benefits for users / programmers. The benefits for adopting this standard are various, depending on the application areas. Just to name a few for the mindset:

- reduced waste of human resources, in training, debugging, maintenance and consultancy
- creating a focus to problem solving via a high level of software reusability
- reduced misunderstanding and errors
- programming techniques usable in a broad environment: general industrial control
- combining different components from different programs, projects, locations, companies and/or countries

부록5 공압 부품 일람표

❖ 공기압원 및 배기구(compressed air supply & exhaust)

△	**공기압원(compressed air supply)** 공기압 발생 장치는 공기압축기로 대기의 공기를 흡수해서 압축공기를 만든다. 공기압축기에서 토출한 직후의 압축공기는 고열이기 때문에 후부 냉각기에 의해서 저온으로 된다. 그리고 압축공기 속의 수분을 제거하고, 공기탱크에서 압축공기를 저장해서 압력 변동, 맥동을 적게 하여 안정된 압축공기를 공급한다. • 공기압축기 : 공기를 요구되는 작업압력까지 압축해 주는 기기 • 공기탱크 : 압축공기를 저장하는 기기로서 압축기 뒤에 설치 • 냉각기 : 압축기로부터 토출되는 고온의 압축공기를 건조기로 공급하기 전에 1차 냉각시키고, 수분을 제거하는 장치 • 공기 건조기 : 압축공기 속에 포함된 수분을 제거하여 건조공기로 만드는 기기
▽	**배기구(exhaust)** 공압 회로 내의 압축공기를 대기 중으로 배출한다. 배기구에는 소음기를 설치하여 소음을 차단하기도 한다.
(기호)	**공기압축기(compressor)** 공압 에너지를 만드는 기계로서 공압 장치는 이 압축기를 출발점으로 하여 구성된다. 공기압축기는 대기 중의 공기를 흡입하여 1kg/cm^2 이상의 압력으로 압축하는 시키는 기기이다. 공기압축기 ├ 터보형 ── 원심식 / 축류식 └ 용적형 ── 회전식 ── 베인식 / 스크루식 / 루츠블로어 └ 왕복식 ── 피스톤식 / 다이어프램식
—(M)	**전기모터(motor)** 전기모터는 전기에너지를 운동에너지로 바꾸어서 공압 펌프를 작동하도록 하는 기기이다.

❖ 공압작동기(pneumatic actuator)

	단동 실린더(single acting cylinder) 한 방향 운동에만 공압이 사용되고 반대 방향의 운동은 스프링이나 자중 또는 외력으로 복귀된다. 일반적으로 100 mm 미만의 행정거리로 클램핑(clamping), 프레싱(pressing), 이젝팅(ejecting), 이송 등에 사용된다. ※ 단동 실린더의 종류 ◆ 피스톤 실린더 : 피스톤의 외부가 유연한 물질로 덮여 있어서 실린더 내부벽과 밀봉 역할을 한다. 피스톤이 동작을 할 때는 밀봉의 끝은 실린더 베어링 표면 위를 미끌어져 간다. 화물차, 기차의 브레이크에 응용된다. ◆ 격판 실린더 : 피스톤 대신에 격판을 사용한 실린더이며 스트로크는 작으나 저항으로 큰 출력을 얻을 수 있다. 치공구의 제작과 프레스의 엠보싱, 리벳팅, 클램핑에 이용된다. ◆ 램형 실린더 : 피스톤 직경과 로드 직경이 같은 것을 말하고 출력축인 로드의 강도를 필요로 하는 경우에 자주 이용된다.
	복동 실린더(double acting cylinder) 압축공기에 의한 힘으로 피스톤을 전진 또는 후진 운동시킨다. 따라서 복동 실린더는 전진 운동뿐만 아니라 후진 운동에서도 일을 하여야 할 경우에 사용되며, 피스톤 로드의 구부러짐(buckling), 휨(bending)을 고려하여야 한다. 그러나 실린더의 행정거리는 원칙적으로 제한받지는 않는다. 복동 실린더는 실린더의 운동속도가 빠르거나, 실린더로 무거운 물체를 움직일 때에는 관성으로 인한 충격으로 실린더가 손상을 입는다. 이와 같은 것을 방지하기 위한 것이 쿠션붙이 실린더로, 피스톤 끝 부분에 쿠션기구를 장착한 실린더가 있다. 원리는 피스톤이 헤드커버나 로드커버에 닿기 전에 쿠션링이 공기의 배출통로를 차단하여 공기는 교축된 좁은 통로를 통해 빠져나가므로 배압이 형성되어 실린더의 속도가 끝단에서 감소하게 된다. 복동 실린더 역시 단동 실린더와 마찬가지로 밀봉되어야 한다.
	양로드 실린더(double rod cylinder) 피스톤 로드가 양쪽에 있는 실린더로 피스톤 로드를 잡아 주는 베어링이 양쪽에 있어 왕복 운동이 원활하며, 로드에 걸리는 횡하중에도 어느 정도 견딜 수 있다. 또한 운동 부분에 리밋 스위치 등 검출용 기구를 설치할 수 없는 곳에서는 작업을 하지 않는 반대측에 설치할 수 있고, 실린더가 전진 시와 후진 시 낼 수 있는 힘이 같다는 이점이 있다. 이 실린더는 피스톤의 압력 작용면의 크기가 동일하다.
	로드리스 실린더(rodless cylinder) 로드리스 실린더는 일반 공압 실린더의 피스톤 로드에 의한 출력 방식과는 달리, 피스톤의 출력을 요크나 마그넷, 체인 등을 통하여 스트로크 범위 내에서 일을 하는 것이다. 따라서 로드리스 실린더를 이용하면 설치 면적이 극소화되는 장점이 있으며, 전진 시와 후진 시의 피스톤 단면적이 같아 중간 정지 특성이 양호한 이점도 있다. 로드리스 실린더는 슬릿 튜브식, 마그넷식, 체인식의 세 종류가 있다.

	텔레스코프 실린더(telescopic cylinder) 다단 튜브형 피스톤 로드를 가진 실린더로 긴 스토로크를 얻을 수 있고 단동, 복동 형태로 작동시킬 수 있으며 콤팩트 형식으로 할 수 있는 이점이 있는 반면에 속도 제어와 로드 측의 반경 방향의 부하에 약하고, 최종단의 출력이 약해지는 등의 결점이 있다.
	공압 모터(pneumatic motor) 압축공기 에너지를 기계적 회전 에너지로 바꾸는 액추에이터를 말하며 시동, 정지, 역회전 등은 방향 제어 밸브에 의해 제어된다. 공압 모터는 오래전부터 광산, 화학 공장, 선박 등 폭발성 가스가 존재하는 곳에 전동기 대신 사용되어 왔지만 발전을 거듭하며 최근에는 저속 고토크 모터, 가변 속도 모터 등의 출현으로 방폭이 요구되는 장치 이외에 부품 장착, 장탈 장치, 교반기, 컨베이어, 호이스트 등 일반 산업 기계에도 널리 사용된다.
	요동형 액추에이터(oscillating actuator) 요동형 액추에이터의 원리는 압축공기의 팽창 에너지를 이용하여 기계적인 왕복 회전 운동을 변환시키며, 베인형 공압 모터와 같은 구조인 베인식과 공압 실린더 피스톤의 직선 운동을 기계적인 나사나 기어 등을 이용하여 회전 운동으로 변환시켜 토크를 얻는 피스톤식으로 크게 나누어진다.
	진공 패드(sucker) 진공압에 의하여 물체를 흡착하는 역할을 하는 것이 패드이며, 재질은 일반적으로 니트릴 고무가 많이 사용되고 있으나, 물체의 상태나 상황에 따라서는 우레탄 고무 또는 실리콘 고무 등을 사용한다.
	진공 이젝터(vacuum ejector) 진공발생기로는 과거 진공 펌프(베인식, 유회전식)를 많이 사용해 왔으나, 이것은 장치가 크고 진공 밸브에 의한 제어가 필요한 등의 결점이 있었다. 그러나 최근의 FA화의 발전에 따라, 소형이면서도 간편하게 사용할 수 있는 FA화 기기로서의 공압기기와 같은, 공압을 사용할 수 있으면서도 진공 발생부에 가동부가 없는 등의 장점이 있는 이젝터가 많이 사용되고 있다. 대기 중에서 곤란한 작업도 진공 중에서는 용이하게 되는 예로서, 반도체 제조 과정에서의 진공 증착을 비롯하여 건조, 함침, 야금, 원자력 관계의 가속, 가스 분석, 플라스틱으로의 합금막 스페터링 등이 있다. 형광등이나 네온 사인관의 제조에도 진공이 필요하다.

❖ 압력 제어 밸브(pressure control valve)

	감압 밸브(pressure reducing valve) 감압 밸브는 압력 조절 밸브라 부르며, 주된 기능은 공압 동력원에서 오는 압축공기를 감압하여 2차측 공기 압력을 일정한 공기 압력으로 설정, 조절함과 동시에 1차측 공기 압력이 변화하거나 2차측의 공기 유량 등의 사용 조건이 변동되어도 설정 공기 압력의 변동을 가장 낮게 줄여 안정된 공기압력을 공급한다.

릴리프 밸브(pressure relief valve)
릴리프 밸브의 기능은 회로 내의 공기 압력이 설정치를 초과할 때 여분의 공기를 배기시켜 회로 내의 공기 압력을 설정치 내로 일정하게 유지시키는 역할을 한다. 장치나 작업자를 보호하는 안전 밸브와 기능은 같으나 사용 용도에 따라 호칭과 구조가 다를 뿐이다.

시퀀스 밸브(sequence valve)
두 개 이상의 분기 회로를 가진 회로 내에서 그 작동 순서를 회로의 압력에 의해 제어하는 밸브를 말한다. 즉 회로 내의 압력 상승을 검출하여 밸브를 열고, 2차측으로 압력을 전달하여 실린더나 방향 제어 밸브를 움직여 작동 순서를 제어한다. 릴리프 밸브와 거의 동일한 기능이지만 설정 공기 압력으로 도달하면 밸브가 완전히 일시에 열리는 점이 릴리프 밸브와 다른 점이다. 일반적으로 체크 밸브가 내장되어 있어 역류 가능한 구조로 되어 있다.

무부하 밸브(unloading valve)
압축기에서 탱크 압력이 설정 압력에 달하면 압축공기를 내지 않고 단순히 공기가 실린더 안을 출입만 하는 무부하 운전에 사용되는 것으로, 압축기에서 나온 압축공기는 회로 안과 압축기에 비축되는데, 그 압력이 언로드 밸브의 설정 압력 이상이 되면 언로드 밸브가 열린다. 압축기로부터의 토출 공기는 회로 안으로 보내지 않고 다른 회로로 방출되며 회로 중의 압력, 즉 축압기 압력이 언로드 밸브의 조정 스프링 설정 압력보다 낮은 압력까지 내리면 언로드 밸브는 닫히고 다시 압축공기가 회로 안으로 이송된다.

❖ 유량 제어 밸브(flow control valve)

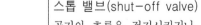
스로틀 밸브(metering valve, restrictor)
유로의 단면적을 교축하여 유량을 제어하는 밸브로, 공압 회로 내에 설치하여 공기의 유량, 압력 등을 변화시키며 공압 실린더의 급기, 배기를 교축하거나 또는 공기탱크와 함께 타이머로 사용된다.
스로틀 밸브의 구조는 니들 밸브를 밸브 시트에 대해 상하로 이동시켜 교축시키는 구조로 된 것이 많다. 이것은 니들 밸브와 밸브 시트 틈새에 공기가 통과할 때의 압력 강하를 이용한 것으로, 안정성은 좋으나 제작상 니들 밸브와 밸브시트가 완전 동심을 이루지 않아 틈새가 생기거나 공기 중의 먼지 등의 영향을 받아 미소 유량을 정밀하게 조정하는 것은 곤란하다.

스톱 밸브(shut-off valve)
공기의 흐름을 정지시키거나 흘려보내는 밸브로서, 구조에 따라 글로브 밸브, 게이트 밸브, 콕 등이 있다. 이러한 밸브들은 가격이 싸고 소형이기 때문에 배관의 차단용으로 사용된다.

	속도 제어 밸브(speed control valve)
	스로틀 밸브와 체크 밸브를 조합한 것으로, 흐름의 방향에 따라 상이한 제어를 할 수 있다. 즉, 유량을 교축하는 동시에 흐름의 방향에 따라서 교축 작용이 있기도 하고 없기도 하고, 밸브로서 어느 방향으로든 교축 밸브의 교축 정도에 따른 유량이 흐르지만 그 반대 방향으로는 전혀 교축되지 않고 자유로이 흐른다. 오른쪽 구멍으로부터 왼쪽 구멍으로의 흐름에서는 체크 밸브를 통한 흐름은 저지되고 스로틀 밸브를 통한 흐름만으로 되는데, 이 방향의 흐름을 제어 흐름이라 한다. 역으로 왼쪽에서 오른쪽의 흐름에서는 스로틀 밸브를 통한 흐름과 함께 압력 작용으로 체크 밸브가 열려져 스로틀 되는 일이 없이 대량으로 흐르게 되며, 이 방향의 흐름을 '자유 흐름'이라 한다.

❖ 방향 제어 밸브-기본형(directional control valve – configurable)

	2/2-way 밸브
	1. 포트의 수 : 2포트(입력포트 P, 작업포트 A)
	2. 위치의 수 : 2위치
	3/2-way 밸브
	1. 포트의 수 : 3포트(입력포트 P, 작업포트 A, 배기포트 R)
	2. 위치의 수 : 2위치
	4/2-way 밸브
	1. 포트의 수 : 4포트(입력포트 P, 작업포트 A/B, 배기포트 R)
	2. 위치의 수 : 2위치
	5/2-way 밸브
	1. 포트의 수 : 5포트(입력포트 P, 작업포트 A/B, 배기포트 R1/R2)
	2. 위치의 수 : 2위치
	4/3-way 밸브
	1. 포트의 수 : 4포트(입력포트 P, 작업포트 A/B, 배기포트 R)
	2. 위치의 수 : 3위치
	5/3-way 밸브
	1. 포트의 수 : 5포트(입력포트 P, 작업포트 A/B, 배기포트 R_1/R_2)
	2. 위치의 수 : 3위치

❖ 방향 제어 밸브 – 인력 조작(directional control valve – manual control)

	3/2-way 수동제어 밸브-정상 상태 닫힘
	1. 포트의 수 : 3포트(입력포트 P, 작업포트 A, 배기포트 R)
	2. 위치의 수 : 2위치
	3. 조작 방법 : 수동제어(누름버튼)
	4. 정상 상태 : 닫힘(P, A-R)

	3/2-way 수동제어 밸브-정상 상태 열림 1. 포트의 수 : 3포트(입력포트 P, 작업포트 A, 배기포트 R) 2. 위치의 수 : 2위치 3. 조작 방법 : 수동제어(누름버튼) 4. 정상 상태 : 열림(P-A, R)
	4/2-way 수동제어 밸브(P-B) 1. 포트의 수 : 4포트(입력포트 P, 작업포트 A/B, 배기포트 R) 2. 위치의 수 : 2위치 3. 조작 방법 : 수동제어(누름버튼) 4. 정상 상태 : P-B, A-R
	4/2-way 수동제어 밸브(P-A) 1. 포트의 수 : 4포트(입력포트 P, 작업포트 A/B, 배기포트 R) 2. 위치의 수 : 2위치 3. 조작 방법 : 수동제어(누름버튼) 4. 정상 상태 : P-A, B-R
	5/2-way 수동제어 밸브(P-B) 1. 포트의 수 : 5포트(입력포트 P, 작업포트 A/B, 배기포트 R_1/R_2) 2. 위치의 수 : 2위치 3. 조작 방법 : 수동제어(누름버튼) 4. 정상 상태 : P-B, A-R_1, R_2
	5/2-way 수동제어 밸브(P-A) 1. 포트의 수 : 5포트(입력포트 P, 작업포트 A/B, 배기포트 R_1/R_2) 2. 위치의 수 : 2위치 3. 조작 방법 : 수동제어(누름버튼) 4. 정상 상태 : P-A, B-R_2, R_1
	4/3-way 핸드레버 밸브-중립위치 닫힘형 1. 포트의 수 : 4포트(입력포트 P, 작업포트 A/B, 배기포트 R) 2. 위치의 수 : 3위치 3. 조작 방법 : 수동제어(핸드레버) 4. 중립 위치 : 올포트 블록(all port block)형(P, A, B, R)
	4/3-way 핸드레버 밸브-중립 배기형 1. 포트의 수 : 4포트(입력포트 P, 작업포트 A/B, 배기포트 R) 2. 위치의 수 : 3위치 3. 조작 방법 : 수동제어(핸드레버) 4. 중립 위치 : 펌프 차단형-ABR접속(P, A-B-R)
	4/3-way 핸드레버 밸브-중립 바이패스형 1. 포트의 수 : 4포트(입력포트 P, 작업포트 A/B, 배기포트 R) 2. 위치의 수 : 3위치 3. 조작 방법 : 수동제어(핸드레버) 4. 중립 위치 : 바이패스(by-pass)형(P-R, A, B)

❖ 방향 제어 밸브-기계 조작(directional control valve - mechanical control)

	2/2-way 롤러레버 밸브-정상 상태 닫힘 1. 포트의 수 : 2포트(입력포트 P, 작업포트 A) 2. 위치의 수 : 2위치 3. 조작 방법 : 롤러레버 4. 정상 상태 : 닫힘(P, A)
	2/2-way 롤러레버 밸브-정상 상태 열림 1. 포트의 수 : 2포트(입력포트 P, 작업포트 A) 2. 위치의 수 : 2위치 3. 조작 방법 : 롤러레버 4. 정상 상태 : 열림(P-A)
	3/2-way 롤러레버 밸브-정상 상태 닫힘 1. 포트의 수 : 3포트(입력 P, 작업 A, 배기 R) 2. 위치의 수 : 2위치 3. 조작 방법 : 롤러레버 4. 정상 상태 : 닫힘(P, A-R)
	3/2-way 롤러레버 밸브-정상 상태 열림 1. 포트의 수 : 3포트(입력 P, 작업 A, 배기 R) 2. 위치의 수 : 2위치 3. 조작 방법 : 롤러레버 4. 정상 상태 : 열림(P-A, R)
	3/2-way 편측롤러 밸브-정상 상태 닫힘 1. 포트의 수 : 3포트(입력 P, 작업 A, 배기 R) 2. 위치의 수 : 2위치 3. 조작 방법 : 편측 롤러레버(일방향 작동 롤러레버) 4. 정상 상태 : 닫힘(P, A-R)
	3/2-way 플런저 밸브-정상 상태 닫힘 1. 포트의 수 : 3포트(입력 P, 작업 A, 배기 R) 2. 위치의 수 : 2위치 3. 조작 방법 : 플런저 4. 정상 상태 : 닫힘(P, A-R)

❖ 방향 제어 밸브-전기 조작(directional control valve - electrical control)

	3/2-way 솔레노이드 밸브-정상 상태 닫힘 1. 포트의 수 : 3포트(입력포트 P, 작업포트 A, 배기포트 R) 2. 위치의 수 : 2위치 3. 조작 방법 : 솔레노이드 작동(스프링 복귀형) 4. 정상 상태 : 닫힘(P, A-R)

기호	설명
	3/2-way 솔레노이드 밸브-정상 상태 열림 1. 포트의 수 : 3포트(입력포트 P, 작업포트 A, 배기포트 R) 2. 위치의 수 : 2위치 3. 조작 방법 : 솔레노이드 작동(스프링 복귀형) 4. 정상 상태 : 열림(P-A, R)
	4/2-way 솔레노이드 밸브(P-B) 1. 포트의 수 : 4포트(입력포트 P, 작업포트 A/B, 배기포트 R) 2. 위치의 수 : 2위치 3. 조작 방법 : 솔레노이드 작동(스프링 복귀형) 4. 정상 상태 : P-B, A-R
	4/2-way 솔레노이드 밸브(P-A) 1. 포트의 수 : 4포트(입력포트 P, 작업포트 A/B, 배기포트 R) 2. 위치의 수 : 2위치 3. 조작 방법 : 솔레노이드 작동(스프링 복귀형) 4. 정상 상태 : P-A, B-R
	4/2-way 솔레노이드 충격 밸브(P-B) 1. 포트의 수 : 4포트(입력포트 P, 작업포트 A/B, 배기포트 R) 2. 위치의 수 : 2위치 3. 조작 방법 : 양쪽 솔레노이드 4. 정상 상태 : P-B, A-R
	4/2-way 솔레노이드 충격 밸브(P-A) 1. 포트의 수 : 4포트(입력포트 P, 작업포트 A/B, 배기포트 R) 2. 위치의 수 : 2위치 3. 조작 방법 : 양쪽 솔레노이드 4. 정상 상태 : P-A, B-R
	5/2-way 솔레노이드 밸브(P-B) 1. 포트의 수 : 5포트(입력포트 P, 작업포트 A/B, 배기포트 R_1/R_2) 2. 위치의 수 : 2위치 3. 조작 방법 : 솔레노이드 작동(스프링 복귀형) 4. 정상 상태 : P-B, A-R_1, R_2
	5/2-way 솔레노이드 충격 밸브(P-B) 1. 포트의 수 : 5포트(입력포트 P, 작업포트 A/ B, 배기포트 R_1/R_2) 2. 위치의 수 : 2위치 3. 조작 방법 : 양쪽 솔레노이드 4. 정상 상태 : P-B, A-R_1, R_2
	5/3-way 솔레노이드 밸브-중립위치 닫힘형 1. 포트의 수 : 5포트(입력포트 P, 작업포트 A/ B, 배기포트 R_1/R_2) 2. 위치의 수 : 3위치 3. 조작 방법 : 양쪽 솔레노이드 작동(스프링 복귀형) 4. 중립 위치 : 올포트 블록(all port block)형(중립위치 차단형; 닫힘형)

❖ 방향 제어 밸브-파일럿 조작(directional control valve – pressure control)

	3/2-way 파일럿 조작 밸브-정상 상태 닫힘 1. 포트의 수 : 3포트(입력포트 P, 작업포트 A, 배기포트 R) 2. 위치의 수 : 2위치 3. 조작 방법 : 파일럿 작동(스프링 복귀형) 4. 정상 상태 : 닫힘(P, A-R)
	3/2-way 파일럿 조작 밸브-정상 상태 열림 1. 포트의 수 : 3포트(입력포트 P, 작업포트 A, 배기포트 R) 2. 위치의 수 : 2위치 3. 조작 방법 : 파일럿 작동(스프링 복귀형) 4. 정상 상태 : 열림(P-A, R)
	4/2-way 파일럿 조작 밸브(P-B) 1. 포트의 수 : 4포트(입력포트 P, 작업포트 A/B, 배기포트 R) 2. 위치의 수 : 2위치 3. 조작 방법 : 파일럿 작동(스프링 복귀형) 4. 정상 상태 : P-B, A-R
	4/2-way 파일럿 조작 밸브(P-A) 1. 포트의 수 : 4포트(입력포트 P, 작업포트 A/B, 배기포트 R) 2. 위치의 수 : 2위치 3. 조작 방법 : 파일럿 작동(스프링 복귀형) 4. 정상 상태 : P-A, B-R
	4/2-way 파일럿 조작 충격 밸브(P-B) 1. 포트의 수 : 4포트(입력포트 P, 작업포트 A/B, 배기포트 R) 2. 위치의 수 : 2위치 3. 조작 방법 : 양쪽 파일럿 작동 4. 정상 상태 : P-B, A-R
	4/2-way 파일럿 조작 충격 밸브(P-A) 1. 포트의 수 : 4포트(입력포트 P, 작업포트 A/B, 배기포트 R) 2. 위치의 수 : 2위치 3. 조작 방법 : 양쪽 파일럿 작동 4. 정상 상태 : P-A, B-R
	5/2-way 파일럿 조작 밸브(P-B) 1. 포트의 수 : 5포트(입력포트 P, 작업포트 A/B, 배기포트 R_1/R_2) 2. 위치의 수 : 2위치 3. 조작 방법 : 파일럿 작동(스프링 복귀형) 4. 정상 상태 : P-B, A-R_1, R_2

	5/2-way 파일럿 조작 충격 밸브(P-B) 1. 포트의 수 : 5포트(입력포트 P, 작업포트 A/B, 배기포트 R_1/R_2) 2. 위치의 수 : 2위치 3. 조작 방법 : 양쪽 파일럿 작동 4. 정상 상태 : P-B, A-R_1, R_2
	5/3-way 파일럿 조작 밸브-중립위치 닫힘형 1. 포트의 수 : 5포트(입력포트 P, 작업포트 A/B, 배기포트 R_1/R_2) 2. 위치의 수 : 3위치 3. 조작 방법 : 양쪽 파일럿 작동(스프링 복귀형) 4. 중립 위치 : 올포트 블록(all port block)형(중립위치 차단형; 닫힘형)

❖ 기타 밸브

—⋘—	**체크 밸브(check valve, non-return valve)** 공기압 회로에서 공기의 흐름을 일정 방향으로만 흘리고 역방향으로 흘려서는 곤란한 경우가 있다. 예를 들면 공기압원의 압력이 내려가도 공기탱크 안의 압력을 변화시키지 않고 유지하고자 할 때 등이다. 이러한 때에 체크 밸브를 사용하면 편리하다. 체크 밸브는 한쪽 방향으로는 공기의 흐름을 완전히 차단시키며 반대 방향으로는 적은 압력 손실로 공기를 흐르게 하기 때문이다.
	파일럿 조작 체크 밸브(pilot controlled check valve) - 파일럿 조작 닫힘형 체크 밸브는 한쪽 방향의 유동은 허용하고 반대 방향의 흐름은 차단하는 밸브로서, 역류 방지용으로 사용된다. 차단시키는 방법에는 원추(cone)나 볼(ball), 판(plate) 또는 격판(diaphragm) 등이 사용되며 종류에도 스프링이 없는 것과 내장된 것 등이 있다. 파일럿 조작에 의해 밸브가 폐쇄되며 스프링이 없다.
	파일럿 조작 체크 밸브(pilot controlled check valve) - 파일럿 조작 열림형 파일럿 형식의 체크 밸브는 파일럿압에 의하여 열릴 수 있다. 이렇게 되면 양 방향의 흐름이 자유롭게 될 수도 있다.
⊣⊢	**셔틀 밸브(shuttle valve, AND valve)** 셔틀 밸브는 양 체크 밸브 또는 OR밸브라고도 한다. 이 논-리턴(Non return) 밸브는 두 개의 입구 X와 Y를 갖고 있으며 출구는 A 하나이다. 만약 압축공기가 X에 작용하면 볼은 입구 Y를 차단시켜 공기는 X에서 A로 흐르게 되며, 압축공기가 Y에 작용하게 되면 공기는 Y에서 A로 흐르게 된다. 그리고 공기의 흐름이 반대로 되면, 즉 실린더나 밸브가 배기가 되면 볼은 압력조건 때문에 그때의 위치를 유지하게 된다. 이 밸브는 또한 서로 다른 위치에 있는 신호 밸브(signal valve)로부터 나오는 신호를 분류하고, 제2의 신호 밸브로 공기가 빠져나가는 것을 방지해 주기 때문에 OR요소라고도 불린다. 만약 실린더나 밸브가 두 개 이상의 위치로부터 작동되어야만 할 때에는 이 셔틀 밸브를 꼭 사용하여야 한다.

	2압 밸브(OR valve) 두 개의 입구와 한 개의 출구를 갖춘 밸브로서, 두 개의 입구에 압력이 작용할 때에만 출구에 출력이 작용하는 밸브이다. 이 밸브는 두 개의 압력 신호가 다른 압력 신호일 경우는 작은 쪽의 압력이 출구로 나가며, 동시에 입력되지 않을 경우는 늦게 들어온 신호가 출구로 나가게 된다. 따라서 이 밸브는 AND적 동작일 때 작동되므로 AND밸브라고도 하며, 안전 제어, 연동 제어, 검사 기능, 로직 작동(logic operation) 등에 사용된다.
	2압 밸브(OR valve) 두 개의 입구와 한 개의 출구를 갖춘 밸브로서, 두 개의 입구에 압력이 작용할 때에만 출구에 출력이 작용하는 밸브이다.

❖ 센서(sensor)

	리밋 스위치(limit switch) 유공압 액추에이터의 운동에 의하여 전기적 신호를 ON/OFF시키는 기기이다. 리밋 스위치는 액추에이터부와 스위치부로 구성되어 있다. 액추에이터부는 구동기기에 의하여 움직이게 되는 도그나 캠 등의 움직임과 외력을 직접 검지하고, 스위치 내부의 스프링 기구에 전달하는 부분이다. 액추에이터의 형상에 따라 리밋 스위치를 분류하여 보면 부시플런저형, 롤러플런저형, 롤러암형, 롤러레버형 등이 있고, 검출방법이나 장치 방법에 따라서 필요한 것을 선정하여 사용한다.
	압력 스위치(pressure switch) 유체의 압력이 규정치에 도달할 때 전기 접점을 개폐하는 기기를 말하며, 공압원의 압력이 저하되어 기계의 작동상 이상이 발생될 우려가 있을 때에 작동 회로에 인터록(interlock)을 걸어 정지시키거나, 경보 신호를 울리거나, 또는 어느 일정 이상의 압력으로 상승되었을 때 다음 공정의 입력신호 발생장치 등에 주로 이용되고 있다. 압력 스위치의 구조는 압력을 받는 수압부, 전기적 ON/OFF 신호를 발생시키는 접점부 및 압력을 설정하는 설정부로 구성되어 있으며, 압력부에서 압력을 감지하여 설정치와 비교한 후 설정치 이상 또는 이하로 될 때 수압부의 변위로 직접 또는 레버에 의해 마이크로 스위치를 작동시켜 전기 접점의 개폐로 전기적 신호를 발생한다.
	반향 감지기(ring sensor, reflex sensor) 배압의 원리에 의해 작동되며 구조가 간단하고 공기를 분출하는 분사 노즐과 압력 변화를 검출하기 위한 수신 노즐이 이중 원통형으로 되어 있다. 검출 물체가 없을 때는 분류의 맴돌이 작용으로 출력압은 부압이 된다. 검출 물체가 근접하면 출력압은 정압이 되고 물체가 접근함에 따라 출력압은 더욱 높아진다. 출력 거리는 약 4 mm 정도이며 검출 거리에 대한 출력압도 직선적으로 변화하므로 물체의 유무 판단 외에 치수 검출에도 사용된다. 이 반향 감지기는 먼지, 충격파, 어둠, 투명함 또는 내자성 물체의 영향을 받지 않기 때문에 모든 산업체에 이용될 수 있다. 즉, 프레스나 펀칭 작업에서의 검사장치, 섬유기계, 포장기계에서의 검사나 계수, 목공산업에서의 나무판의 감지, 매거진 검사 등에 이용된다.

	배압 감지기(back-pressure sensor) 공압 센서 중 가장 기본적인 센서의 하나로 공급 포트에서 공급된 공기는 조리개를 통과하여 노즐에서 대기로 방출된다. 조리개와 노즐 사이에는 검출된 배압 신호 출력을 내기 위한 출력 포트가 있으며 노즐 앞면에 검출 물체가 없을 때는 유체가 노즐에서 자유롭게 분출되므로 배압은 발생되지 않는다. 그러나 노즐 앞면에 검출 물체가 있으면 공기 분출의 장애를 받아 배압이 형성되고 이 배압은 노즐과 검출 물체와의 거리에 비례하며 물체가 접근하면 배압은 높아진다.
	공기 배리어(air barrier) 분사 노즐과 수신 노즐로 구성되어 있고, 두 개의 노즐에는 모두 0.1 ~ 0.2 bar의 공기가 공급되며 공기의 소모량은 0.5 ~ 0.8 m³/hr 정도이다. 작동원리는 분사 노즐과 수신 노즐에서 공기를 모두 분사하며 분사 노즐에서 분사된 공기는 수신 노즐에서 분사된 공기가 자유롭게 방출되는 것을 방해하여 수신 노즐의 출구에 약 0.005 bar 정도의 배압이 형성되도록 한다. 이 신호압력은 요구되는 압력까지 증폭기를 통하여 높여지게 된다. 만약 어떤 물체가 두 노즐 사이에 존재하게 되면 수신 노즐의 출구 압력은 0으로 떨어지게 된다. 두 노즐의 물체 감지거리는 100 mm를 초과해서는 안 된다. 용도는 주로 조립공정에서의 계수(counting)나 어떤 물체의 유무에 대한 검사 등에 사용된다.
	공압 근접 스위치(pneumatic proximity sensor) 공압 근접 스위치는 공기 배리어와 같은 원리로 작동된다. 밸브 하우징 내에 있는 리드 스위치가 입구에서 출구로 통하는 공기의 흐름을 막고 있다가 영구자석이 부착된 피스톤이 접근하면 리드가 밑으로 내려오게 되어 입구에서 출구로 공기가 통하게 된다. 그리고 피스톤이 되돌아가면 리드 스위치는 원위치가 된다. 출구의 신호압력은 저압이기 때문에 압력 증폭기를 사용해야만 한다.

❖ 유체 조정 기기(fluid conditioning device)

	필터(pneumatic filter) 압축공기 필터는 압축공기가 필터를 통과할 때에 이미 응축된 물과 모든 오물을 제거하는 역할을 한다. 압축공기는 안내공을 통해 필터통으로 들어가며 압축공기는 소용돌이 치게 된다. 그러면 비중이 큰 액상의 물질과 큰 먼지는 원심 분리되며 이것들은 필터통 밑에 고이게 된다. 이렇게 모아진 응축물은 적당한 시기에 제거해 주어야 한다. 그렇지 않으면 다시 공기 중에 흡수되어 버린다. 공기는 필터를 통과하면서 더욱 깨끗해진다.
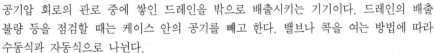	드레인 배출기(drain seperator) 공기압 회로의 관로 중에 쌓인 드레인을 밖으로 배출시키는 기기이다. 드레인의 배출 불량 등을 점검할 때는 케이스 안의 공기를 빼고 한다. 밸브나 콕을 여는 방법에 따라 수동식과 자동식으로 나뉜다.
	드레인 배출기 붙이 필터(pneumatic filter with drain seperator) 필터에 드레인 배출기를 장착하여 여과된 오염물질을 외부로 직접 배출할 수 있는 기기이다. (참고 : 필터, 드레인 배출기)

	기름 분무 분리기(oil mist seperator) 제어 밸브로부터의 오일을 제거하거나 분리기 앞에 설치하여 마이크로 엘리먼트의 수명을 연장시키기 위한 목적 등으로 사용되며, 여과도 $0.3\mu m$의 것으로 $0.1{\sim}2\mu m$의 오일 입자의 99 %가 제거된다.
	에어 드라이어(air dryer) 압축공기 중에 포함된 수분을 제거하여 건조한 공기를 만드는 기기를 말하며, 압축공기를 $10℃$ 이하로 냉각하여 수증기를 응축, 제거하는 냉동식과 건조제에 의해 물리 화학적으로 수분을 흡수 및 흡착하는 건조제식이 있다.
	루브리케이터(lubricator) 공압 실린더나 공압 모터 등의 작동기의 구동부나 밸브의 스풀 등 윤활을 필요로 하는 곳에 벤투리(venturi) 원리에 의한 미세한 윤활유를 분무 상태로 공기 흐름에 혼합하여 보내 윤활 작용을 하는 기기를 윤활기라 한다.
	공기압 조정 유닛(air conditioning unit, service unit) 공압 필터와 압력조절 밸브, 압축공기 윤활기 등 세 가지 기기를 사용이 편리하도록 조합한 것이다. 이 압축공기 조정 유닛은 공압 시스템마다 배관 상류에 설치되어 공기의 질을 조정하는 기기로 반드시 사용되는 것으로서 KS 기호에도 이 세 가지 요소가 조합된 기호로 제정되어 있으며 간략화된 기호도 있다. 경우에 따라서는 회로도에 간략 기호마저 생략하는 경우도 있으나 반드시 사용된다는 것을 염두에 두어야 한다. ※ 압축공기 조정 유닛의 사용 시 주의사항 　1. 정기적인 점검이 필요하며 필터에 드레인이 있으면 즉시 배출시켜야 한다. 　2. 윤활기에는 적정한 오일을 유지한다. 　3. 기구 세척 시에는 가정용 중성세제 또는 광물성 기름(mineral oil)을 사용한다.
	냉각기(cooler) 압축기로부터 배출된 압축공기는 고온으로 다량의 수증기를 포함하고 있으며, 냉각되면 응축수로 되어 공압 장치의 기기에 여러 가지 좋지 않은 영향을 주므로 압축기에서 나온 고온 다습한 압축공기를 건조기로 공급하기 전에 건조기의 입구 온도 조건에 맞도록 1차 냉각(35 ~ 40℃)시키고, 수분을 제거해야만 한다. 이와 같이 압축공기를 냉각시키는 역할을 하는 것이 냉각기이고, 공랭식과 수냉식이 있다.

❖ 부속 기기(accessory)

	압력계(pressure gauge, manometer) 회로 내의 압력을 측정하기 위하여 사용되는 기기이다. 회로 내의 압력을 측정하기 위하여 많이 사용되는 압력계는 부르동 압력계(Bourdon gauge)이다. 이것은 정확한 압력을 측정하지는 못하나 관 내의 유동유체의 압력이나 탱크 내의 가스압 등을 측정하기 위하여 고안된 것으로, 탄성체의 성질을 응용하여 개발되었다.

	압력표시기(pressure indicator) 압력의 계측은 되지 않고 램프 등으로 단지 압력의 유무만을 나타내는 표시기이다.
	차압계(differential pressure gauge) 임의 장치의 전후에 연결하여 장치를 통과할 경우 발생되는 압력강하를 측정할 목적으로 사용된다.
	소음기(silencer) 소음기는 배기속도와 배기음을 줄이기 위하여 사용한다. 소음기를 사용하면 공기의 흐름에 저항이 부여되고 배압이 생기기 때문에 공기압 기기의 효율 면에서는 좋지 않은 영향을 가져온다(자동차 머플러의 효과).
	경음기(buzzer) 압력 유체의 접근 시 이를 소리로 알려주는 기기이다.
	공기탱크(air receiver) 압축공기를 저장하는 기기로서, 압축기 뒤에 설치되어 다음과 같은 기능을 한다. – 압축기로부터 배출된 공기 압력의 맥동을 방지하거나 평준화한다. – 일시적으로 다량의 공기가 소비되는 경우의 급격한 압력 강하를 방지한다. – 정전 등으로 인한 비상시 일정시간 동안 공기를 공급하여 운전이 가능하도록 한다. – 주위의 외기에 의해 냉각되어 응축수를 분리시키는 역할을 한다. 〈주〉 공기탱크는 압력 용기이므로 법적 규제를 받는다.

찾아보기

저 자

이 철 수

서강대학교 기계공학과 교수

생산자동화의 기초 2판

2007년 8월 30일 1판 1쇄 발행
2010년 2월 15일 1판 2쇄 발행
2016년 3월 5일 2판 1쇄 발행

발행인 ◎ 조 승 식

발행처 ◎ (주) 도서출판 북스힐
　　　　서울시 강북구 한천로 153길 17

등 록 ◎ 제 22-457 호

　(02) 994-0071(代)

　(02) 994-0073

　bookswin@unitel.co.kr
　　　www.bookshill.com

값 20,000원

ISBN 979-11-5971-000-1